智能传感技术丛书

磁致伸缩生物传感器系统理论和技术

张克维　著

机械工业出版社

本书共5章，第1章为绪论，主要介绍了研究背景、常规检测技术及生物传感技术原理和优缺点；第2章为磁致伸缩生物传感器换能材料磁性物理基础，介绍了与磁致伸缩生物传感器换能材料相关的磁学基础理论，包括磁学物理量、物质的磁性、磁畴结构、磁化及磁性能等；第3章为磁致伸缩生物传感器换能材料中的电磁场，介绍了与磁致伸缩生物传感器驱动力相关的电磁场基础理论，包括麦克斯韦方程、时谐电磁场在空间的传播、平面波在介质中的传播、波动方程、涡流损耗等；第4章为磁致伸缩弹性体振动，介绍了与磁致伸缩生物传感器系统紧密相关的振动基础理论，包括单自由度振动、多自由度振动、连续弹性体无阻尼受迫振动、阻尼受迫振动、模态分析等；第5章为磁致伸缩生物传感器系统设计和检测技术，介绍了磁致伸缩生物传感器的制备与检测技术、灵敏度影响因素、系统优化设计理论、当前的不足及未来的发展趋势。

本书可供高等院校传感器技术及相关专业的学生、教师，以及食品安全、医疗卫生、药检质检、环境监测等部门的工程师、科研人员和分析检验人员学习参考。

图书在版编目（CIP）数据

磁致伸缩生物传感器系统理论和技术/张克维著.—北京：机械工业出版社，2019.5
（智能传感技术丛书）

ISBN 978-7-111-62502-5

Ⅰ.①磁…　Ⅱ.①张…　Ⅲ.①磁致伸缩－生物传感器　Ⅳ.①TP212.3

中国版本图书馆CIP数据核字（2019）第070559号

机械工业出版社（北京市百万庄大街22号　邮政编码100037）
策划编辑：任　鑫　责任编辑：任　鑫
责任校对：佟瑞鑫　封面设计：马精明
责任印制：李　昂
北京云浩印刷有限责任公司印刷
2019年6月第1版第1次印刷
169mm×239mm·13.5印张·262千字
标准书号：ISBN 978-7-111-62502-5
定价：59.00元

凡购本书，如有缺页、倒页、脱页，由本社发行部调换

电话服务
服务咨询热线：010－88361066
读者购书热线：010－68326294

网络服务
机 工 官 网：www.cmpbook.com
机 工 官 博：weibo.com/cmp1952
金 书 网：www.golden-book.com
教育服务网：www.cmpedu.com

前　言

磁致伸缩生物传感技术是近十几年发展起来的新兴传感技术，由于其具有低成本、快速、无线无源、原位检测、无线互联网连接便利的特色和优势，使其在多个领域具有广泛的应用前景。本书详细介绍了磁致伸缩生物传感器工作原理、系统理论和应用进展。由于磁致伸缩生物传感器系统设计和应用系多学科融合技术，涉及的学科领域比较广泛，包括材料科学、机械振动、电磁场理论、生物学、电子工程等方面的知识，为了让读者能够深入系统地掌握磁致伸缩生物传感器系统设计和优化技术，本书将详细介绍相关学科的基础理论，以及在磁致伸缩生物传感器系统设计和优化中的应用。

本书共5章，第1章为绪论，主要介绍了研究背景、常规检测技术及生物传感技术原理和优缺点；第2章为磁致伸缩生物传感器换能材料磁性物理基础，介绍了磁致伸缩生物传感器换能材料相关的磁学基础理论，包括磁学物理量、物质的磁性、磁畴结构、磁化及磁性能等；第3章为磁致伸缩生物传感器换能材料中的电磁场，介绍了与磁致伸缩生物传感器驱动力相关的电磁场基础理论，包括麦克斯韦方程、时谐电磁场在空间的传播、平面波在介质中的传播、波动方程、涡流损耗等；第4章为磁致伸缩弹性体振动，介绍了与磁致伸缩生物传感器系统紧密相关的振动基础理论，包括单自由度振动、多自由度振动、连续弹性体无阻尼受迫振动、阻尼受迫振动、模态分析等；第5章为磁致伸缩生物传感器系统设计和检测技术，介绍了磁致伸缩生物传感器的制备与检测技术、灵敏度影响因素、系统优化设计理论、当前的不足及未来的发展趋势。

本书可供高等院校传感器技术及相关专业的学生、教师，以及食品安全、医疗卫生、药检质检、环境监测等部门的工程师、科研人员和分析检验人员学习参考。

本书的出版得到了国家自然科学基金项目（No. 51305290）、山西省重点研发计划（国际科技合作）（No. 201803D421046）、山西省研究生联合培养基地人才培养项目（No. 2018JD35）、山西省高校“131”领军人才工程支持计划项目、人力资源和社会保障部2016年度留学回国人员科技活动择优资助项目、磁电功能材料及应用山西省重点实验室、磁电子材料与器件山西省“1331工程”重点创新团队、清洁能源与现代交通装备关键材料及基础件山西省服务产业创新学科群、山西省关键基础材料协同创新中心建设计划的支持。

由于作者水平有限，书中难免存在不足和疏漏之处，恳请读者批评指正。

张克维

目　录

第1章 绪 论

食品安全事关人民群众身体健康和生命安全，事关经济发展与社会和谐。2017年，国务院印发的“十三五”国家食品安全规划中明确提出“十三五”是加快构建食品安全保障体系，形成全社会共治格局的重要时期，强调要把食品安全纳入国家公共安全体系。据有关食品安全事故起因的调查结果显示，食源性疾病引发的食品安全问题是全世界当前首要的食品安全问题。全球每年发生食源性疾病病例高达40亿~60亿例，且呈逐年上升趋势，其中约300万个5岁以下儿童死亡。在我国，平均每年有2亿多人次罹患食源性疾病，即平均6.5人中就有1人罹患食源性疾病。根据中国疾病预防控制中心统计，在食源性疾病中，95%以上是致病菌引起的，其发病率居各类疾病总发病率的前列。目前，人们日常生活中比较常见且危害较大的致病菌主要有大肠杆菌、沙门氏菌、金黄色葡萄球菌、李斯特菌、霍乱弧菌。

1.1 常见食源性病菌

1. 沙门氏菌

沙门氏等在1885年霍乱流行时分离得到猪霍乱沙门氏菌，故定名为沙门氏菌（Salmonella）属。沙门氏菌为革兰氏阴性直杆菌，直径为0.8~1.5μm，长度为2~5μm，兼性厌氧，无芽孢、无荚膜，大多具有周身鞭毛，生长温度范围为5~46℃。其不仅能导致鸡白痢、仔猪副伤寒、流产等动物疾病，还能使人类发生伤寒、副伤寒、败血症、胃肠炎和食物中毒，是全球范围内主要的食源性致病菌之一。食品在加工、运输、出售过程中往往会被沙门氏菌污染。沙门氏菌在粪便、土壤、食品、水中可生存5个月至2年之久。据报道，全球每年由沙门氏菌引起的肠胃炎有9400万例，导致死亡的约有15.5万病例。在我国，每年发生的病菌性食物中毒事件中，由沙门氏菌引起的屡居首位，约占40%。

2. 大肠杆菌

大肠杆菌（Escherichia Coli）是埃希氏在1885年发现的，在相当长的一段时间内，一直被当作正常肠道菌群的组成部分，认为是非致病菌。到20世纪中叶，才认识到一些特殊血清型的大肠杆菌对人和动物有病原性，尤其对婴儿和幼畜（禽），常会引起严重腹泻和败血症。大肠杆菌是一种普通的原核生物为革兰氏阴性短杆菌，大小为1~3μm，无芽孢，周生鞭毛，生长温度范围为7~49℃。

可经食物和饮用水在人群中广泛传播，人体感染后，会发生严重的痉挛性腹痛和反复发作的出血性腹泻，同时伴有发热、呕吐等表现。某些严重感染者毒素随血行播散造成溶血性贫血，红细胞、血小板减少；肾脏受到波及时还会发生急性肾功能衰竭甚至死亡。我国规定，每毫升饮用水中的菌落总数应小于100，每100mL水中不得检出总大肠菌群。

3. 葡萄球菌

葡萄球菌（Staphylococcus aureus）为革兰氏阳性菌，球型，直径为0.8μm左右，显微镜下排列成葡萄串状，无芽孢、鞭毛，大多数无荚膜，需氧或兼性厌氧，生长温度范围为7~50℃，干燥环境下可存活数周。葡萄球菌的致病力强弱主要取决于其产生的毒素和侵袭性酶。它是人类化脓感染中最常见的病原菌，可引起局部化脓感染，如疖、痈、毛囊炎、蜂窝组织炎、伤口化脓、骨、关节的感染；也可以引起内脏器官感染，如肺炎、脓胸、中耳炎、心包炎、心内膜炎等，甚至引起败血症、脓毒症等全身感染。其引起的感染占第二位，仅次于大肠杆菌。

4. 李斯特菌

李斯特菌（Listeria）是1926年科学家穆里在病死的兔子体内首次发现的。但为纪念近代消毒手术创始人、生理学家李斯特（1827—1912），该病菌于1940年被第三届国际微生物学大会命名为李斯特菌。李斯特菌是一种可导致人畜共患病的病原菌，为革兰阳性杆菌，兼性厌氧，无孢子，长1~3μm，有鞭毛及动力，耐碱不耐酸，生长温度范围为0.3~45℃。据报道，健康人粪便中李斯特菌的携带率为0.6%~16%，有70%的人可短期带菌，4%~8%的水产品、5%~10%的奶及其产品、30%以上的肉制品及15%以上的家禽均被该菌污染。人主要通过食入软奶酪、鲜牛奶、生牛排、卷心菜沙拉、西红柿等而感染，85%~90%的病例是由被污染的食品引起的。患者通常会在进食受污染食物后3~70天内出现症状，包括类似感冒症状、恶心、呕吐、腹部痉挛、腹泻、头痛、便秘及持续发烧，严重的感染个案也可能出现败血病和脑膜炎。该菌也可通过眼及破损皮肤、黏膜进入体内而造成感染，孕妇感染后通过胎盘感染胎儿。

5. 霍乱弧菌

霍乱弧菌（Vibrio cholerae）是人类霍乱的病原体，包括两个生物型：古典生物型（Classical biotype）和埃尔托生物型（EL－Tor biotype）。其为革兰阴性菌，菌体短小，弯曲成弧形，有单鞭毛、菌毛，部分有荚膜，霍乱弧菌菌体大小为（0.5~0.8）μm×（1.5~3）μm，生长繁殖的温度范围广（18~37℃），故可在外环境中生存。耐碱不耐酸，在pH值为8.8~9.0的碱性蛋白胨水或碱性琼脂平板上生长良好。共分为139个血清群，其中O1群和O139群主要通过污染水源或食物而引起烈性肠道传染病，人感染后的主要表现为剧烈的呕吐、腹泻失水，发病急、传染性强、死亡率甚高，属于国际检疫传染病。自 1817 年以来，全球共发生了 7 次世界性大流行，前 6 次的病原是古典型霍乱弧菌，第 7 次病原是埃尔托型所致。霍乱弧菌分布于热带和亚热带河口、海湾的水域和一些海洋动物体内。

如表 1-1 所示，致病菌的感染剂量及感染周期范围比较广，有的致病菌感染剂量小且感染周期短（如大肠杆菌），而有的致病菌感染剂量大但感染周期短（如葡萄球菌）。

表 1-1　上述五种食源性致病菌感染剂量及周期

致病菌名称	感染剂量	感染周期
沙门氏菌	$>10^5$ cfu	6 ~ 24h
大肠杆菌	50 ~ 100cfu	3 ~ 9h
葡萄球菌	10^5 ~ 10^8 cfu	0.5 ~ 8h
李斯特菌	10^2 ~ 10^3 cfu	7 ~ 14 天
霍乱弧菌	10^4 ~ 10^{10} cfu	6 ~ 5 天

注：感染周期是病毒完成整个感染的过程，包括识别、吸附、入侵、生物大分子的合成、装配和释放。

由于食品在生产制作、运输、储存以及售卖过程中的诸多环境均可受到病菌的污染，特别是我国人民日常食品从田野到高山森林、从陆地到江湖海洋、品种日益丰富，饮食习惯的改变、生活节奏的加快、环境的污染均为食品安全监管工作提出了更高更全面的要求，而阻止被病菌污染的食品进入人类食物链的一个有效的途径就是在最初的监测点进行控制。在此背景下，快速灵敏地检测出食源性致病菌已成为控制食品安全问题的关键。

1.2　常规检测技术

1.2.1　平板菌落计数法

平板菌落计数法（Plate counting method）是根据致病菌在固体培养基上所形成的单个菌落，即由一个单细胞繁殖而成的计数方法。计数时，将待测致病菌经适当稀释之后涂布到培养基表面，经过恒温培养（通常为 2 天），便由单个细胞繁殖形成肉眼可见的菌落，即一个单菌落代表原样品中的一个单细胞。参照 GB4789.2—2016《食品安全国家标准 食品微生物学检验 菌落总数测定》，统计菌落数并根据其稀释倍数和取样接种量即可换算出原样品中的含菌数，如图 1-1 所示。

具体计算方法如下：

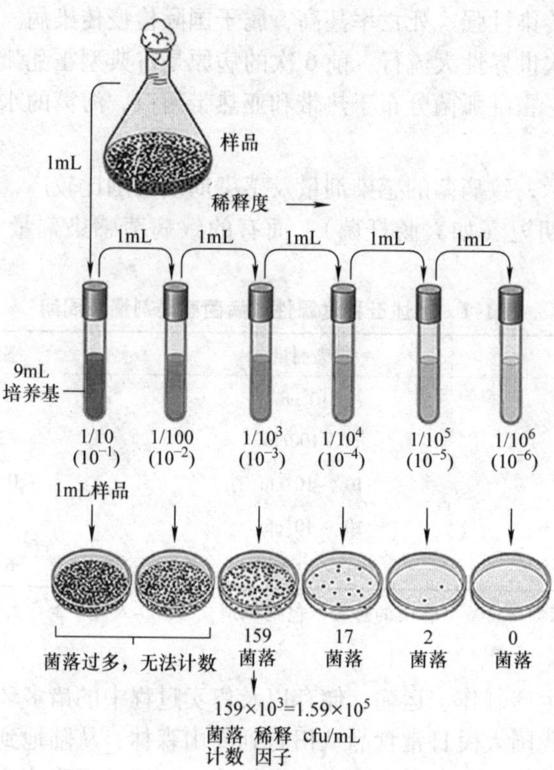

图 1-1 平板菌落计数法操作流程示意图

1）如果只有一个稀释度平板的菌落数在适宜范围（30～300 个菌落），则计算该稀释度两个平板菌落的平均数，再乘以稀释倍数，作为每克或者每毫升样品中菌落总数结果。

2）若有两个连续稀释度的平板菌落数均在适宜范围，则按照以下公式计算：

$$N = \frac{\sum C}{(n_1 + 0.1n_2)d} \tag{1-1}$$

式中，N 为样品中菌落数；$\sum C$ 为含适宜范围 cfu 的平板菌落数之和；n_1 为第一稀释度（低稀释度）平板个数；n_2 为第二稀释度（高稀释度）平板个数；d 为稀释因子（第一稀释度）。

虽然该方法被作为黄金标准，但是前期需要病菌的繁殖和分离培养，操作繁琐，耗时长且易出现假阳性、假阴性，不适应目前对病原检测灵敏、快速、特异性的要求。因此，很多检测病菌的更快的方法发展了起来，包括酶联免疫吸附测定法、聚合酶链反应、放射免疫分析法、荧光免疫分析法等。

1.2.2　酶联免疫吸附测定法

酶联免疫吸附测定法（Enzyme－Linked Immunosorbent Assay，ELISA）利用抗体能与抗原（Antigen，简写为 Ag）特异性结合的特点，将游离的杂蛋白和结合于固相载体的目的蛋白分离，并利用特殊的标记物对其定性或定量分析的一种检测方法。其原理是：抗原或抗体物理性地吸附于某种固相载体表面，并且保持其免疫活性；抗原或抗体与酶通过共价键结合形成酶标定抗原或抗体，同时保持各自的免疫活性或酶活性；酶标定抗原或抗体与相应的抗体或抗原结合后，通过洗涤移除固相载体上非酶标定抗原－抗体结合物；加入底物与酶发生催化反应变为有色产物，产物的量与标本中受检物质的量直接相关，故可通过产物颜色深浅确定标本中相应抗原或抗体的量。由于酶的催化效率很高，故可极大地放大反应效果，从而达到很高的灵敏度。根据 ELISA 操作流程不同，将其分为直接 ELISA、间接 ELISA、夹心 ELISA 等方法。

1. 直接 ELISA

如图 1-2 所示，直接 ELISA（Direct ELISA）将抗原包被于固相载体，封闭后加入酶标记抗体，洗去未结合的酶标抗体，加入底物显色，显色深浅与包被抗原量和酶标抗体量成正比。所谓的“直接”是指在固相载体上加入酶标抗体之后，直接加底物显色。同时，直接也是指引入酶的过程是否“直接”。这是最简单的直接 ELISA，常用于抗原活性检测或标记抗体的效价和质量的检测。

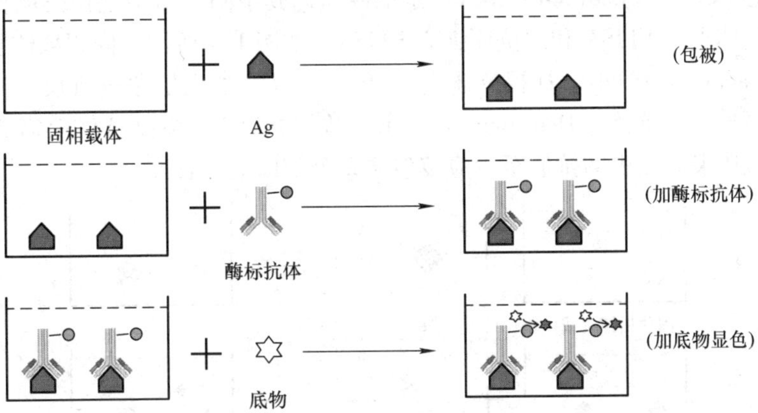

图 1-2　直接 ELISA 示意图

2. 间接 ELISA

如图 1-3 所示，间接 ELISA（Indirect ELISA）与直接 ELISA 的区别是抗原包被于固相载体后，不是直接加酶标抗体，而是先加抗体，洗涤后再加入酶标的抗体（酶标二抗），然后洗涤加入底物显色。所谓间接和直接是针对酶标抗体是

"直接"还是"间接"引入的而言的，引入了酶标二抗后检测信号将放大数十倍。间接 ELISA 主要适用范围包括抗体效价检测、单抗筛选、临床上很多定性检测等。间接 ELISA 应用十分广泛，也是最重要的一种 ELISA。

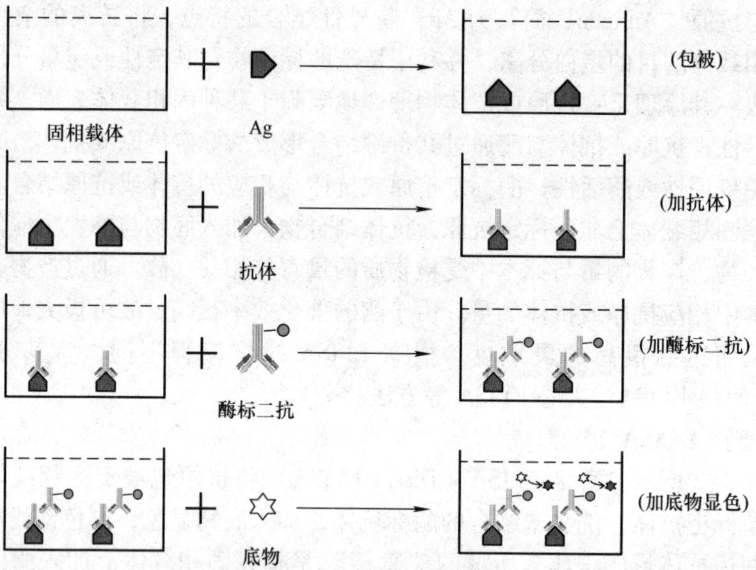

图 1-3　间接 ELISA 示意图

3. 双抗体夹心 ELISA

夹心 ELISA（Sandwich ELISA）是把待检物放中间，结构上像三明治。其又分为双抗体夹心 ELISA 和双抗原夹心 ELISA。如图 1-4 所示，固相载体包被一个抗体（Capture antibody，捕捉抗体），封闭后洗涤，加入抗原进行反应，洗涤后再加入另外一个抗体（Detection antibody，检测抗体），检测抗体上需要标记有酶。双抗体夹心法中的抗原至少应该包含 2 个及以上的表位。

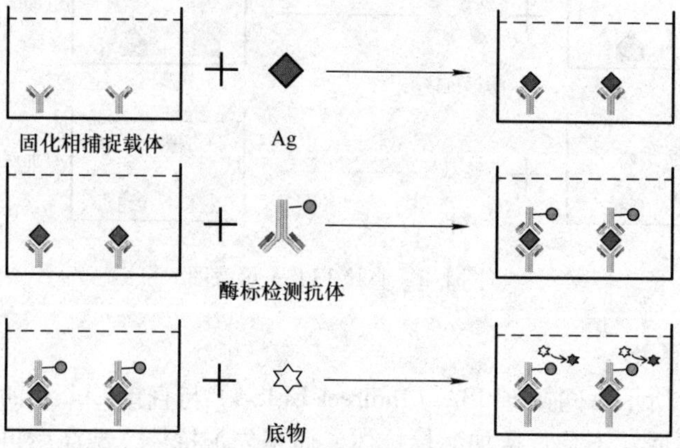

图 1-4　双抗体夹心 ELISA 示意图

4. 双抗原夹心 ELISA

双抗原夹心 ELISA（Double sandwich ELISA）的基本原理和层次与双抗体夹心 ELISA 相同，不同点是固相化和检测的酶标记物为抗原，中间的夹心是抗体，也就是待检物为抗体，如图 1-5 所示。

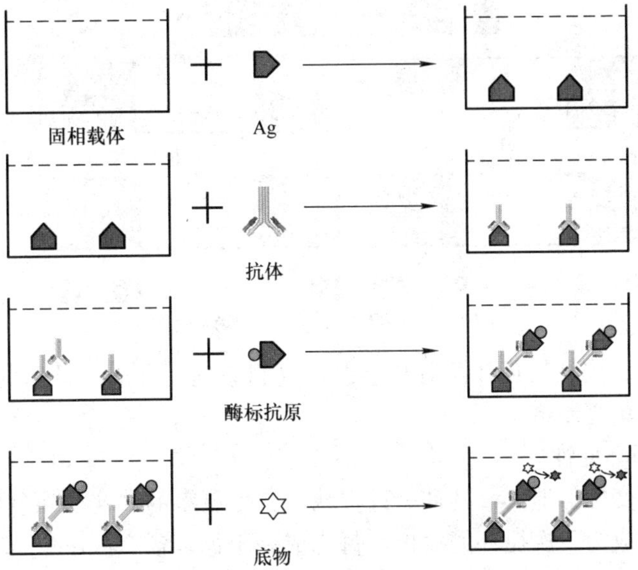

图 1-5 双抗原夹心 ELISA 示意图

1.2.3 聚合酶链反应

聚合酶链反应（Polymerase Chain Reaction，PCR）的基本原理类似于 DNA 的天然复制过程，其特异性依赖于与靶序列两端互补的寡核苷酸引物。PCR 主要包括变性、退火、延伸三个基本反应步骤，如图 1-6 所示。

1. 模板 DNA 的变性

模板 DNA 经加热至 90℃左右（约 93℃）一定时间后，使模板 DNA 双链或经 PCR 扩增形成的双链 DNA 解离，成为单链，以便与引物结合，为下轮反应做准备。

2. 模板 DNA 与引物的退火（复性）

模板 DNA 经加热变性成单链后，温度降至 50℃左右（约 55℃），引物与模板 DNA 单链的互补序列配对结合。

3. 引物的延伸

引物与模板的正确结合是关键。DNA 模板与引物的结合物在 DNA 聚合酶（如 TaqDNA 聚合酶）的作用下，在 70℃以上（约 75℃），以 dNTP 为反应原料，

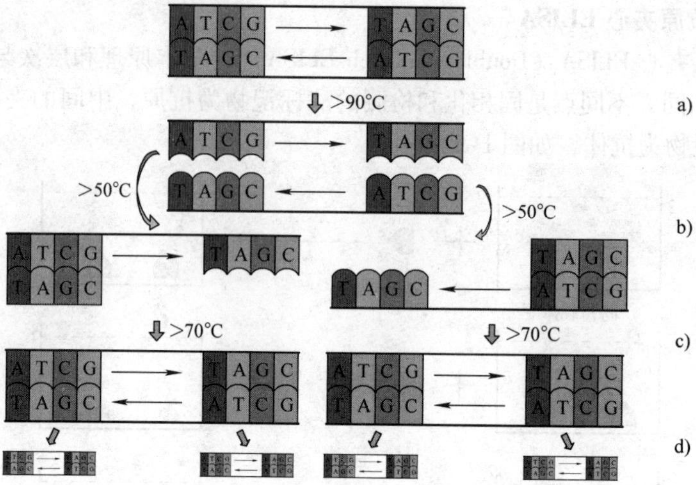

图 1-6 PCR 基本反应步骤示意图

靶序列为模板，按碱基互补配对与半保留复制原理，合成一条新的与模板 DNA 链互补的半保留复制链。

4. 重复循环变性

重复循环变性、退火、延伸三过程就可获得更多的“半保留复制链”，而且这种新链又可成为下次循环的模板。每完成一个循环需 2 ~ 4min，2 ~ 3h 就能将待扩目的基因扩增放大几百万倍。PCR 扩增产物用核酸染料染色，在进行琼脂糖凝胶电泳图上由条带显示。

1.2.4 荧光免疫分析法

荧光免疫分析（Fluoroimmunoassay，FIA）法是根据抗原或抗体反应的原理将不影响抗原或抗体活性的荧光色素标记在抗体或抗原上制成荧光标记物，再用这种荧光抗体或抗原作为生物探针检查相应抗原或抗体。在待测样品中形成的抗原－抗体复合物上含有荧光素，利用荧光显微镜观察标本，荧光素受激发光的照射而发出明亮的荧光（黄绿色或橘红色），从而定量检测抗原或抗体。该方法存在两种模式，即竞争型和夹心型。

1. 竞争型

在 Ab 和 Ag－L 的混合物中加入未标记的 Ag，Ag 和 Ab 的结合使得 Ag－L 与 Ab 免疫复合物的量减少。从 Ag－L:Ab 免疫复合物的减少或游离 Ag－L 的增加，可以定量测定出样品中待测抗原的含量。其反应过程如下：

$$Ag + Ag - L + Ab \rightleftharpoons (Ag:Ab) + (Ag - L:Ab) \tag{1-2}$$

2. 夹心型

在载体上固定过量的 Ab，然后加入一定量的 Ag，免疫反应后，再加入过量的标记抗体（Ab－L），以形成“三明治”式夹心免疫复合物。样品中存在的 Ag 越多，结合的 Ab－L 也越多，夹心免疫复合物的标记荧光信号就越强。反应过程如下：

$$\text{Ab} + \text{Ag} \rightleftharpoons \text{Ab:Ag} \rightleftharpoons \text{Ab:Ag:Ab} - \text{L} \quad (1\text{-}3)$$

1.2.5 放射免疫分析法

放射免疫分析法（Radio immunoassay，RIA）是使放射性标记抗原（Ag^*）和未标记抗原（Ag）与不足量的特异性抗体（Ab）竞争性地结合，反应后分离并测量放射性而求得未标记抗原的量。用反应式表示为

$$\begin{array}{c} \text{Ag} + \text{Ab} \rightarrow \text{AgAb} \\ + \\ \text{Ag}^* \\ \downarrow \\ \text{Ag}^*\text{Ab} \end{array} \quad (1\text{-}4)$$

RIA 的优点是信号强、检测限低、用样量少等；缺点是同位素具有放射性，有时会出现交叉反应、假阳性反应，组织样品处理不够迅速，不能灭活降解酶和盐，且 pH 值有时会影响结果等。

总之，传统检测方法检测极限很低，并且能对复杂的食品样品进行生化检测，但是操作过程复杂、费时，需要具有一定专业知识的技术人员才能完成操作。特别是时间效应，往往为了得到一个证实的结果，需要超过一天的时间。这对于食品工业来说，是远远不能够满足他们所需要的快速、及时检测出食品处理、运输、存储过程中潜在的致病菌的要求。另一方面，恐怖分子利用致病菌和病毒进行恐怖威胁活动已经变成严肃的话题，迫切需要速度快、特异性强和灵敏度高的方法来检测食品中的致病菌。所以，发展在线、实时、快速、便捷的监测与检测技术就显得十分重要。与常规检测技术相比，生物传感器具有不需要样品预富集，操作简便、选择性好、响应快、成本低、灵敏度高、便于携带以及可在线监测等优点，作为一种多学科交叉的新技术，在食品质量安全检测中正发展成为一种强有力的传感监测工具。

1.3 生物传感器概述

1.3.1 生物传感器系统的组成

生物传感器（Biosensors）是把生物化学反应转换成可测量的电信号，主要由三部分组成，即生物探针、换能器、信号激励检测系统，如图 1-7 所示。

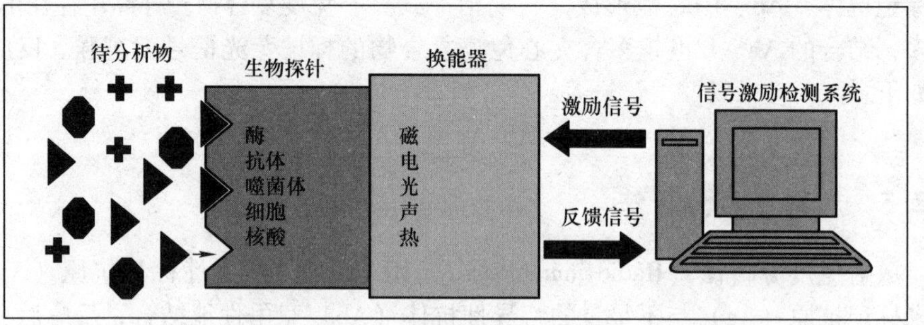

图 1-7　生物传感器系统功能模块示意图

1. 生物探针

生物探针（Bioprobe）对目标病菌具有专一性，用于识别目标病菌并与其发生特异性结合或反应，通常均匀加载在换能器表面。典型的生物探针有抗体、噬菌体。

（1）抗体

抗体（Antibody, Ab）是由抗原刺激机体产生的具有独特免疫功能的球蛋白，又称免疫球蛋白（Immunoglobulin, Ig），是一种由 B 细胞分泌，被免疫系统用来识别外来物质（如病菌、病毒等）的大型 Y 形蛋白质，可细分为免疫球蛋白 G（IgG）、免疫球蛋白 A（IgA）、免疫球蛋白 M（IgM）、免疫球蛋白 D（IgD）和免疫球蛋白 E（IgE）五类。其中，IgG 是最主要的免疫球蛋白，约占人血浆丙种球蛋白的 70%。抗体具有 4 条对称结构多肽链，其中 2 条较长、相对分子量较大的相同的重链（Heavy chain, H 链）；2 条较短、相对分子量较小的相同的轻链（Light chain, L 链），链与链之间通过二硫链（－S－S－）及非共价键连接，如图 1-8 所示。

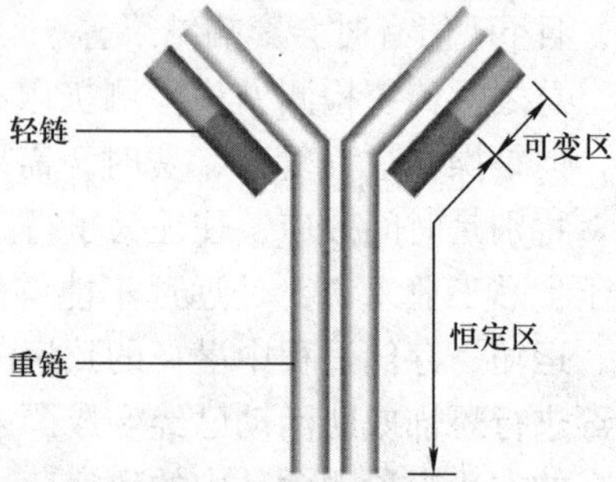

图 1-8　生物抗体结构示意图

（2）噬菌体

噬菌体（Bacteriophage）是感染病菌、真菌、藻类等微生物病毒的总称。噬菌体由蛋白质外壳包裹的遗传物质组成，如图 1-9 所示。大部分噬菌体长有“尾巴”，用来将遗传物质注入宿主体内。利用病菌的核糖体、蛋白质合成时所需的各种氨基酸和能量来实现其自身的生长和增殖。一旦离开了宿主细胞，噬菌体既不能生长，也不能复制。

2. 换能器

换能器是一种能量转换器件，其作用是将生物探针与病菌之间的相互作用转变为可测量的电信号。根据生物化学反应信息分类，可将换能器分为离子选择性电极、阻抗计、电导仪、热敏电阻、表面等离子体共振、压电晶体、磁致伸缩材料等。

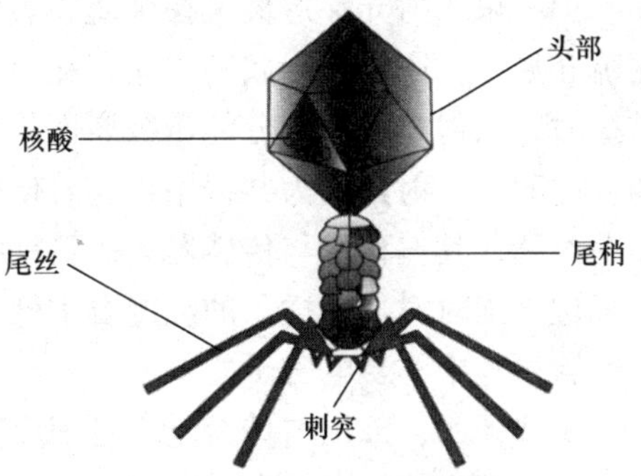

图 1-9　噬菌体结构示意图

3. 信号激励检测系统

信号激励检测系统主要用于接收、放大换能器信号，进行数据处理并显示数据。

1.3.2　生物传感器系统的常见种类

1. 表面等离子体共振生物传感器

表面等离子体共振生物传感器（Surface Plasmon Resonance biosensor，SPR）主要由一个表面镀有一层金属膜（通常为金薄膜）的棱镜组成，生物探针固定在金属膜表面，如图 1-10 所示。

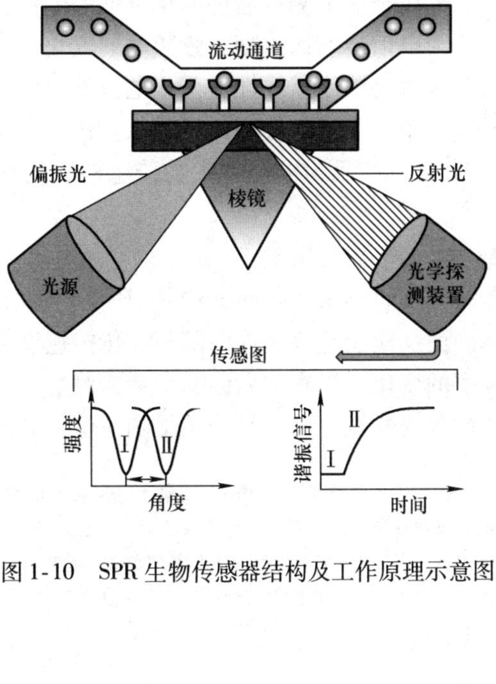

图 1-10　SPR 生物传感器结构及工作原理示意图

当一束入射光穿过棱镜在金属膜表面发生全反射时，会形成消逝波㊀进入到光疏介质中，同时在金属膜中又存在一定的等离子波。当消逝波与等离子波发生共振时，入射光的大部分能量被表面等离子波㊁吸收，使反射光强急剧衰减至最弱，此时的入射角称为共振角。随着传感器表面目标病菌数量的增多，共振角会逐渐偏移，其偏移量与传感器表面目标病菌数量成正比。该技术不需要对样品进行标记，同时对待测样品的纯度要求低，不需要纯化，浑浊样品也可以检测，且在实验过程中不受电磁干扰。

实践证明，SPR 与传统检测手段相比，具有无需对样品进行标记、实时监测、灵敏度高等突出优点。所以，其在医学诊断，生物监测，生物技术，药品研制和食品安全检测等领域有广阔的应用前景。

2. 电化学生物传感器

电化学生物传感器（Electrochemical biosensors）以电极作为换能器，将生物探针固定在电极表面，通过目标病菌与生物探针特异性反应产生相应化学计量数的电活性物质，从而将被测病菌的浓度变化转换成与其相关的电活性物质的浓度变化，并通过电极获取电流或电位信息，最后实现目标病菌的检测。按照检测信号的不同，电化学生物传感器可分为电导型、电位型、电流型和电容型四种形式。其中，电导型电化学生物传感器用于测量溶液中一对电极间的电导变化；电位型电化学生物传感器用于测量工作电极与参比电极间的电位变化；电流型电化学生物传感器用于在恒电压条件下测量通过电化学池的电流；电容型电化学传感器则用于测量交流电势与电信号的比值随正弦频率的变化。由于电流型电化学生物传感器电极的输出与被测物浓度呈线性关系，电极输出值的读数误差所对应的待测物浓度的相对误差较小、灵敏度较高，因此该类传感器是目前研究最多、应用最广的一种类型。图 1-11 所示为电流型生物传感器实物图及检测大肠杆菌流程图。

3. 压电生物传感器

压电生物传感器（Piezoelectric biosensors）以压电材料作为换能器，通过其表面生物探针与目标病菌反应引起表面或内部声波传播速度和振幅的变化，或者说引起传感器谐振频率的变化，以实现病菌的定量检测。

压电生物传感器可分为两类：一类是非质量响应型，利用液体密度、温度或

㊀ 消逝波：当光波从光密介质入射到光疏介质时，如果入射角大于临界角会产生全反射现象。此时有光波虽然不能穿过两种介质的临界面，但沿着临界面平行的方向会产生光波，其电场及磁场的复振幅随着远离临界面的距离的增大而呈现指数级的减小趋势，这部分光波被称为消逝波。

㊁ 表面等离子波是指在金属表面存在的自由振动的电子与光子相互作用产生的沿着金属表面传播的电子疏密波。

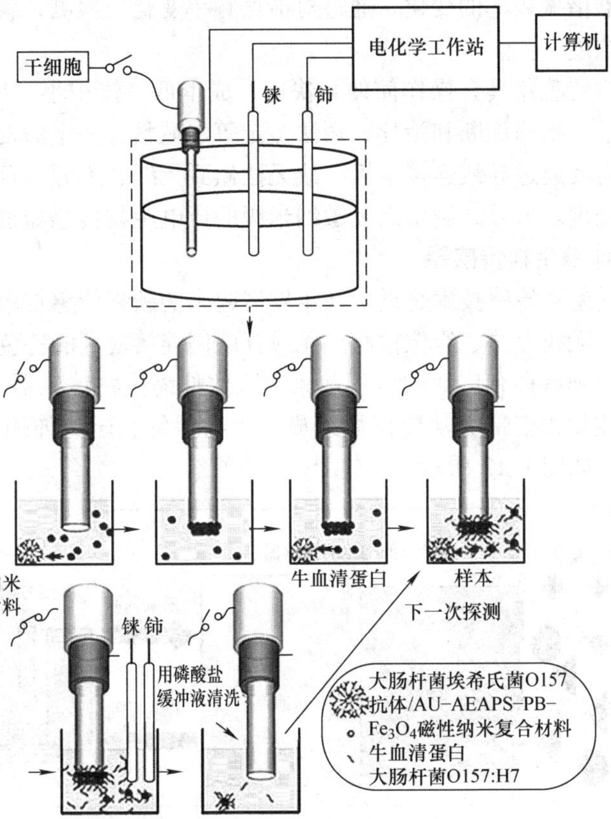

图1-11 电流型生物传感器实物图及检测大肠杆菌流程图

液体黏度等物理量变化引起的谐振频率改变来进行检测；另一类是质量响应型，即晶体表面质量在一定范围内的微小改变将引起谐振频率的改变。当前，对质量响应型的压电生物传感器的应用研究较多，最常见的质量响应型的压电生物传感器是石英晶体微天平（Quartz Crystal Microbalance，QCM），如图1-12所示。该传感器的换能器材料为（AT－CUT）石英晶片，其上下表面镀有金层作为电极，电极表面固定有生物探针，在交变电场激励下产生的共振波在金属电极间的石英晶体内作剪切振动。晶体内质点的位移方向与晶体表面平行，波的传播方向垂直于晶体表面，晶体的共振频率是晶体几何形状和尺寸、晶体质量、晶体的弹性模量等物理参数的函数。

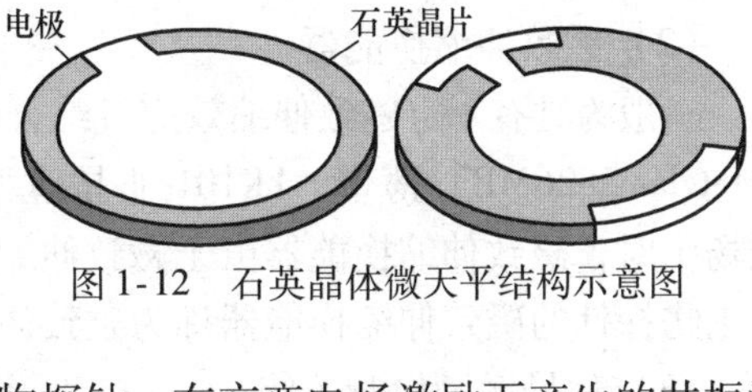

图1-12 石英晶体微天平结构示意图

当生物探针捕获病菌后，压电生物传感器的质量发生微小变化，从而引起压电生物传感器谐振频率的变化，通过对谐振频率变化的检测，就可以测出目标病菌的数量或浓度。

压电生物传感器具有操作简便、快速、成本低、体积小、易于携带等特点，在分子生物学、疾病诊断和治疗、司法鉴定等领域具有一定的发展潜力，但是由于交变电场需要通过导线连接电极，故无法做到无线、无源，且在水中使用时需要特殊绝缘处理。另外，制备高灵敏纳米级的压电生物传感器也比较困难。

4. 磁致伸缩生物传感器

磁致伸缩生物传感技术是近十几年发展起来的新兴传感技术，由于其具有低成本、快速、无线无源、原位检测、无线互联网连接便利的特色和优势，决定了它在食品安检领域具有广泛的应用前景。磁致伸缩生物传感器（Magnetostrictive biosensors）主要由三部分功能模块组成：生物探针、磁致伸缩换能器、信号激励检测系统，如图 1-13 所示。

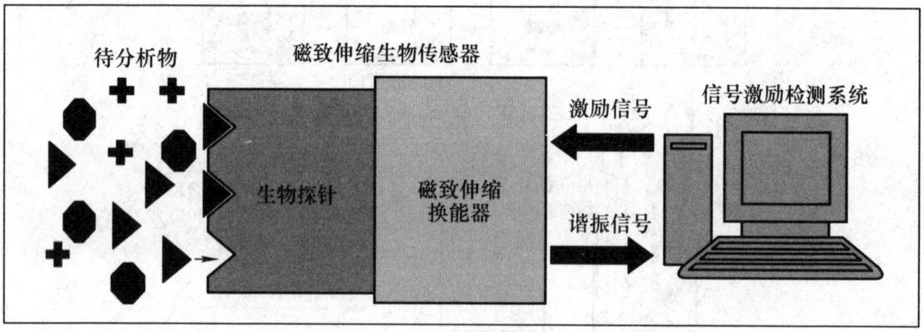

图 1-13　磁致伸缩生物传感器系统功能模块示意图

（1）生物探针

对目标物（如病菌）具有专一性且可与目标物发生特异性结合或反应，通常固定在磁致伸缩换能器表面。

（2）磁致伸缩换能器

一般为具有一定磁致伸缩效应且综合性能良好的软磁材料，如$Fe_{40}Ni_{38}Mo_4B_{18}$（Metglas 2826MB）薄带、1K101 非晶薄带及 1K107 纳米晶薄带等。当处于交变磁场中时，磁致伸缩换能器由于磁致伸缩效应会发生受迫振动。通常把表面固定有生物探针的磁致伸缩换能器称为磁致伸缩生物传感器。

（3）信号激励检测系统

用于激励磁致伸缩生物传感器谐振并检测其谐振信号。通常由信号发生接收器、线圈及测试腔三部分组成。信号发生接收器提供交变或脉冲激励信号，通过线圈产生交变磁场，激励线圈内磁致伸缩生物传感器受迫振动。当传感器固有频率与激励磁场频率相同时会发生谐振，其谐振频率（f_0）就是该生物传感器的检测信号。由于磁致伸缩生物传感器信号的激发和传送均通过电磁场进行，所以生物传感器与传感系统之间不需要任何物理连接，也不需提供内部电源，可以真正实现无线、无源检测。

5. 检测原理

当目标病菌与生物探针特异性结合时，会造成磁致伸缩生物传感器发生极微小的质量变化，引起其谐振频率的变化，从而实现对目标病菌的定量检测，如图 1-14 所示。

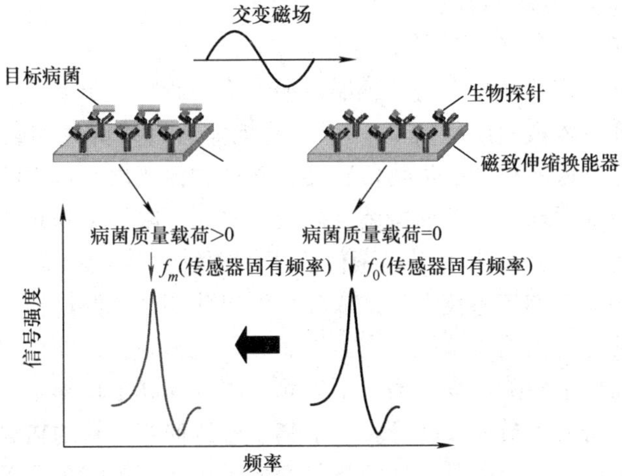

图 1-14　磁致伸缩生物传感器工作原理图

近年来，磁致伸缩生物传感技术正在成为国内外学者高度关注的研究热点，国内外相关研究机构也在不断增多。美国奥本大学、美国宾夕法尼亚州立大学，国内的湖南大学、上海微系统与信息技术研究所、重庆大学、华南理工大学、太原理工大学、常州大学及太原科技大学等单位对磁致伸缩生物传感技术进行了比较深入的研究并取得一系列重要成果。主要围绕以下三个方面开展研究：

（1）磁致伸缩生物传感器谐振理论和优化设计研究

由磁致伸缩生物传感器工作原理可知，建立磁致伸缩生物传感器在各类媒质中的受迫振动控制方程并精确求解其谐振频率是磁致伸缩生物传感器在各领域应用的理论基础。磁致伸缩生物传感器的材料选择、结构设计、灵敏度优化、谐振信号强度优化、检测应用等方面均离不开其理论依据。通常，磁致伸缩生物传感器在磁场中的振动可模拟为相同结构及尺寸的复合材料弹性杆、复合材料悬臂梁、薄膜、板壳等弹性体的受迫振动。Grimes 等人以薄板状磁致伸缩材料作为磁致伸缩换能器，建立了磁致伸缩生物传感器在空气和牛顿液体中的振动控制方程，并推导出了目标物均匀吸附在磁致伸缩生物传感器整个表面时的谐振频率及灵敏度的本构方程。Cheng 等人通过实验发现在空气中相同质量载荷的目标物在传感器表面的不同分布会影响传感器的谐振频率及灵敏度。作者等人采用假设模态法并结合拉格朗日方程，分别建立了目标物在集中分布和非均匀分布条件下磁致伸缩生物传感器的受迫振动控制方程，从理论上揭示了磁致伸缩生物传感器在不同振动模态下，振型、节点位置、谐振频率及灵敏度随目标物分布模式的变化规律，并基于该理论结果，提出了通过控制目标物分布模式实现磁致伸缩生物传感器灵敏度的优化。该方面的深入研究需要弹性力学、机械振动、流体力学、磁性材料物理等学科的综合知识。

（2）磁致伸缩生物传感器的应用研究

近年来，基于磁致伸缩生物传感器谐振理论，研究人员利用 2 - 亚氨基硫烷盐酸盐化学修饰抗体蛋白产生硫基 - SH，使抗体通过共价健加载在磁致伸缩换能器表面金镀层形成磁致伸缩生物传感器，并成功检测出了水中的大肠杆菌、沙门氏菌、金黄色葡萄球菌及李斯特菌等病菌，检测下限为 100cfu/mL。

另外，Li 等人还开发出了以噬菌体为生物探针直接在食品表面进行原位病菌检测的磁致伸缩生物传感技术，并成功检测出菠菜叶、西红柿、蛋壳表面浓度约 100cfu/cm^{2}的沙门氏菌。该技术无需样品的采集和制备，即可实现病菌的原位检测，极大地简化了检测过程、缩短了检测时间、提高了检测效率。

除此之外，研究人员还成功开发出了基于磁致伸缩材料的猪瘟病毒无线免疫传感器，创新了通过镀金的磁致伸缩材料表面形成巯基烷酸单分子膜，经 N - 羟基丁二酰亚胺（NHS）和碳二亚胺盐酸盐（EDC）活化后固定猪瘟病毒抗体的方法，研制了无线免疫传感器对不同浓度的猪瘟病毒进行检测，实现了高灵敏度（0.5μg/mL）病毒检测。在重金属离子检测上，研制出了牛血清白蛋白磁致伸缩生物传感器，成功检测出了溶液中的 Pb^{2+}、Cd^{2+} 和 Cu^{2+} 重金属离子，阐明了检测灵敏度在低浓度溶液中随不同重金属离子的质量变化呈现线性变化，而在高浓度溶液中为非线性变化。该方面的深入研究需要生物化学与分子生物学、微生物学、病毒学、物理化学等学科的综合知识。

（3）便携式传感及信号检测系统研究

常规的传感及信号检测系统通常为锁相放大器、阻抗分析仪或矢量网络分析仪等商业产品。这些设备具有精度高、信号强等优势，但是均通过扫频法确定磁致伸缩生物传感器的谐振频率。通常，为了获取较高的精确度，设置的扫频点数量较大，导致每获取一次谐振频率的周期较长。另外，这些设备比较笨重且成本高，无法随身携带进行实地检测，不适合普及使用。为了解决该问题，研究人员开发出了一种新型便携式磁致伸缩传感器频域特性分析技术。该技术利用单片机产生正弦脉冲信号并激励磁致伸缩传感器产生瞬态响应，通过记录单位时间内传感器响应时域信号穿过设定阈值的次数确定其谐振频率。该检测系统尺寸小且成本较低，可同时进行频域分析和时域分析，包括获取传感器的谐振频率和阻尼比等信息。

除此之外，作者以方波脉冲信号作为激励源并将磁致伸缩传感器的瞬时响应时域信号通过快速傅里叶变换提取频谱信号，实现了传感器谐振频率的快速测量。该传感系统具有尺寸小、重量轻、成本低等优势，满足了便携式检测的需求。该方面的深入研究需要快速傅里叶变换、传感器原理、单片机原理、信息与信号处理、模态分析等学科的综合知识。

第 2 章　磁致伸缩生物传感器换能材料磁性物理基础

磁致伸缩生物传感器的换能器为磁性材料，其应用也是基于磁致伸缩效应，这就涉及材料的磁学基础。磁致伸缩生物传感器在动力学的概念上，可设计成弹性杆、弹性梁、弹性板、弹性薄膜等磁致伸缩弹性体，其功能为换能器。磁致伸缩弹性体在激励交变磁场作用下发生振动，换能器在共振频率下发生谐振，实现对病菌等目标物的检测。当前，大部分磁致伸缩生物传感器使用的磁致伸缩材料为导体，因此在交变磁场作用下，磁致伸缩材料内部还会产生涡流，使传感器温度发生变化，从而影响高灵敏传感器的检测稳定性。另外，根据理论分析，磁致伸缩生物传感器的灵敏度、稳定性、可靠性与换能器材料的电导率、磁导率、介电系数、磁致伸缩率、弹性模量、泊松比、几何尺寸等物理参数相关。为了实现磁致伸缩生物传感器的优化设计，大幅提高传感灵敏度和稳定性，就需要开展对高性能磁致伸缩材料的研制，以及对磁致伸缩生物传感器系统的理论分析和优化。为此，我们必须掌握磁性材料的基础知识，本章将介绍磁学方面的基础知识。

2.1　原子磁矩

物质的磁性来源于原子的磁性，研究原子磁性是研究物质磁性的基础。原子的磁性来源于原子磁矩。原子磁矩由原子核磁矩和电子磁矩合成。电子的轨道运动和自旋运动、原子核内质子和中子的运动都会产生磁矩。

以电子轨道运动为例，假设一个质量为 m 的电子绕原子核运动，如图 2-1 所示。

此时，电子绕原子核的轨道运动犹如一个环形电流，此环流（电子为负电荷，环流定义为正电荷的方向，故与电子运动方向相反）将在其运动中心处产生磁矩，称为电子轨道磁矩 μ_1（单位为 Am^2），即

$$\mu_1 = iS\boldsymbol{n} = \frac{e}{T}S\boldsymbol{n} = \frac{e\omega r^2}{2}\boldsymbol{n} \qquad (2\text{-}1)$$

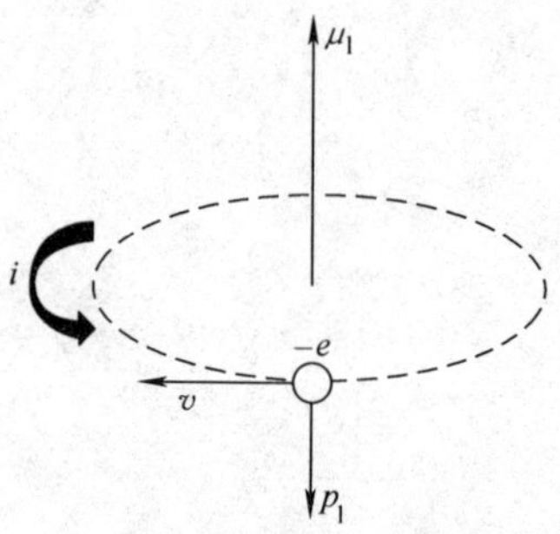

图 2-1　绕原子核运动的电子

或者

$$\mu_1 = -\frac{e}{2m}p_1 \tag{2-2}$$

式中，i 表示环流大小；S 表示环流包围的平面面积；$\boldsymbol{n}$ 表示磁矩方向单位矢量，垂直于回路的平面且服从右手螺旋定则；p_1 为电子的轨道角动量，其大小可表示为

$$p_1 = m\omega r^2 \tag{2-3}$$

若采用量子力学的结果，则电子轨道角动量大小可表示为

$$p_1 = \sqrt{l(l+1)}\frac{h}{2\pi} \tag{2-4}$$

电子轨道磁矩大小表示为

$$\mu_1 = \sqrt{l(l+1)}\mu_B \tag{2-5}$$

式中，$l=0, 1, 2, \cdots, n-1$，为角量子数；h 是普朗克常数；μ_B 为波尔磁子，是电子磁矩的基本单位，即

$$\mu_B = \frac{e}{2m}\frac{h}{2\pi} = 9.273\times10^{-24}\text{A}\cdot\text{m}^2 \tag{2-6}$$

实验和理论证明，原子核磁矩（即质子和中子在原子核内的运动产生的磁矩）很小，只有电子磁矩的几千分之一，故可以略去不计。因此，可以认为原子的固有磁矩主要由原子中电子轨道磁矩和自旋磁矩构成。物质的磁性正是来源于其内部原子的固有磁矩，而电子的排布决定了原子的固有磁矩。电子占据原子轨道时一般遵循以下几个规则：

1. 最低能量规则

电子在原子轨道上排布时，优先占据能量最低的轨道。

2. 泡利不相容规则

根据量子力学理论，描述电子在原子核外运动状态的 4 个量子数 n、l、m_l、m_s 分别代表主量子数、角量子数、磁量子数和自旋量子数，可从求解量子力学薛定谔方程中得出。同一个量子数 n、l、m_l、m_s 表征的量子状态最多只能有一个电子占据，即在一个原子轨道里（量子数为 n、l、m_l）最多只能容纳 2 个自旋反向的电子（两个不同的自旋量子数 m_s）。

主量子数 n：决定电子轨道能量的主要量子数，取值为 $n=1, 2, 3, \cdots, n$。在同一原子内，主量子数相同的轨道，电子出现概率最大的空间范围几乎相同，因此把主量子数相同的轨道划为一个电子层，并用电子层符号 K、L、M、N、O 等表示，分别对应于主量子数 $n=1, 2, 3, 4, 5\cdots$。

角量子数 l：决定电子空间运动的角动量以及原子轨道或电子云的形状，在多电子原子中与主量子数 n 共同决定电子能量高低。角量子数 l 可取 0，1，2，3，4，…，$n-1$ 等共 n 个值，光谱学上对应的符号分别为 s、p、d、f、g 等，代表着电子云的形状，如 s 代表着电子云是球形对称，p 代表着电子云是无把哑铃

形，d 代表着电子云是四瓣梅花形等。

磁量子数 m_l：决定原子轨道在空间的取向。某种形状的原子轨道，可以在空间取不同方向的伸展方向，从而得到几个空间取向不同的原子轨道。这是根据线状光谱在磁场中发生分裂，显示出微小能量差别的现象得出的结果，其取值可为 $m_l=0$，±1，±2，…，$\pm l$，共 $2l+1$ 个。

自旋量子数 m_s：决定了电子自旋运动的角动量沿着外磁场方向的分量，取值为 $+1/2$ 或 $-1/2$。电子只能顺时针方向或逆时针方向自旋。

3. 洪特规则

如果在能量相等的轨道上排布电子，即在主量子数和角量子数相同而磁量子数不同的轨道上排布电子，在各种排布方式中，自旋平行的电子数目最多时，原子的能量最低。所以，在能量相等、形状和取向不同的轨道上，电子尽可能以自旋平行地多占不同的轨道，从而有了如下洪特规则。

洪特规则一：在满足泡利不相容规则的条件下，电子总自旋量子数 $S=\sum m_s$ 取最大值。例如，有 3 个电子占据某一原子 p 轨道，此时电子应分别独立占据三个轨道，即 $S=3/2$，如图 2-2a 所示，而图 2-2b 所示方式的排布就不可能发生。

洪特规则二：在满足总自旋量子数 S 取最大值时，电子总磁量子数 $M=\sum m_l$ 取最大值。例如，有 6 个电子占据某一原子 d 轨道，此时电子应为图 2-3a 所示，根据洪特规则，图 2-3b 所示方式的排布就不可能发生。

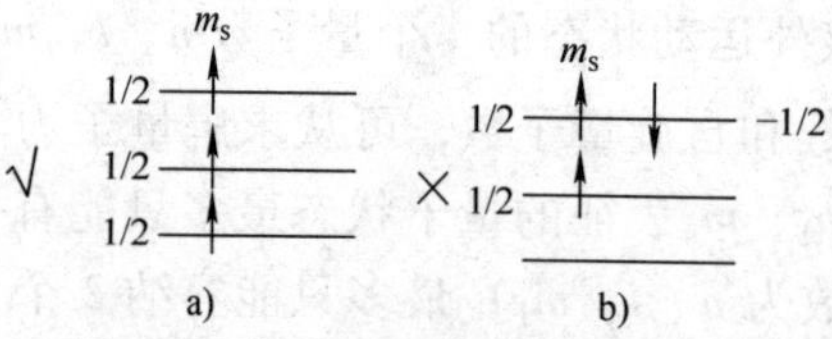

图 2-2　电子总自旋数取最大值

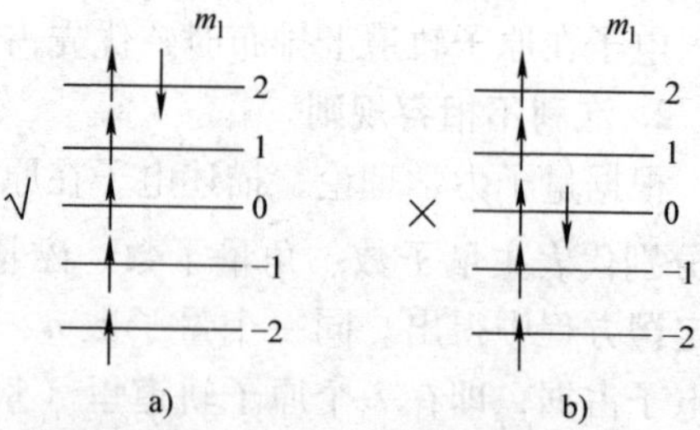

图 2-3　电子总磁量子数取最大值

例如，氮（N）原子核外有 7 个电子，根据能量最低原理和泡利不相容原理，首先有 2 个电子排布到 1s 轨道中，又有 2 个电子排布到 2s 轨道中。按照洪特规则，余下的 3 个电子将以相同的自旋方式分别排布到主量子数为 2，但角量子数为 1、磁量子数分别为 0、-1、$+1$ 的 3 个方向不同但能量相同的 2p 轨道中，由此得出氮原子的电子排布式为 $1s^2 2s^2 2p^3$。值得注意的是，如果原子中所有轨道或壳层都是填满的，那么电子轨道磁矩和自旋磁矩将各自相互抵消，此时原子固有磁矩为零。所以，惰性气体原子的固有磁矩均为零，如氦原子中 2 个电子填满了 s 轨道，固有磁矩为零。

另外，根据量子力学研究结果表明，同一能级各个轨道上的电子全空（p^0、d^0、f^0）、全满（p^6、d^{10}、f^{14}）和半满（p^3、d^5、f^7）时的结构，也具有较低能量和较大的稳定性。例如，对比铁离子 Fe^{3+}（$3d^5$）和亚铁离子 Fe^{2+}（$3d^6$），从 $3d^6 \rightarrow 3d^5$ 才稳定，这与亚铁离子不稳定易被氧化的事实相符。

2.2　磁化及磁化强度

材料在磁场的作用下将被磁化，并显示一定特征的磁性。通常在无外磁场时，物质中所有原子固有磁矩的总矢量和为零，宏观上物质不呈现出磁性。但是当物质在磁场强度为 H 的外加磁场中被磁化时，物质便会表现出一定的磁性，这时物质中的原子磁矩总矢量和不为零。实际上，磁化并未改变物质中原子固有磁矩的大小，只是改变了它们的取向。因此，物质磁化的程度可以用所有原子固有磁矩矢量的总和 $\boldsymbol{p} = \sum \boldsymbol{p}_{\mathrm{i}}$ 来表示，该值越大，物质磁化程度越大。由于给定物质的总磁矩与该物质的原子总数有关，而该物质的原子总数又与物质的体积有关，所以为了方便比较物质磁化的强弱，一般用单位体积内所有原子固有磁矩矢量的总和来表示，称为磁化强度，用 $\boldsymbol{M}$ 表示，即

$$M = \frac{\sum_{i}^{n} \boldsymbol{p}_i}{V} \tag{2-7}$$

式中，V 为物质的体积；M 为磁化强度。

1. 磁化率

表征磁介质属性的物理量。对于置于外磁场中的物质，其磁化强度 M 和外磁场强度 H 存在以下关系：

$$\chi = \frac{M}{H} \tag{2-8}$$

式中，χ 为磁化率，无量纲，是表征物质磁化难易程度的一个参量。对于 $\chi > 0$ 的物质称为顺磁性物质，对于 $\chi < 0$ 的物质称为抗磁性物质，对于各向同性磁介质，磁化率 χ 是标量；对于各向异性磁介质，磁化率 χ 是一个二阶张量（9 个分量的矩阵）。对于铁磁性物质，磁化率 χ 很大，而且磁化强度 M 与磁场强度 H 之间是复杂的非线性函数。本书中所讨论的磁致伸缩传感器换能器材料通常为铁磁性材料。

2. 磁感应强度

通过垂直于磁场方向单位面积的磁力线数称为磁感应强度，用 B 表示，单位为 T（特斯拉）。物质在外磁场中发生磁化，内部的磁感应强度 B 与外磁场强度 H 的关系是

$$\begin{aligned} B &= \mu_0(H+M) \\ &= \mu_0(H+\chi H) \\ &= \mu_0(1+\chi)H \\ &= \mu_0\mu_r H \\ &= \mu H \end{aligned} \tag{2-9}$$

式中，μ_0为真空磁导率，等于$4\pi\times10^{-7}$，单位为H/m；$\mu_r=1+\chi$，称为相对磁导率；μ为磁导率，是表征物质导磁性及磁化难易程度的一个参量。磁致伸缩生物传感器在外激励交变磁场作用下，磁导率μ对传感器换能材料内部产生的涡流分布影响较大。

3. 磁力矩

物质中的磁矩p在磁感应强度为B的磁场中将受到磁场的作用而产生力矩L，其大小可表示为

$$L=|p\times B|=pB\sin\theta \tag{2-10}$$

式中，θ为磁矩与磁感应强度矢量方向夹角，该力矩力图使磁矩$\boldsymbol{p}$处于势能最低方向，也就是和磁感应强度$\boldsymbol{B}$矢量同向平行的方向。

4. 静磁能

任何物质被置于外磁场中将处于磁化状态，此时物质中的磁矩与外加磁场的作用能称为静磁能，可以表示为

$$E=-\boldsymbol{pB} \tag{2-11}$$

静磁能与物质的体积有关，而通常我们关心的是单位体积的静磁能，即静磁能密度E_V，其大小可表示为

$$E_V=-\frac{\boldsymbol{pB}}{V}=-\boldsymbol{MB}=-MB\cos\theta \tag{2-12}$$

式中，$\boldsymbol{M}$为磁化强度；θ为磁矩与磁感应强度夹角。

可以看出，当$\theta=0°$时，静磁能密度最低；当θ增大时，需要外力克服磁场做功，物质在磁场中的静磁能密度增大；当$\theta=180°$时，物质的静磁能密度最大。

2.3 物质的磁性

根据磁化率的正负和大小可以把物质分为抗磁体（$\chi\approx-10^{-6}$）、顺磁体（$\chi\approx10^{-6}\sim10^{-3}$）、铁磁体（$\chi\approx10^{3}\sim10^{6}$）、亚铁磁体（$\chi\approx10\sim10^{3}$）和反铁磁体（$\chi\approx-10$），但是它们的磁化机理有所不同。

1. 抗磁性

抗磁性是一种弱磁性，其相对磁化率为负值且很小，典型的数值为10^{-5}数

量级。抗磁性是组成物质的原子中运动的电子在磁场中受电磁感应而表现出的属性，精准的理论解释应该用量子力学来分析。

如图 2-4 所示，当外加均匀磁场矢量与电子轨道动量矩矢量不重合时，电子轨道动量矩矢量将发生绕磁场矢量旋转的拉莫进动，从而产生与磁场方向相反的附加磁矩，这就是所谓的抗磁效应。由于物质的抗磁性来源于其内部电子轨道运动在磁场中的变化，所以所有物质都具有抗磁效应。这里，采用简单的定性分析来解释物质的抗磁性。

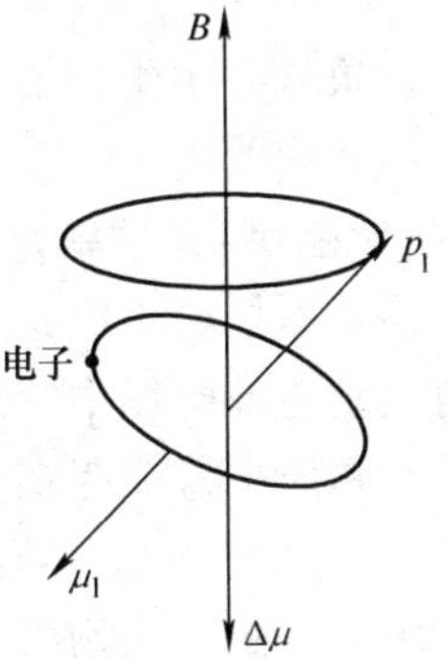

图 2-4　电子轨道的拉莫进动

当电子绕着原子核作轨道运动时，该电子轨道运动产生的电流强度 i 为

$$i = \frac{-e}{T} = \frac{-e}{2\pi/\omega} = \frac{-e\omega}{2\pi} \tag{2-13}$$

式中，e 为电子电荷；T 为轨道运动周期；ω 为轨道运动角速度。

该电子轨道磁矩 μ_1 为

$$\mu_1 = i\pi r^2 = \frac{-e\omega r^2}{2} \tag{2-14}$$

式中，r 为电子轨道半径。此时，电子受到原子核的向心力 F 为

$$F = mr\omega^2 \tag{2-15}$$

式中，m 为该电子质量。

当外磁场 H 作用于该轨道运动电子时，则对其产生一个附加的洛伦兹力 ΔF，即

$$\Delta F = Ber\omega \tag{2-16}$$

则该电子受到的向心力变为 F_0，即

$$F_0 = F + \Delta F = mr\omega^2 + Ber\omega = mr_0\omega_0^2 \tag{2-17}$$

式中，r_0 和 ω_0 分别为电子在磁场 H 中的轨道半径和角速度。

电子轨道半径的变化是无穷小，设电子轨道半径不变，即 $r = r_0$，则该轨道运动电子的角速度必然发生改变，设其改变量为 $\Delta\omega$，则有

$$F_0 = mr(\omega + \Delta\omega)^2 \tag{2-18}$$

将式（2-15）代入式（2-16），可得

$$mr\omega^2 + Ber\omega = mr(\omega + \Delta\omega)^2 \tag{2-19}$$

解上式并略去 $\Delta\omega$ 的二次项得

$$\Delta\omega = \frac{e}{2m}B \tag{2-20}$$

把 $\Delta\omega$ 代入式（2-14）中的 ω，得到电子轨道运动在磁场作用下产生的附加磁

矩为

$$\Delta\mu_1 = -\frac{e\Delta\omega r^2}{2} = -\frac{e^2 r^2}{4m}B \tag{2-21}$$

式中，负号表示附加磁矩 $\Delta\mu_1$与外磁场 H 方向相反。

该式说明电子轨道运动在外磁场作用下产生与外磁场方向相反的附加磁矩（即抗磁磁矩），这就是抗磁性的来源。由上式还可以看出，电子轨道运动附加磁矩与外磁场成正比，当外磁场去除后，抗磁磁矩消失。既然抗磁性是由于电子轨道运动在外磁场中感应产生的，而任何物质内部都存在电子轨道运动，因此抗磁性在物质中普遍存在。但是，并不是所有物质都是抗磁体，这里要注意抗磁性和抗磁体是两个不同的概念。对于电子壳层没有完全填满的物质，由于物质中还存在固有磁矩，当物质的固有磁矩与附加抗磁磁矩的合矢量的方向与外磁场方向成钝角时就成为抗磁体；当物质的固有磁矩与附加抗磁磁矩的合矢量的方向与外磁场方向成锐角时就成为顺磁体。显然，对于电子壳层全填满的物质，由于原子固有磁矩为0（如惰性气体），就呈现出显著的抗磁性。

2. 顺磁性

顺磁性是一种弱磁性。物质的顺磁性来源于原子的固有磁矩，即原子固有磁矩不能为零，原因是当物质中具有不成对电子的离子、原子或分子时，由于电子的自旋磁矩和轨道磁矩没有抵消，在外磁场作用下，原来取向杂乱的磁矩将趋于外磁场方向，从而表现出顺磁性。本质上，当原子具有未被填满的电子壳层时，就会产生顺磁性。如图2-5a所示，当无外加磁场时，原子的固有磁矩受热运动的干扰随机取向，物质的总磁矩$\sum P_m$为零。如图2-5b所示，当物质置于磁场中时，原子的固有磁矩受磁场作用转向外磁场方向，物质内总磁矩在磁场方向投影大于零而表现出正向磁化。但是，由于受热运动的干扰，原子磁矩通常很难一致排列，磁化非常困难，故室温下顺磁体的磁化率一般为10^{-6}～10^{-3}。典型金属顺磁体有碱金属、镁、钙等。

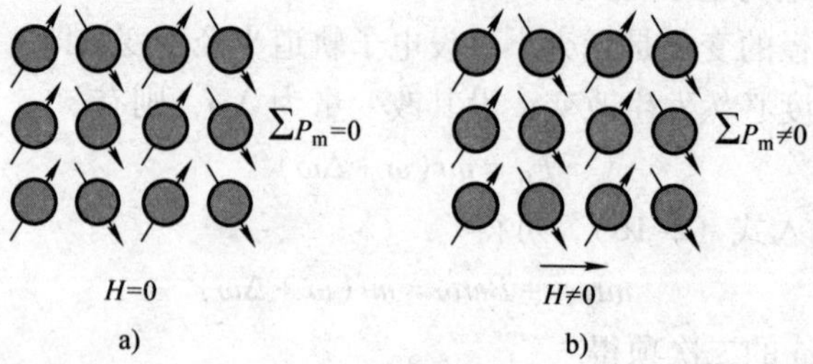

图2-5　顺磁性示意图

3. 铁磁性/反铁磁性

在铁磁物质内部存在着很强的与外磁场无关的“分子场”，在“分子场”的作用下，原子磁矩趋于同向排列，即自发磁化至饱和，称为“自发磁化”，如图 2-6 所示。

而反铁磁性的物质可以看成两套亚点阵组成，其中一套亚点阵中的磁矩同向排列，另一套亚点阵中的磁矩反向平行排列，如图 2-7 所示。

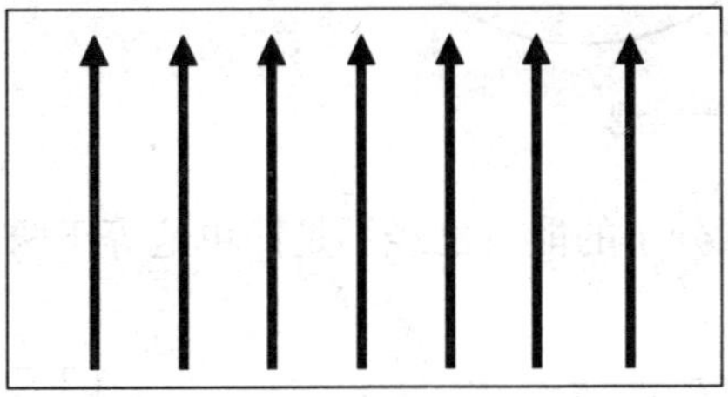

图 2-6　铁磁性物质内部磁矩排列示意图

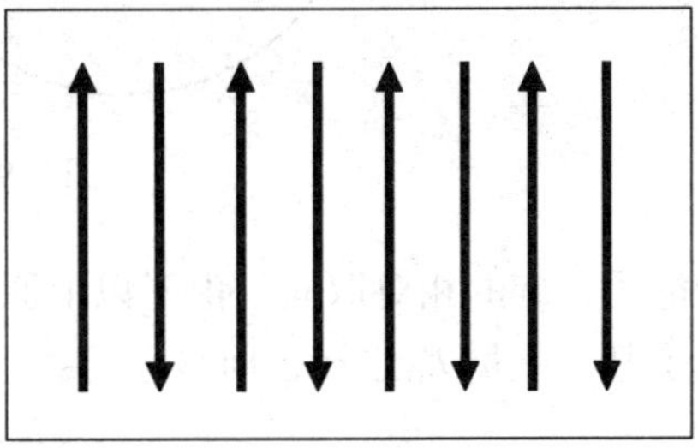

图 2-7　反铁磁性物质内部磁矩排列示意图

实验证明，自发磁化源于原子未被抵消的自旋磁矩。原子的核外结构表明，过渡族金属的 3d 壳层都未被电子填满，如图 2-8 所示。然而，只有 Fe、Co、Ni 是铁磁体，说明未填满电子壳层仅是产生铁磁性的必要条件并非充要条件。

			1s	2s	2p	3s	3p	3d	4s
	24	Cr	2	2	6	2	6	5	1
	25	Mn	2	2	6	2	6	5	2
铁磁体	26	Fe	2	2	6	2	6	6	2
铁磁体	27	Co	2	2	6	2	6	7	2
铁磁体	28	Ni	2	2	6	2	6	8	2

图 2-8　过渡族金属的核外结构

海森堡和弗兰克根据量子理论证明，物质内部相邻原子的电子之间有一种来源于静电的相互作用力。由于这种交换作用对系统能量的影响，迫使各原子的磁矩平行或反平行排列。为了简单说明静电交换作用，可以用氢分子的电子系统进行分析。图 2-9 表示两个原子核 a、b 和两个电子 1、2 组成的氢分子模型。

设每个原子都处于基态，其能量为 E_0，当两个氢原子距离很远时，两个电子的自旋取向互不干扰。当两原子接近组成氢分子后，在核与核、电子与电子之间、核与电子之间便产生了新的静电相互作用。此外，这个系统的静电能还依赖

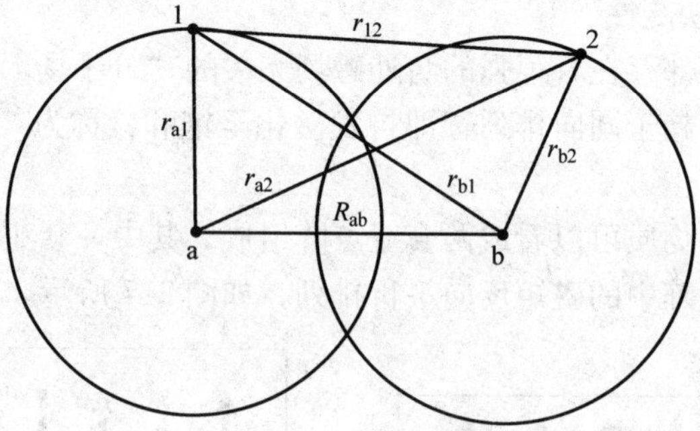

图 2-9　氢分子模型

于电子自旋的相对取向。由于以上原因，氢分子的能量已经不是简单地等于两个原子基态能量 E_0 之和，而是

$$E = 2E_0 + E' \tag{2-22}$$

式中，E' 为能量补充项，它不但与粒子的库仑作用有关，还与电子自旋的相对取向有关。考虑到电子自旋平行及反平行时系统的能量不同，用 E_1 和 E_2 分别表示这两种状态时的氢分子能量。根据量子力学，上式可写成

电子自旋平行态（三重态）：

$$E_A = 2E_0 + E' = 2E_0 + \frac{e^2}{R_{ab}} + \frac{K - A}{1 - S^2} \tag{2-23}$$

电子自旋反向平行态（单态）：

$$E_S = 2E_0 + E' = 2E_0 + \frac{e^2}{R_{ab}} + \frac{K + A}{1 + S^2} \tag{2-24}$$

$$K = \iint e^2\left(\frac{1}{r_{12}} - \frac{1}{r_{a2}} - \frac{1}{r_{b1}}\right)|\psi_a(1)|^2|\psi_b(2)|^2 d\tau_1 d\tau_2 \tag{2-25}$$

$$A = \iint e^2\left(\frac{1}{r_{12}} - \frac{1}{r_{a1}} - \frac{1}{r_{b2}}\right)\psi_a(1)\psi_b(2)\psi_a(2)\psi_b(1) d\tau_1 d\tau_2 \tag{2-26}$$

$$S = \iint \psi_a^*(1)\psi_b^*(2)\psi_a(2)\psi_b(1) d\tau_1 d\tau_2 \tag{2-27}$$

式中，K 表示库伦能，是电子之间、核与电子之间库仑作用而增加的能量项；A 称为交换积分（是一个量子效应），可以看成是两个原子的电子交换位置而产生的相互作用能（或称为交换能），它与原子之间的电荷重叠有关；S 表示波函数重叠程度，$0 < S < 1$；$\psi_a(1)$ 和 $\psi_b(2)$ 表示电子在核周围运动的波函数；$\psi_a^*(1)$ 和 $\psi_b^*(2)$ 表示相应波函数的复数共轭值；$d\tau_1$ 和 $d\tau_2$ 为空间体积元。

从式（2-23）和（2-24）可以看出，对于自旋平行时系统能量 E_s 和自旋反平行时系统能量 E_A 来讲，究竟哪一个处于稳定状态的关键在于交换积分 A 的符号。当 $A = 0$ 时，相邻原子电子自旋磁矩间彼此不存在交换作用，或者说交换作

用十分微弱；如果 $A<0$，根据量子力学注意到 $|K|<|A|$，则 $E_S<0<E_A$ 且 $E_A>0$，E_S 是稳定态，电子自旋反向平行排列为稳定单态；如果 $A>0$，则 $E_A<0<E_S$ 且 $E_S>0$，E_A 是稳定态，电子自旋平行排列，为稳定三重态。在 3d 金属（如 Fe、Co、Ni）中，当 3d 电子云重叠时，相邻原子的 3d 电子存在交换作用并以每秒 10^8 的频率交换位置，此时 $A>0$，电子自旋平行排列为稳定状态。宏观上看，物质表现出自发磁化现象。理论计算证明，交换积分 A 不仅与电子运动状态的波函数有关，还与原子核之间的距离有关，如图 2-10 所示。

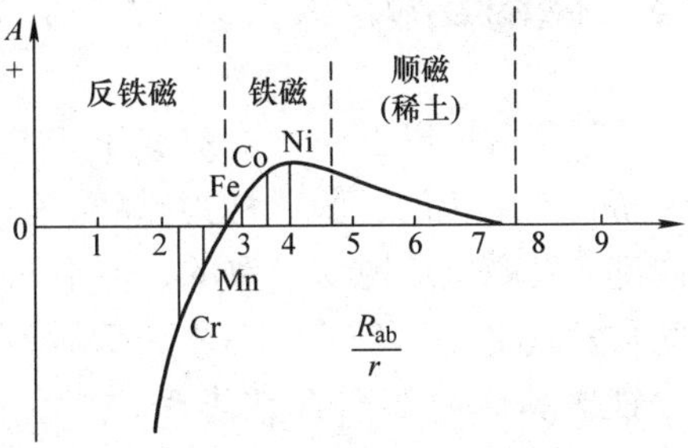

图 2-10　交换积分 A 的变化规律

只有当原子核之间的距离 R_{ab} 与参与交换作用的电子到核的距离 r 之比大于 3 时，交换积分 A 才有可能为正。若 R_{ab}/r 值过大，则原子核间距太大，电子云重叠很少或不重叠，电子间静电交换作用很弱，对电子自旋磁矩的取向影响很小，它们可能呈现顺磁性。Fe、Co、Ni 以及某些稀土元素满足自发磁化的条件。Mn、Cr 的 R_{ab}/r 小于 3，A 为负值，原子磁矩反向平行排列，能量最低。综上所述，铁磁性产生的条件如下：

1）原子内部要有未填满的电子壳层，即固有磁矩不为零。

2）$R_{ab}/r>3$，使得交换积分 $A>0$。

4. 亚铁磁性

亚铁磁性物质由磁矩大小不同的两种离子（或原子）组成，如图 2-11 所示，相同磁性的离子磁矩同向平行排列，而不同磁性的离子（或原子）磁矩反向平行排列。由于这两种离子磁矩不相等，反向平行的磁矩不能完全抵消，两者之差表现为宏观磁矩，这就是亚铁磁性。

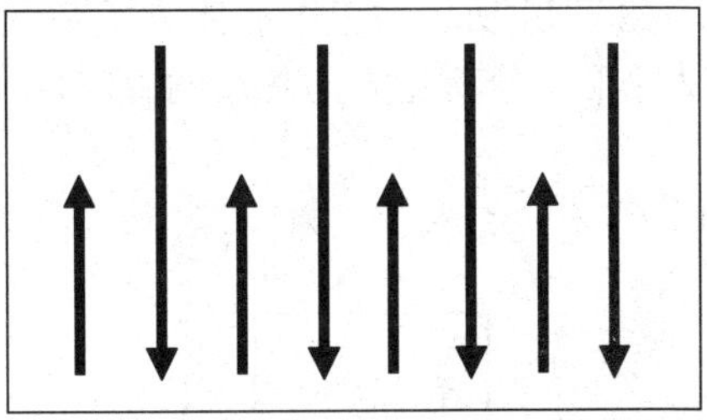

图 2-11　亚铁磁性物质内部磁矩排列示意图

当对亚铁磁材料施加外磁场时，其磁化强度随外磁场的变化与铁磁性物质相似。亚铁磁性与反铁磁性具有相同的物理本质，只是亚铁磁体中反平行的自旋磁矩大小不等，因而存在部分抵消不尽的自发磁矩，类似于铁磁体。只有化合物或合金才会表现出亚铁磁性。常见的亚铁磁性物质有磁铁矿、铁氧体等。由于亚铁磁性物质大都是绝缘体，处于高频交变磁场的亚铁磁性物质，感应出的涡流很少，可以允许微波穿过。所以，这类材料可以作为隔离器等微波器件的材料。

2.4 磁畴结构

在居里温度以下，大块铁磁晶体中会出现许多自发磁化的区域，称为磁畴。每个磁畴内部自发磁化是均匀一致的，但不同磁畴之间自发磁化方向不同，如图 2-12 所示。

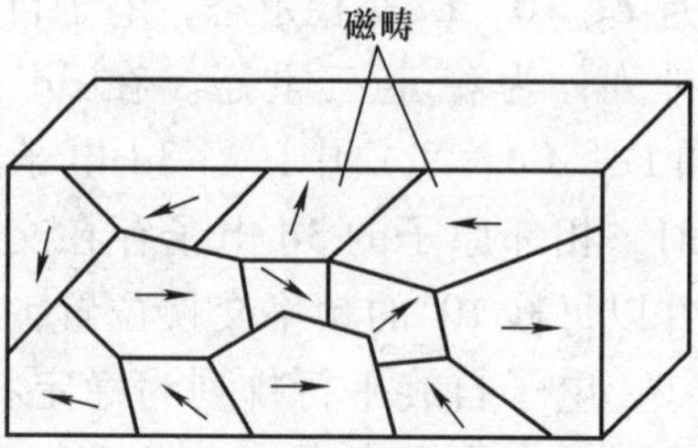

图 2-12 具有多个磁畴的铁磁体

铁磁晶体内部会存在多个磁畴，是由系统的总自由能取极小值来决定的，即静磁能、交换作用能、退磁场能（铁磁性材料被磁化时产生的反向附加磁场称为退磁场，也叫反磁场，它对外加磁场有削弱作用）、磁晶各向异性能和磁弹性能合成的总能量极小值来决定。磁畴存在的原因是由于均匀自发磁化必然在铁磁体两端表面出现磁极，从而产生退磁场能，使铁磁体内的总自由能增加，自发磁化状态不再稳定。因此，退磁场能极小值的要求是磁畴形成的根本原因。由此可见，只有改变自发磁化矢量的分布状态，才能降低表面退磁场能。退磁场能极小值要求将磁体分成尽量多的磁畴。假设一个无缺陷的铁磁体无外场且无外应力作用，则铁磁体在形成磁畴的过程中，磁畴的数量、尺寸、形状等由退磁场能和磁畴壁能的平衡条件来决定。自发磁化矢量的取向，将由交换能、磁晶各向异性能、退磁场能等共同决定的总自由能为极小值的方向来决定。图 2-13 所示为一个单轴晶体均匀磁化形成的磁畴。此时，退磁场能最大。

图 2-14 所示为单轴晶体为了降低退磁场能而分成多个磁畴，图中晶体内形成 2 个和 4 个磁化方向相反的磁畴。

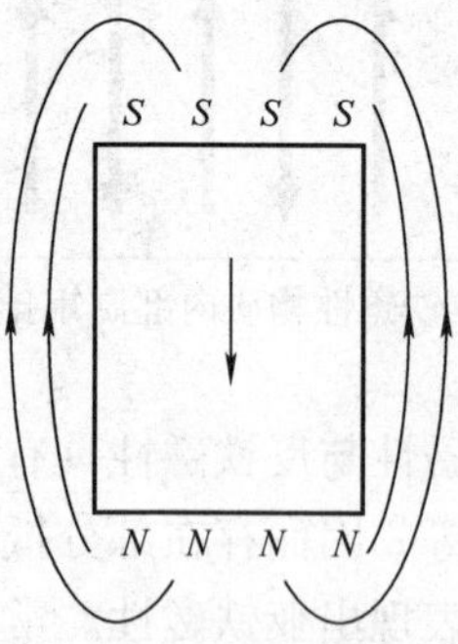

图 2-13 整个晶体均匀磁化形成 1 个磁畴

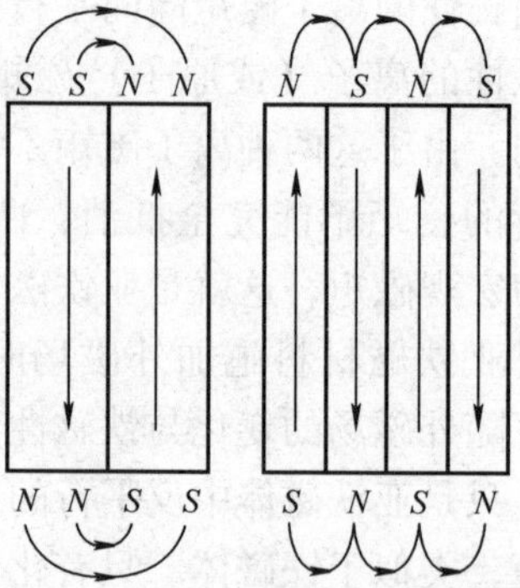

图 2-14 晶体内形成 2 个（左图）和 4 个（右图）磁化方向相反的磁畴

1. 畴壁结构

形成磁畴以后，两个相邻磁畴之间存在着一定宽度的过渡区域，在此区域原子磁矩由一个磁畴的方向逐渐过渡到另一个磁畴的方向，这样的过渡区域称为畴壁，如图 2-15 所示。

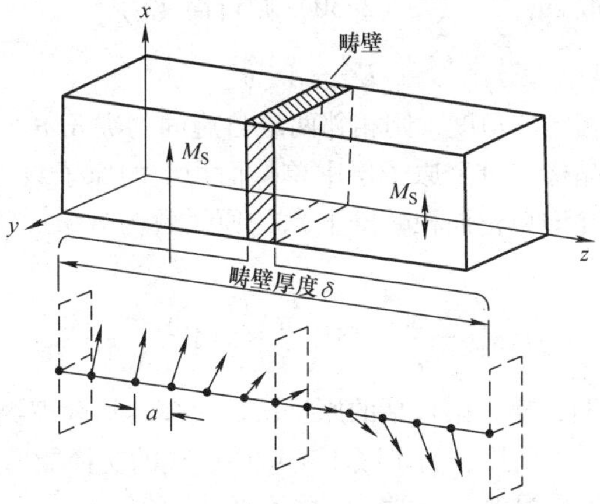

图 2-15　布洛赫畴壁结构图

在过渡层中，相邻磁矩既不平行，又离开易磁化方向。磁矩的不平行分布增加了交换能，同时与易磁化轴方向的偏离又导致了磁晶各向异性能的增加。因此，畴壁具有一定的畴壁能。根据相邻磁畴磁化方向的不同，可把畴壁区分为 180°壁和 90°壁。在实际晶体中，由于不均匀性，理想立方晶体中除去 180°壁外，还可能有 109°壁和 71°壁，但理论上仍常以 180°壁和 90°壁为例进行讨论。下面采用一个简化的 180°壁模型来计算畴壁能。在图 2-15 中，假设畴壁厚度为 δ，包含了 N 个原子层，原子磁矩从 $\theta=0°$转到 $\theta=180°$，简化模型采用布洛赫模型（即当磁矩从一个磁畴内的方向过渡到相邻磁畴内的方向时，转动的仅仅是平行于畴壁的分量，垂直于畴壁的分量始终保持不变），这样就避免了在畴壁的两侧产生磁荷，防止在旋转中产生退磁能。

2. 畴壁能

根据海森堡的区域电子自发磁化理论模型，电子间的交换相互作用导致了自发磁化，为铁磁性量子理论的发展奠定了基础。相邻原子之间的交换能可表示为

$$E_{ex} = -2AS_1 \cdot S_2 \tag{2-28}$$

式中，S_1和 S_2为两相邻原子中单电子的自旋角动量算符，A 为交换相互作用参量，具有以下特点：$A>0$ 时，电子自旋趋于平行；$A<0$ 时，电子自旋趋于反平行。当磁畴内部相邻两原子的磁矩平行排列时，$\theta=0°$，$S \approx S_1 \cdot S_2$其交换能为

$$E_{ex} = -2AS^2 \tag{2-29}$$

取磁畴内部交换能作为参考基准，当畴壁中相邻两原子磁矩间的夹角为 θ 时，产生的交换能为

$$E_{ex} = -2AS^2(1-\cos\theta) = 4AS^2\sin^2\frac{\theta}{2} \tag{2-30}$$

通常 θ 很小，取 $\sin\frac{\theta}{2}\approx\frac{\theta}{2}$，(2-30) 则可简化为

$$E_{ex} = AS^2\theta^2 \tag{2-31}$$

假设每层转过相同的角度，则相邻两层自旋间的夹角 $\theta=\pi/N$。对于点阵常数为 a 的简单立方晶格，每个原子层中单位面积上的原子数为 $1/a^2$，则 N 个原子层中单位面积上（即单位面积畴壁上）的原子数为 N/a^2，所以单位面积畴壁中存储的交换能为

$$\gamma_{ex} = \frac{N}{a^2}\cdot AS^2\left(\frac{\pi}{N}\right)^2 = AS^2\frac{\pi^2}{Na^2} \tag{2-32}$$

式 (2-32) 说明，畴壁中包括的原子层数越多（即畴壁越厚），在畴壁中引起的交换能增量越小。所以，为了减小畴壁中引起的交换能增量，畴壁中磁矩方向的改变只能采取逐渐过渡的形式，不能突变。

另一方面，畴壁中每个自旋磁矩都偏离了易磁化轴方向，所以在畴壁中将产生磁晶各向异性能，其能量密度为

$$\gamma_K \approx NK_1 a = K_1\delta \tag{2-33}$$

式中，K_1 为磁晶各向异性常数。对于立方晶体，磁晶各向异性常数可以这样定义：单位体积的铁磁单晶体沿［111］轴与沿［100］轴饱和磁化所需要的能量差。可以看出，畴壁中的磁晶各向异性能随着畴壁的厚度 $\delta=Na$ 的增加而增加。畴壁越厚，畴壁中的磁晶各向异性能就越大。

由式 (2-32) 和式 (2-33) 可得，单位面积畴壁中的总能量为

$$\gamma = \gamma_{ex} + \gamma_K \approx AS^2\frac{\pi^2}{Na^2} + K_1 Na \tag{2-34}$$

畴壁要具有一个稳定的结构必须满足畴壁中的交换能增量 γ_{ex} 和磁晶各向异性能增量 γ_K 总和 γ 为极小值条件，即

$$\frac{\partial\gamma}{\partial N} = 0 \tag{2-35}$$

解得原子层数 N 为

$$N = \frac{\pi S}{a}\sqrt{\frac{A}{K_1 a}} \tag{2-36}$$

则畴壁厚度为

$$\delta = Na = \pi S\sqrt{\frac{A}{K_1 a}} \tag{2-37}$$

经计算，单位面积畴壁中的总能量随畴壁厚度的变化规律如图 2-16 所示。

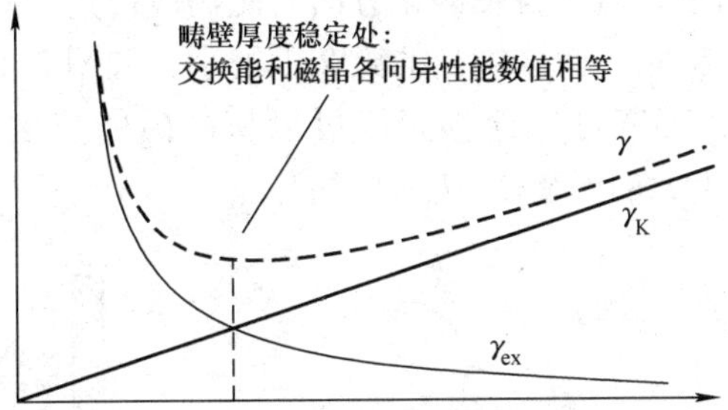

图 2-16　单位面积畴壁中的总能量随畴壁厚度的变化规律

当 $\gamma_{ex}=\gamma_K$ 时，γ 取极小值，代回式（2-34）得到单位面积畴壁总能量的极小值为

$$\gamma=\gamma_{ex}+\gamma_K\approx\pi S\sqrt{\frac{K_1A}{a}}+\pi S\sqrt{\frac{K_1A}{a}}=2\pi S\sqrt{\frac{K_1A}{a}} \tag{2-38}$$

以上计算为半定量分析，畴壁能处于极小值的条件是磁晶的各向异性能密度等于交换能密度，更复杂的情况需要采用变分法计算。

2.5　物质的磁化

1. 磁化曲线

把物质放在磁场中，当磁场从小变大，物质的磁性也随之改变的过程，称为磁化过程，可通过磁化曲线表示，即磁感应强度 B 或磁化强度 M 与磁场强度 H 之间的非线性关系。不同类物质的磁化过程都不同。图 2-17 所示为典型的铁磁体的磁化曲线，当 H 逐渐增大时，M 也增加，但上升缓慢；当 H 继续增大时，M 急骤增加，几乎成直线上升；当 H 进一步增大时，B 的增加又变得缓慢，达到 E 点以后，H 值即使再增加，M 却几乎不再增加，达到了饱和。大体上，可以分为三个阶段：畴壁可逆迁移阶段（OA 段），畴壁不可逆迁移阶段（AC 段），磁畴旋转阶段（ED 段）。

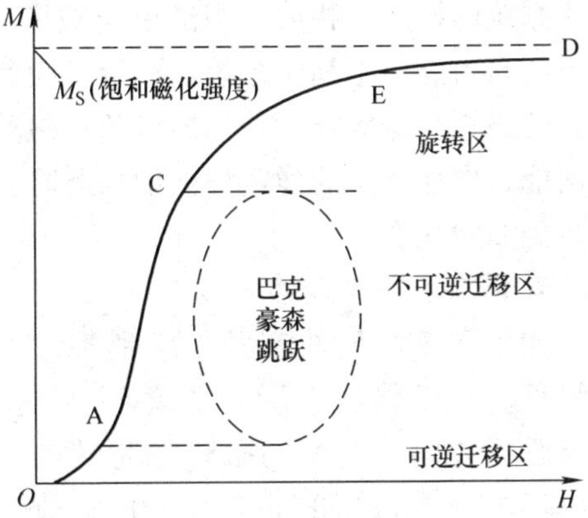

图 2-17　铁磁体磁化曲线

2. 畴壁可逆迁移阶段

在弱磁场的作用下，对于自发磁化方向与磁场成锐角的磁畴，基于静磁能低的有利地位磁畴发生扩张，而成钝角的磁畴则缩小，如图 2-18 所示。

如图 2-19 所示，畴壁可逆迁移阶段可以从静磁能角度考虑。以 180°壁为例，左畴磁矩 M_d 向上，右畴磁矩 M_d 向下。

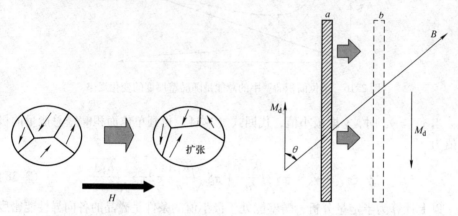

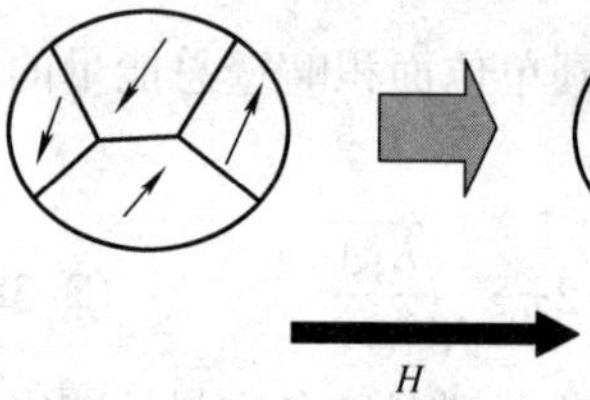

图 2-18 磁化起始阶段（畴壁逐渐扩张）

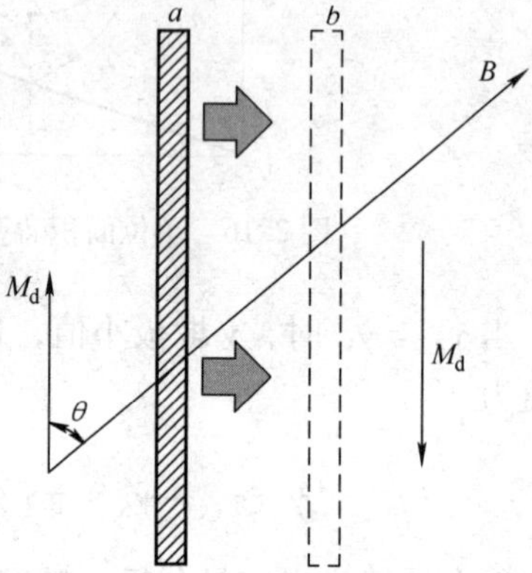

图 2-19 畴壁可逆迁移

由静磁能密度 E_V 公式

$$E_V = -\frac{pB}{V} = -M_d B = -M_d B\cos\theta \tag{2-39}$$

可知当磁矩与磁场强度夹角成锐角时，静磁能 $E<0$，将降低系统的自由能，有利于系统的稳定。相反，当磁矩与磁场强度夹角成钝角时，静磁能 $E>0$，将增大系统自由能，不利于系统的稳定。因此，只有当畴壁 a 逐渐向右迁移，即 b 的位置使磁矩与磁场强度夹角成锐角的磁畴体积分数增大，才会尽可能地降低系统自由能，增加系统的稳定性。如果此时去除外磁场，则磁畴结构和宏观磁化都将恢复到原始状态。

3. 畴壁不可逆迁移阶段

如果继续增加外磁场强度到某一临界值，畴壁将发生瞬时的跳跃，某些与磁场方向成钝角的磁畴瞬时转向与磁场方向成锐角的易磁化方向，故表现出强烈的磁化，即 M 瞬间大幅度增大，如图 2-20 所示。

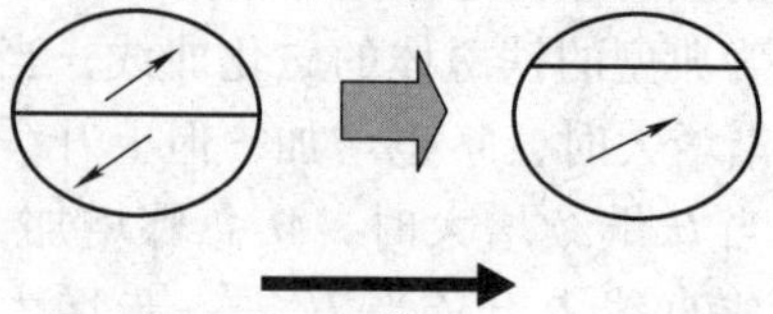

图 2-20 急剧磁化阶段（畴壁跳跃式扩张）

这个过程的畴壁以不可逆的跳跃式进行，称为巴克豪森跳跃，此阶段对应于铁磁体磁化曲线的 AC 阶段。此时，如果去除外磁场，磁畴结构和宏观磁化将不能恢复到原始状态，磁状态将偏离原先的磁化曲线到达 N 点，如图 2-21 所示。

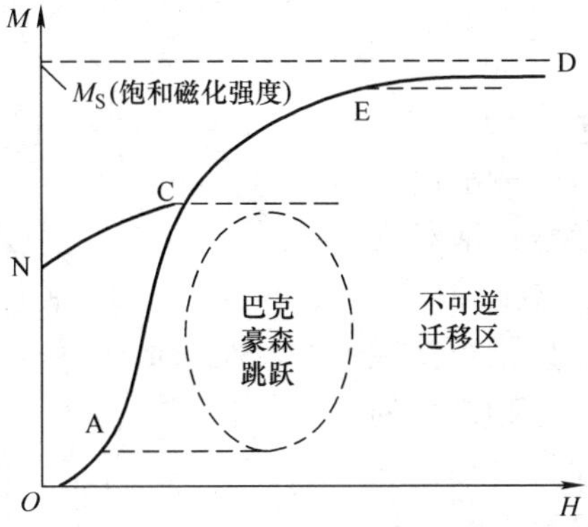

图 2-21　急剧磁化阶段（畴壁不可逆迁移阶段）

4. 磁畴转动阶段

随着外磁场强度继续增大，所有磁矩都转向与外磁场方向成锐角的易磁化方向后，晶体称为单畴，如图 2-22 所示。

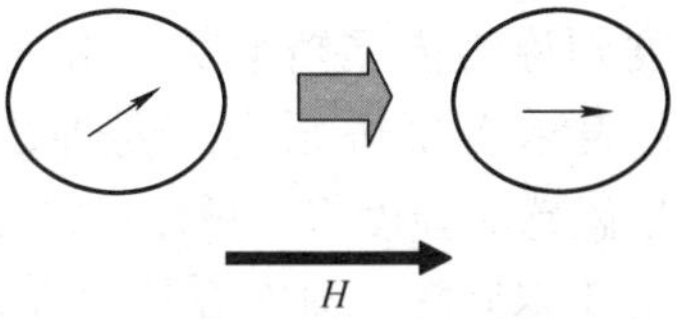

图 2-22　缓慢磁化阶段（磁畴旋转阶段）

由于晶体材料中易磁化轴通常与外磁场不一致，如果再增加磁场强度，磁矩将逐渐转向外磁场方向。显然这一过程要为增加磁晶各向异性能而做功，因而转动很困难，进一步增加磁化强度也表现得很微弱，此阶段对应于铁磁体磁化曲线的 ED 阶段。

5. 饱和磁化强度

饱和磁化强度是铁磁性物质的一个特性。磁性材料在外加磁场中被磁化时所能够达到的最大磁化强度叫做饱和磁化强度 M_S。不同的铁磁材料有着不同的磁化曲线，其 M 的饱和值也不相同。但同一种材料，其 M 的饱和值是一定的。另外，需要注意的是，$M-H$ 曲线和 $B-H$ 曲线略有区别。在 $B-H$ 曲线中，磁感应强度 B 随着 H 增大最终不会趋近于某一定值，而是以一定的斜率上升。这是由于 B 包含两部分：$\mu_0 M$ 和 $\mu_0 H$，当 M 达到饱和时，虽然第一部分 $\mu_0 M$ 变为定值，但是第二部分 $\mu_0 H$ 仍然随着 H 的增大而继续线性增大。

6. 磁滞回线

磁滞回线表达了铁磁材料在外磁场下磁化和反磁化的行为，即描述磁化强度 M 或磁感应强度 B 与外加磁场强度 H 之间关系的闭合曲线，反映材料的基本磁特性，是应用磁性材料的基本依据。铁磁性材料的磁化强度 M 或磁感应强 B 与磁场强度 H 之间的关系不仅不是线性的，而且不是单值的。也就是说，对于一

个确定的磁场强度 H，磁化强度 M 或磁感应强度 B 的值不能唯一确定，与磁化历史有关。

7. 静态磁特性

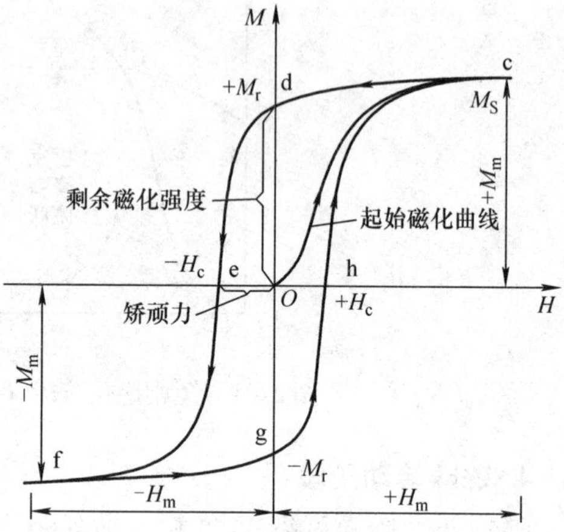

图 2-23　起始磁化曲线和磁滞回线

图 2-23 所示为直流磁场下的磁化曲线和磁滞回线。图中标示出了磁性材料的三个重要参数：饱和磁化强度 M_S、矫顽力 H_c、剩磁 M_r。

饱和磁化强度 M_S，即指当铁磁材料磁化到饱和时的磁化强度 M 的值。矫顽力 H_c，指磁性材料在饱和磁化后，当外磁场退回到零时其磁化强度 M 并不退到零，只有在原磁化场相反方向加上一定大小的磁场才能使磁化强度 M 退回到零，该磁场强度则称为内禀矫顽力，并用符号 $_MH_c$ 表示内禀矫顽力；同理，如果测量磁感应强度 B，磁性材料在饱和磁化后，当外磁场退回到零时其磁感应强度 B 并不退到零，只有在原磁化场相反方向加上一定大小的磁场才能使磁感应强度 B 退回到零，该磁场称为矫顽磁场，又称矫顽力，并用符号 $_BH_c$ 表示矫顽力；一般情况下，用 H_c 泛指矫顽力，具体使用时注意区别即可。剩磁 M_r，指磁性材料在饱和磁化后，当外磁场退回到零时其磁化强度 M 并不退到零，此时的磁化强度 M 的值为剩磁 M_r。

铁磁体从退磁状态（磁化强度 $M=0$ 的状态）被磁化到饱和的技术磁化过程中存在不可逆过程，即从饱和磁化状态 c 点降低外磁场强度时，磁感应强度 B 不会沿着原来磁化曲线下降，而是沿着 cd 曲线缓慢下降，这种现象称为磁滞。通常把曲线 cd 段称为退磁曲线，把闭合曲线 cdefghc，称为磁滞回线。

值得指出的是，铁磁性材料的磁滞回线反映出的磁特性，还与外磁场的频率有关。也就是说，直流磁特性和交流磁特性是不同的。在研究磁致伸缩生物传感器换能材料时需要特别注意。

8. 动态磁特性

图 2-24 所示为交变磁场中的磁化曲线和磁滞回线。在交变磁场中表现出的动态磁特性和在直流场下的静态磁性有很大不同。它不仅与材料本征特性有关，而且与测试频率、磁场波形等因素有关。

动态磁特性表现出的磁特性之一：在相同频率下，随着磁场大小的改变，磁滞回线大小、形状都在变化，图 2-25 中画出了三个不同大小和形状的磁滞回线。

连接各回线的幅值，即图中各磁滞回线的 B_m 点，得到一条通过原点的曲线，称交流磁化曲线。

动态磁特性表现出的磁特性之二：图 2-25 揭示了频率对磁滞回线形状有很大影响，矫顽力（H_c）随频率增大而增大。

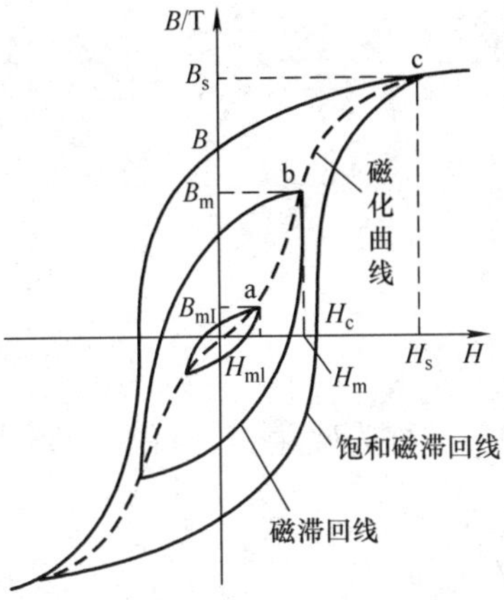

图 2-24　相同频率下外磁场幅值大小对磁滞回线的影响

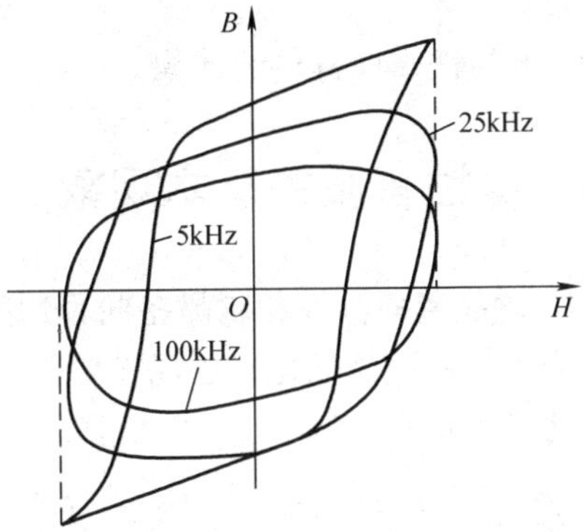

图 2-25　相同磁场下外磁场频率大小对磁滞回线的影响

图 2-25 中可以看出，在模相等的磁场下，对应于外磁场频率 5kHz 的矫顽力 H_c（5kHz）小于对应于外磁场频率 100kHz 的矫顽力 H_c（100kHz）。一般来讲，外磁场频率越高，对应的矫顽力 H_c 就越大。很多磁致伸缩生物传感器的工作频率高达 100kHz 以上，所以在设计传感系统时要注意换能材料的动态磁性能。

通常将矫顽力 H_c 小而磁化率大的材料称为“软磁材料”，矫顽力很大而磁化率小的材料称为“硬磁材料”。本书所讨论的磁致伸缩传感器材料就是软磁材料。

9. 磁滞损耗

磁滞损耗是铁磁体在反复磁化过程，完成一个完整的磁滞回线周期，因磁滞现象而消耗的能量，可以理解为铁磁性材料在交变磁化的过程中，磁畴来回翻转，需要克服彼此的阻力而产生的发热损耗。在直流磁场下，经理论计算，每单位体积铁磁体中磁滞损耗等于磁滞回线所包围的面积，其大小为

$$W_h = \oint H\mathrm{d}B \tag{2-40}$$

该积分是环绕磁滞回线进行的，该能量转化为热能。如果 B 的单位为 T，H 的单位为 A/m，则能量以 J/m 表示。

若在交变磁场条件下，每秒钟的磁滞损耗密度，即磁滞损耗功率密度 P_h 可

以表示为

$$P_{\mathrm{h}} = f\oint H\mathrm{d}B \tag{2-41}$$

式中，f 为交变磁场频率。铁磁性材料中总的磁滞功率损耗 P 为磁滞功率损耗密度对体积的积分，

$$P = \iiint\limits_{V} P_{\mathrm{h}}\mathrm{d}V \tag{2-42}$$

式中，V 为铁磁性材料的体积。

2.6　磁性物质的基本现象

1. 磁晶各向异性和磁晶各向异性能

为了使铁磁体磁化，磁场需要做一定量的功，称为磁化功，如图 2-26 所示。磁化功可表示为

$$W = \int_0^M H\mathrm{d}M \tag{2-43}$$

即磁化曲线与 M 坐标轴所包围的面积，也就是图 2-26 中的阴影部分。实验表明，单晶铁磁体在某些方向易被磁化而在另一些方向较难被磁化，即在不同方向磁化至磁饱和所做的磁化功不同，该特性称为磁晶各向异性，如镍单晶的［111］晶轴方向磁化很容易达到饱和，而［100］晶轴难以达到饱和，如图 2-27 所示，沿着不同晶轴的磁化功是不一样的。

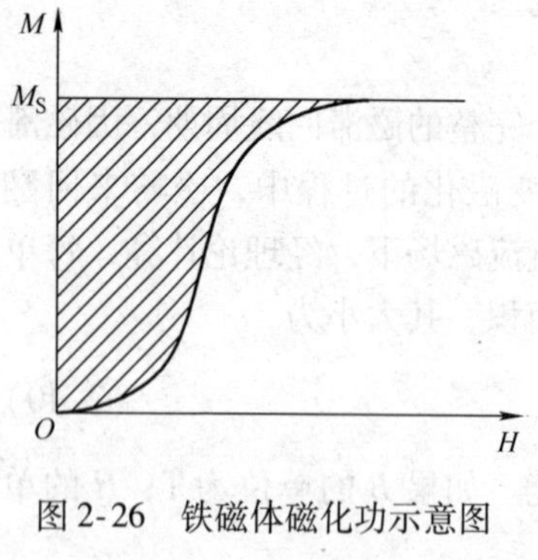

图 2-26　铁磁体磁化功示意图

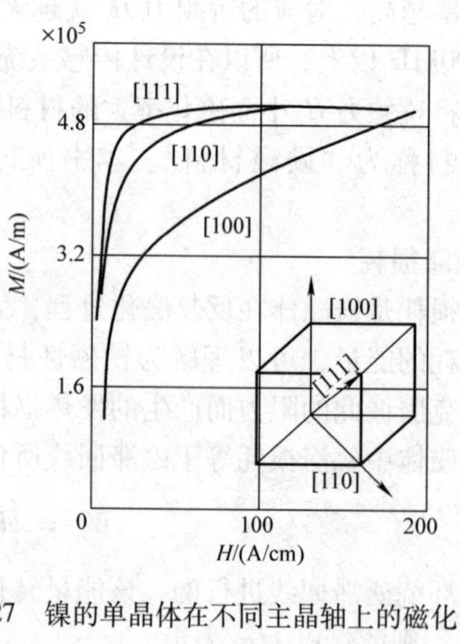

图 2-27　镍的单晶体在不同主晶轴上的磁化曲线

为了表示这种磁各向异性，把最易磁化的方向的晶轴称为易磁化轴，镍的易

化轴是［111］晶轴。显然，沿着易磁化轴和难磁化轴达到磁化饱和所需要的磁化能大小不同，即磁化能和晶轴有关，因此将这种与磁化轴方向有关的能量称为磁晶各向异性能。磁各向异性能定义为在铁磁体从退磁化状态中沿任选给定方向达到饱和状态所需要的能量，如图 2-28 所示。

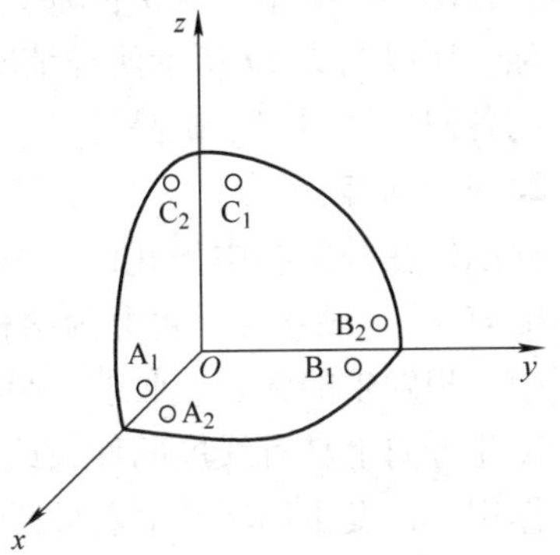

图 2-28　立方晶体中的等效方向

立方晶系各向异性能可用磁化强度矢量相对于三个立方边的方向余弦（α，β，γ）来表示。该类晶体具有对称性，即存在很多等效方向，沿着这些方向磁化时，磁晶各向异性能的数值相等。例如，从图 2-28 中可以看到，在位于$\frac{1}{8}$单位球上的点 A_1、A_2、B_1、B_2、C_1、C_2 所表示的方向上，各向异性能数值均相等。由于立方晶体的高对称性，各向异性能可用一个简单的方法来表示：将各向异性能用含（α，β，γ）方向余弦的多项式展开，考虑各向异性能对立方晶体晶轴的对称性，其磁晶各向异性能可表示为

$$E_A = K_1(\alpha^2\beta^2 + \beta^2\gamma^2 + \alpha^2\gamma^2) + K_2\alpha^2\beta^2\gamma^2 \tag{2-44}$$

式中，α，β，γ 分别是磁化强度与三个晶轴方向夹角的方向余弦；K_1、K_2 为磁晶各向异性常数，与物质结构有关，由实验得出。

磁晶各向异性的来源：在磁性物质中，电子自旋间的交换作用产生了自发磁化，这种电子自旋间的交换作用本质上是各向同性的，在没有其他附加的相互作用存在下，晶体中的自发磁化强度可以指向任意方向而不改变体系的内能。但实际上，在磁性材料中自发磁化强度总是处于一个或几个特定方向（易磁化轴），当施加外磁场时，磁矩就从易磁化轴方向转向磁场方向。根据量子力学，电子自旋运动和轨道运动存在耦合作用，电子轨道运动随电子自旋取向发生变化，由于原子核外电子云的分布是各向异性的，电子自旋在不同取向时，电子云的交叠程度和电子交换作用都不同，从而交换积分也不同。这样磁体从晶体不同方向磁化时，就需要不同的能量，这就是磁晶各向异性的来源，其理论模型如图 2-29 所示。

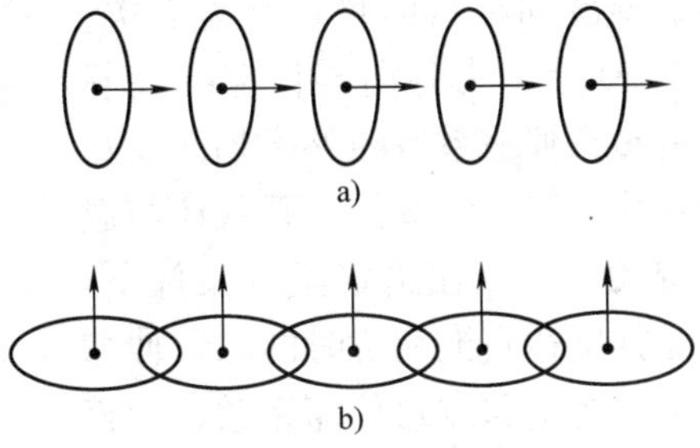

图 2-29　磁晶各向异性来源模型

在图 2-29a 中，当磁体水平磁化时，原子间电子云交叠少，相互间的交换作

用弱；在图 2-29b 中，当磁体垂直方向磁化时，原子间电子云交叠程度大，交换作用强，所以图 2-29 所示两种情况的磁化能大小不同。显然，原子核外电子云分布的各向异性引起了磁晶各向异性。

2. 磁致伸缩效应

铁磁体在外磁场中磁化时，其长度及体积均发生变化，这种现象称为“磁致伸缩效应”。磁致伸缩可分为两种：一种为体磁致伸缩，表现为铁磁体在磁化过程中体积发生的膨胀或收缩；另一种为线磁致伸缩，表现为铁磁体在磁化过程中在磁化方向上具有线度的伸长或缩短。可以通俗地理解为材料内部的磁畴在外磁场作用下，发生偏转并沿着外磁场方向取向，从而引起材料产生应变，其长度及体积发生变化（即所谓的磁致伸缩效应）。由于体磁致伸缩通常很小，磁致伸缩材料的应用主要集中在线磁致伸缩领域，所以磁致伸缩通常指线磁致伸缩。磁致伸缩生物传感器主要利用换能器材料的线磁致伸缩效应。

磁致伸缩传感器常用的换能器材料一般具有较高的磁致伸缩效应，且综合性能良好，如高性能 Fe－Ga 基软磁合金、Tb－Dy－Fe 系合金［即 Terfenol－D、Metglas 2826MB（$Fe_{40}Ni_{38}Mo_4B_{18}$）］等磁致伸缩合金材料。

磁致伸缩效应的大小通常用磁致伸缩系数 λ 来衡量，它表示在 L_0 方向伸缩的相对值的大小，类似于材料力学中的应变。

$$\lambda = \frac{L - L_0}{L_0} = \frac{\Delta L}{L_0} \tag{2-45}$$

式中，L_0 和 L 分别表示铁磁体磁化之前和之后的长度。$\lambda > 0$ 表示沿磁化方向的尺寸伸长，称为正磁致伸缩；$\lambda < 0$ 表示沿磁化方向的尺寸缩短，称为负磁致伸缩。材料磁致伸缩系数 λ 与外磁场强度和方向、温度和材料的物理性能有关。图 2-30 所示为各向异性非线性材料的磁致伸缩系数随外磁场而变化的规律。因为磁致伸缩系数还与温度有关，所以在给定温度条件下，磁化强度达到饱和值时的磁致伸缩系数称为饱和磁致伸缩系数，用符号 λ_s 表示。

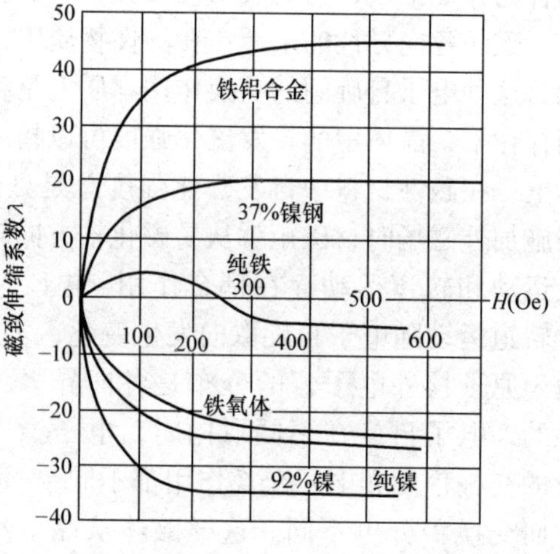

图 2-30　磁致伸缩系数随外磁场而变化

因此，在设计磁致伸缩生物传感器系统时，应尽量采用近线性区域的磁致伸缩系数。

3. 磁致伸缩材料分类

磁致伸缩材料根据成分可分为金属磁致伸缩材料、铁氧体磁致伸缩材和稀土磁致伸缩材料。

（1）金属磁致伸缩材料

这类材料主要是具有磁致伸缩性能的金属和合金，如镍和镍基合金，包括Ni、Ni－Co 合金、Ni－Co－Cr 合金等；铁和铁基合金，包括 Fe、Fe－Ni 合金、Fe－Al 合金、Fe－Co－V 合金等。其饱和磁化强度较高，力学性能好，可承受较高的功率，但电阻率低，不适用于高频段，其 λ 值为$(10\sim70)\times10^{-6}$。

（2）铁氧体磁致伸缩材料

这类材料包括如 Ni－Zn，Ni－Co－Cu 铁氧体材料等。其饱和磁化强度低，材料的气隙率会影响其力学性能，但价格低廉、电阻率高、高频特性好，其 λ 值为$(20\sim80)\times10^{-6}$。

（3）稀土磁致伸缩材料

这类材料通常为稀土金属间化合物。当今具有较佳磁致伸缩特性和实用价值的磁致伸缩材料是 Tb－Dy－Fe 系合金，化学分子式是 $Tb_xDy_{1-x}Fe_y$（$0.27<x<0.3$，$1.9<y<2$），又称 Terfenol－D。它在常温下产生的饱和磁致伸缩系数高达$(2000\sim2400)\times10^{-6}$，是压电陶瓷的 5～8 倍、镍基磁致伸缩材料的 40～50 倍，其抗拉强度为 28MPa，抗压强度为 700MPa，具有大应变、大应力负载、宽频、无疲劳极限和微秒级响应速度的特性，在其他各类磁致伸缩传感器和磁致伸缩驱动器上得到了广泛应用，但缺点是价格昂贵、性脆，且不适用于高频段。

表 2-1 所示为几种典型磁致伸缩材料的性能。

表 2-1　几种典型磁致伸缩材料的性能

材料	居里温度/K	饱和磁致伸缩系数（ppm）	饱和磁化强度/T	杨氏模量/GPa
Ni	631	－36	0.31	210
$Fe_{65}Ni_{35}$	773	40	0.32	110
Terfenol－D	653	1100	0.75	43
Metglas 28605 SC	643	30	0.97	100～110
Metglas 2826 MB	626	12	0.88	100～110

第 3 章 磁致伸缩生物传感器换能材料中的电磁场

磁致伸缩生物传感器在交变磁场中工作时，会发生电磁场能与机械能之间的相互转换，这就涉及能量转换效率。当前，大部分磁致伸缩生物传感器的换能材料为导体，在交变磁场中会产生涡流损耗，从而影响能量转换效率。另外，磁致伸缩材料内部产生涡流的同时，会使传感器温度发生变化，影响高灵敏传感器的检测稳定性。因此，对于从事磁致伸缩生物传感器换能器材料开发的科学工作者，不仅要有深厚的材料科学理论，还需要具有磁介质中的电磁场传播理论相关知识。本章将介绍磁介质中的电磁场传播基础理论及涡流损耗的计算方法。

3.1 麦克斯韦方程

麦克斯韦方程是物理学家詹姆斯·麦克斯韦在 19 世纪建立的，该方程组系统而完整地概括了电磁场的基本规律，并预言了电磁波的存在，从而奠定了电磁理论的基础。麦克斯韦方程由四个方程组成，是一组描述电场、磁场与电荷密度、电流密度之间关系的偏微分方程组。麦克斯韦方程描述了电荷如何产生电场的高斯定律，论述了磁单极子不存在的高斯磁定律，描述了电流和时变电场怎样产生磁场的麦克斯韦－安培定律，描述了时变磁场如何产生电场的法拉第感应定律等。麦克斯韦方程和洛伦兹力方程构成经典电磁学的基础方程。麦克斯韦方程可写成两种形式，即微分形式和积分形式。麦克斯韦方程的微分形式为

$$
\begin{aligned}
&\nabla \times \boldsymbol{H} = \boldsymbol{J} + \boldsymbol{J}_{\mathrm{d}} = \boldsymbol{J} + \frac{\partial \boldsymbol{D}}{\partial t} \\
&\nabla \times \boldsymbol{E} = -\frac{\partial \boldsymbol{B}}{\partial t} \\
&\nabla \cdot \boldsymbol{B} = 0 \\
&\nabla \cdot \boldsymbol{D} = \rho
\end{aligned}
\tag{3-1}
$$

式中，$\boldsymbol{J}$ 为传导电流密度；$\boldsymbol{J}_{\mathrm{d}} = \frac{\partial \boldsymbol{D}}{\partial t}$称为位移电流；$\boldsymbol{D}$ 为电位移；$\boldsymbol{E}$ 为电场强度；$\boldsymbol{B}$ 为磁感应强度；$\boldsymbol{H}$ 为磁场强度；ρ 为自由电荷体密度。

麦克斯韦方程的积分形式为

$$\oint \boldsymbol{H} \mathrm{d}l = \boldsymbol{I}_0 + \iint \frac{\partial \boldsymbol{D}}{\partial t} \mathrm{d}s \qquad \text{（全电流定律）}$$

$$\oint \boldsymbol{E}\mathrm{d}l = -\iint \frac{\partial \boldsymbol{B}}{\partial t}\mathrm{d}s \quad \text{（法拉第电磁感应定律）} \tag{3-2}$$

$$\oiint \boldsymbol{B}\mathrm{d}s = 0 \quad \text{（磁通连续性原理）}$$

$$\oiint \boldsymbol{D}\mathrm{d}s = \iiint \rho \mathrm{d}v = Q_0 \quad \text{（高斯定理）}$$

3.1.1　全电流定律

如果电路中同时有传导电流和位移电流通过某一截面，则两者之和称为全电流。麦克斯韦认为，位移电流和传导电流激发磁场的规律相同。磁场可以由传导电流激发，也可以由变化电场的位移电流所激发，它们激发的磁场都是涡旋场，磁感应线都是闭合线，对封闭曲面的通量无贡献。微分形式的麦克斯韦方程描述：磁场强度的旋度等于该点处传导电流密度 $\boldsymbol{J}$ 与位移电流密度 $\boldsymbol{J}_\mathrm{d}=\frac{\partial \boldsymbol{D}}{\partial t}$的矢量和。积分形式的麦克斯韦方程描述：在磁场中沿任一闭合回路磁场强度 $\boldsymbol{H}$ 的线积分，等于封闭回路内传导电流和位移电流的代数和。

1. 法拉第电磁感应定律

法拉第电磁感应定律是电磁学的一条重要的基本定律。在一般情况下，电场可以是库仑电场也可以是变化磁场激发的感应电场，而感应电场是涡旋场，它的电位移线是闭合的，对封闭曲面的通量无贡献。麦克斯韦提出的涡旋电场的概念，揭示了变化的磁场可以在空间激发电场，并通过法拉第电磁感应定律得出了两者的关系。也就是说，任何随时间而变化的磁场，都是和涡旋电场联系在一起的。微分形式的麦克斯韦方程描述：电场强度的旋度等于该点处磁感应强度变化率的负值。积分形式的麦克斯韦方程描述：在磁场中沿任一闭合回路电场强度 $\boldsymbol{E}$ 的线积分，等于封闭回路内磁通量变化率的负值。

2. 磁通连续性原理

在磁场中，由于自然界中没有单独的磁极存在，N 极和 S 极是不能分离的，磁力线都是无头无尾的闭合线，所以通过任何封闭曲面的磁通量必等于零。由于磁力线总是闭合曲线，因此任何一条进入一个闭合曲面的磁力线必定会从面内部出来，否则这条磁力线就不会闭合起来了。如果对于一个闭合曲面，定义向外为正法线的指向，则进入曲面的磁通量为负，出来的磁通量为正，那么就可以得到通过一个闭合曲面的总磁通量为 0。微分形式的麦克斯韦方程描述：磁感应强度的散度处处等于零。积分形式的麦克斯韦方程描述：磁感应强度在磁场中的任一封闭曲面上的面积分等于零，即通过任何封闭曲面的磁通量必等于零。

3. 高斯定理

高斯定理是静电场的基本方程之一，它指出了电场强度在任意封闭曲面上的面积分只取决于该封闭曲面内电荷的代数和，与曲面内电荷的位置分布情况无关，与封闭曲面外的电荷也无关。高斯定理反映了静电场是有源场这一特性。凡是有正电荷的地方，必有电力线发出；凡是有负电荷的地方，必有电力线会聚。微分形式的麦克斯韦方程描述了电位移的散度等于该点处自由电荷的体密度 ρ。积分形式的麦克斯韦方程描述了电位移在空间中的任一封闭曲面上的面积分，等于封闭曲面所包围的空间内的自由点电荷的代数和 Q_0。

综上所述，变化的电场和变化的磁场彼此不是孤立的，它们永远密切地联系在一起，相互激发，组成了一个统一的电磁场的整体。这就是麦克斯韦电磁场理论的基本概念。

3.1.2 复矢量形式的麦克斯韦方程

将麦克斯韦方程中的各物理量写成复变函数如下所示：

$$\begin{aligned}
&\boldsymbol{H}=\mathrm{Re}[\boldsymbol{H}_\mathrm{m}(r)\mathrm{e}^{\mathrm{j}\omega t}],\ \boldsymbol{B}=\mathrm{Re}[\boldsymbol{B}_\mathrm{m}(r)\mathrm{e}^{\mathrm{j}\omega t}]\\
&\boldsymbol{E}=\mathrm{Re}[\boldsymbol{E}_\mathrm{m}(r)\mathrm{e}^{\mathrm{j}\omega t}],\ \boldsymbol{D}=\mathrm{Re}[\boldsymbol{D}_\mathrm{m}(r)\mathrm{e}^{\mathrm{j}\omega t}]\\
&\boldsymbol{J}=\mathrm{Re}[\boldsymbol{J}_\mathrm{m}(r)\mathrm{e}^{\mathrm{j}\omega t}],\ \boldsymbol{J}_\mathrm{d}=\mathrm{Re}[\boldsymbol{J}_\mathrm{dm}(r)\mathrm{e}^{\mathrm{j}\omega t}]\\
&\rho=\mathrm{Re}[\rho_\mathrm{m}(r)\mathrm{e}^{\mathrm{j}\omega t}]
\end{aligned} \tag{3-3}$$

注意到，函数 $\boldsymbol{F}(r,\ t)=\boldsymbol{F}_\mathrm{A}(r)\cos[\omega t+\varphi(r)]$ 表示的时谐函数可以表示成复数形式：

$$\boldsymbol{F}(r,\ t)=\boldsymbol{F}_\mathrm{A}(r)\cos[\omega t+\varphi(r)]=\mathrm{Re}[\boldsymbol{F}_\mathrm{A}(r)\mathrm{e}^{\mathrm{j}\varphi(r)}\mathrm{e}^{\mathrm{j}\omega t}]=\mathrm{Re}[\boldsymbol{F}_\mathrm{m}(r)\mathrm{e}^{\mathrm{j}\omega t}]$$

式中，$\boldsymbol{F}_\mathrm{A}(r)$ 是函数 $\boldsymbol{F}(r,\ t)$ 的实振幅；$\boldsymbol{F}_\mathrm{m}=\boldsymbol{F}_\mathrm{A}(r)\mathrm{e}^{\mathrm{j}\varphi(r)}$ 是函数 $\boldsymbol{F}(r,\ t)$ 复数形式的复振幅。$\boldsymbol{F}(r,\ t)$ 对时间的导数可用其复数形式 $\boldsymbol{F}_\mathrm{m}(r)\mathrm{e}^{\mathrm{j}\omega t}$ 对时间的导数表示，即

$$\begin{aligned}
\frac{\partial \boldsymbol{F}(r,\ t)}{\partial t}&=\frac{\partial}{\partial t}\mathrm{Re}[\boldsymbol{F}_\mathrm{m}(r)\mathrm{e}^{\mathrm{j}\omega t}]=\mathrm{Re}\left\{\frac{\partial}{\partial t}[\boldsymbol{F}_\mathrm{m}(r)\mathrm{e}^{\mathrm{j}\omega t}]\right\}\\
&=\mathrm{Re}[\mathrm{j}\omega\boldsymbol{F}(r)\mathrm{e}^{\mathrm{j}\omega t}]
\end{aligned} \tag{3-4}$$

式中，$\boldsymbol{F}_\mathrm{m}$ 为 $\boldsymbol{F}_\mathrm{m}(r,\ t)$ 的复数形式 $\boldsymbol{F}_\mathrm{m}(r)\mathrm{e}^{\mathrm{j}\omega t}$ 的复振幅。利用此运算规律，将式（3-3）代入麦克斯韦方程组式（3-1）可得

$$\begin{aligned}
\nabla\times\boldsymbol{H}&=\nabla\times\mathrm{Re}[\boldsymbol{H}_\mathrm{m}(r)\mathrm{e}^{\mathrm{j}\omega t}]\\
&=\mathrm{Re}[\boldsymbol{J}_\mathrm{m}(r)\mathrm{e}^{\mathrm{j}\omega t}]+\mathrm{Re}[\mathrm{j}\omega\boldsymbol{D}_\mathrm{m}(r)\mathrm{e}^{\mathrm{j}\omega t}]\\
\nabla\times\boldsymbol{E}&=\nabla\times\mathrm{Re}[\boldsymbol{E}_\mathrm{m}(r)\mathrm{e}^{\mathrm{j}\omega t}]\\
&=\mathrm{Re}[-\mathrm{j}\omega\boldsymbol{B}_\mathrm{m}(r)\mathrm{e}^{\mathrm{j}\omega t}]\\
\nabla\cdot\boldsymbol{B}&=\nabla\cdot\mathrm{Re}[\boldsymbol{B}_\mathrm{m}(r)\mathrm{e}^{\mathrm{j}\omega t}]=0\\
\nabla\cdot\boldsymbol{D}&=\nabla\cdot\mathrm{Re}[\boldsymbol{D}_\mathrm{m}(r)\mathrm{e}^{\mathrm{j}\omega t}]=\mathrm{Re}[\rho_\mathrm{m}(r)\mathrm{e}^{\mathrm{j}\omega t}]
\end{aligned} \tag{3-5}$$

在式（3-5）中，将微分算子∇与实部符号 Re 交换顺序，有

$$
\begin{aligned}
&\mathrm{Re}[\nabla\times\boldsymbol{H}_{\mathrm{m}}(r)\mathrm{e}^{\mathrm{j}\omega t}]=\mathrm{Re}[\boldsymbol{J}_{\mathrm{m}}(r)\mathrm{e}^{\mathrm{j}\omega t}]+\mathrm{Re}[\mathrm{j}\omega\boldsymbol{D}_{\mathrm{m}}(r)\mathrm{e}^{\mathrm{j}\omega t}]\\
&\mathrm{Re}[\nabla\times\boldsymbol{E}_{\mathrm{m}}(r)\mathrm{e}^{\mathrm{j}\omega t}]=\mathrm{Re}[-\mathrm{j}\omega\boldsymbol{B}_{\mathrm{m}}(r)\mathrm{e}^{\mathrm{j}\omega t}]\\
&\mathrm{Re}[\nabla\cdot\boldsymbol{B}_{\mathrm{m}}(r)\mathrm{e}^{\mathrm{j}\omega t}]=0\\
&\mathrm{Re}[\nabla\cdot\boldsymbol{D}_{\mathrm{m}}(r)\mathrm{e}^{\mathrm{j}\omega t}]=\mathrm{Re}[\rho_{\mathrm{m}}(r)\mathrm{e}^{\mathrm{j}\omega t}]
\end{aligned}
\tag{3-6}
$$

由于以上表达式对于任何时刻 t 均成立，故实部符号和时变因子 $\mathrm{e}^{\mathrm{j}\omega t}$可以消去，于是得到

$$
\begin{aligned}
&\nabla\times\boldsymbol{H}_{\mathrm{m}}(r)=\boldsymbol{J}_{\mathrm{m}}(r)+\mathrm{j}\omega\boldsymbol{D}_{\mathrm{m}}(r)\\
&\nabla\times\boldsymbol{E}_{\mathrm{m}}(r)=-\mathrm{j}\omega\boldsymbol{B}_{\mathrm{m}}(r)\\
&\nabla\cdot\boldsymbol{B}_{\mathrm{m}}(r)=0\\
&\nabla\cdot\boldsymbol{D}_{\mathrm{m}}(r)=\rho_{\mathrm{m}}(r)
\end{aligned}
\tag{3-7}
$$

这就是时谐电磁场的复矢量所满足的麦克斯韦方程，也称为麦克斯韦方程的复数形式。这里为了突出复数形式与实数形式的区别，用下标 m 表示复振幅。由于复数形式的公式与实数形式的公式之间有明显的区别，将复数形式中复变函数的复振幅的下标去掉，并不会引起混淆。因此，为了书写简明扼要，略去复振幅的下标 m，得到麦克斯韦方程的复数形式为

$$
\begin{aligned}
&\nabla\times\boldsymbol{H}(r)=\boldsymbol{J}(r)+\mathrm{j}\omega\boldsymbol{D}(r)\\
&\nabla\times\boldsymbol{E}(r)=-\mathrm{j}\omega\boldsymbol{B}(r)\\
&\nabla\cdot\boldsymbol{B}(r)=0\\
&\nabla\cdot\boldsymbol{D}(r)=\rho(r)
\end{aligned}
\tag{3-8}
$$

不过要牢记，在麦克斯韦方程的复数形式中，各物理量是该物理量的复数形式的复振幅。

3.1.3　限定形式的麦克斯韦方程

仅有麦克斯韦方程组的四个基本方程，还无法求解出电磁场的具体分布，对于线性均匀各向同性介质，还需要补充如下 3 个介质材料的本构方程：

$$
\begin{aligned}
&\boldsymbol{D}=\varepsilon\boldsymbol{E}\\
&\boldsymbol{B}=\mu\boldsymbol{H}\\
&\boldsymbol{J}=\sigma\boldsymbol{E}
\end{aligned}
\tag{3-9}
$$

式中，ε 为介电系数；μ 为磁导率；σ 为电导率。将上式代入式（3-1），得到限定形式的麦克斯韦方程：

$$
\nabla\times\boldsymbol{H}=\boldsymbol{J}+\boldsymbol{J}_{\mathrm{d}}=\sigma\boldsymbol{E}+\frac{\partial(\varepsilon\boldsymbol{E})}{\partial t}
\tag{3-10}
$$

$$
\nabla\times\boldsymbol{E}=-\frac{\partial(\mu\boldsymbol{H})}{\partial t}
\tag{3-11}
$$

$$\nabla \cdot (\mu \boldsymbol{H}) = 0 \tag{3-12}$$

$$\nabla \cdot (\varepsilon \boldsymbol{E}) = \rho \tag{3-13}$$

限定形式的麦克斯韦方程中只有两个变量，即电场强度 $\boldsymbol{E}$ 和磁场强度 $\boldsymbol{H}$。当研究电磁场在各向同性线性材料介质中的传播规律时，该方程用起来比较方便。

时变电场的激发源除了电荷以外，还有变化的磁场；而时变磁场的激发源除了传导电流以外，还有变化的电场。电场和磁场互为激发源，相互激发。时变电磁场的电场和磁场不再相互独立，而是相互关联，构成一个整体，即电磁场。电场和磁场互相垂直，分别是电磁场的两个分量。在离开辐射源的无源空间中，尽管电荷密度和电流密度矢量为零，但电场和磁场仍然可以相互激发，从而在空间形成电磁振荡并传播，这就是电磁波。

3.2　电磁波的波动方程

3.2.1　无源区电磁波的波动方程

在无源区，传导电流密度 $\boldsymbol{J} = 0$，自由电荷体密度 $\rho = 0$。对式（3-11）两端取旋度，并利用场论分析中的算符恒等式可得

$$\nabla \times \nabla \times \boldsymbol{E} = \nabla(\nabla \cdot \boldsymbol{E}) - \nabla^2 \boldsymbol{E} = -\mu \nabla \times \frac{\partial \boldsymbol{H}}{\partial t} \tag{3-14}$$

注意到，在式（3-10）中，当考虑无源区时，传导电流密度 $J = 0$ 故 $\nabla \cdot \boldsymbol{E} = 0$，即 $\nabla(\nabla \cdot \boldsymbol{E}) = 0$，式（3-10）就变为

$$\nabla \times \boldsymbol{H} = \boldsymbol{J} + \boldsymbol{J}_{\mathrm{d}} = \varepsilon \frac{\partial \boldsymbol{E}}{\partial t}$$

代入式（3-14）可得到电场强度 $\boldsymbol{E}$ 的齐次波动方程为

$$\nabla^2 \boldsymbol{E} - \mu\varepsilon \frac{\partial^2 \boldsymbol{E}}{\partial t^2} = 0 \tag{3-15}$$

同理，对式（3-10）两端取旋度，有

$$\nabla \times \nabla \times \boldsymbol{H} = \nabla(\nabla \cdot \boldsymbol{H}) - \nabla^2 \boldsymbol{H} = \varepsilon \nabla \times \frac{\partial \boldsymbol{E}}{\partial t} \tag{3-16}$$

将式（3-11）代入式（3-16），得到磁场强度 $\boldsymbol{H}$ 的波动方程为

$$\nabla^2 \boldsymbol{H} - \mu\varepsilon \frac{\partial^2 \boldsymbol{H}}{\partial t^2} = 0 \tag{3-17}$$

电磁场波动方程式（3-14）和式（3-17）的解是一种电磁波动，其传播速度是介质中的光速，即 $\dfrac{1}{\sqrt{\mu\varepsilon}}$。注意，伴随电磁波传播的有能量、动量和质量

（量子质量）的流动，电磁波可以在真空或介质中传播，电磁波在波动中，不是介质的体积元在振动，而是电场和磁场在振动，周期变化的不是介质质点的位移，而是电场强度矢量和磁场强度矢量。

3.2.2　有源区电磁波的波动方程

该情况下传导电流密度 $\boldsymbol{J} \neq 0$，自由电荷体密度 $\rho \neq 0$。对式（3-11）两端取旋度，有

$$\nabla \times \nabla \times \boldsymbol{E} = \nabla(\nabla \cdot \boldsymbol{E}) - \nabla^2 \boldsymbol{E} = \nabla\left(\frac{\rho}{\varepsilon}\right) - \nabla^2 \boldsymbol{E} = \mu \nabla \times \frac{\partial \boldsymbol{H}}{\partial t} \tag{3-18}$$

当考虑有源区时，传导电流密度 $\boldsymbol{J} \neq 0$，$\nabla(\nabla \cdot \boldsymbol{E}) = \nabla\left(\frac{\rho}{\varepsilon}\right)$，将式（3-10）代入（3-18）得到电场强度 E 的波动方程为

$$\nabla^2 \boldsymbol{E} - \mu\varepsilon \frac{\partial^2 \boldsymbol{E}}{\partial t^2} = \mu \frac{\partial \boldsymbol{J}}{\partial t} + \nabla\left(\frac{\rho}{\varepsilon}\right) \tag{3-19}$$

同理，对式（3-10）两端取旋度，有

$$\nabla \times \nabla \times \boldsymbol{H} = \nabla(\nabla \cdot \boldsymbol{H}) - \nabla^2 \boldsymbol{H} = -\nabla^2 \boldsymbol{H} = \nabla \times \boldsymbol{J} + \varepsilon \nabla \times \frac{\partial \boldsymbol{E}}{\partial t} \tag{3-20}$$

将式（3-11）代入式（3-20），得到磁场强度 $\boldsymbol{H}$ 的波动方程为

$$\nabla^2 \boldsymbol{H} - \mu\varepsilon \frac{\partial^2 \boldsymbol{H}}{\partial t^2} = -\nabla \times \boldsymbol{J} \tag{3-21}$$

有源区电磁波的波动方程比较复杂，通常不直接求解，而是引入位函数来求解电场强度 $\boldsymbol{E}$ 和磁场强度 $\boldsymbol{H}$ 。

3.3　电磁场的达朗贝尔方程

引入电磁场的位函数的目的是将非齐次波动方程的求解化为较简单的位函数的求解，在求出位函数后便可很容易地得出电场强度 $\boldsymbol{E}$ 和磁场强度 $\boldsymbol{H}$。

定义矢量位函数 $\boldsymbol{A}$ 为满足下式的函数：

$$\boldsymbol{B} = \nabla \times \boldsymbol{A} \tag{3-22}$$

由上式可得：

$$\boldsymbol{H} = \frac{1}{\mu} \nabla \times \boldsymbol{A} \tag{3-23}$$

定义标量位函数 ϕ 为满足下式的函数：

$$\nabla \times \nabla\phi = 0 \; (-\nabla \times \nabla\phi = 0) \tag{3-24}$$

那么，式（3-11）转变为

$$\nabla\times\boldsymbol{E}=-\frac{\partial\boldsymbol{B}}{\partial t}=-\frac{\partial(\nabla\times\boldsymbol{A})}{\partial t}=-\nabla\times\frac{\partial\boldsymbol{A}}{\partial t}$$

即

$$\nabla\times\left(\boldsymbol{E}+\frac{\partial\boldsymbol{A}}{\partial t}\right)=0 \tag{3-25}$$

与式（3-24）比较，得到

$$\boldsymbol{E}+\frac{\partial\boldsymbol{A}}{\partial t}=-\nabla\phi$$

即

$$\boldsymbol{E}=-\nabla\phi-\frac{\partial\boldsymbol{A}}{\partial t} \tag{3-26}$$

这样，电场强度 $\boldsymbol{E}$ 和磁场强度 $\boldsymbol{H}$ 就用矢量位函数 $\boldsymbol{A}$ 和标量位函数 ϕ，通过式（3-23）和式（3-25）表示出来了。将式（3-23）和式（3-25）代入有源区电磁波的波动方程，即可得到所谓的达朗贝尔方程。

$$\nabla^2\boldsymbol{A}-\mu\varepsilon\frac{\partial^2\boldsymbol{A}}{\partial t^2}=-\mu\boldsymbol{J} \tag{3-27}$$

$$\nabla^2\phi-\mu\varepsilon\frac{\partial^2\phi}{\partial t^2}=-\frac{\rho}{\varepsilon} \tag{3-28}$$

推导上述方程时，作为前提条件，使用了洛仑兹规范，即

$$\nabla\cdot\boldsymbol{A}=-\mu\varepsilon\frac{\partial\phi}{\partial t} \tag{3-29}$$

洛伦兹规范体现的是电荷守恒，这是电荷守恒的一种表达函数。根据亥姆霍兹定律，即要确定一个矢量必须知道其旋度、散度以及边界条件，所以就必须引入一个规范，就相当于对于求解电位时要选取一个参考点一样，是同一个道理。规范的选取必须符合一定的实际意义，而且对所求解的问题有帮助。这是为什么要引入洛伦兹规范的原因。要注意，在这里的标量位函数 ϕ 不要与电势 $\boldsymbol{\varphi}$ 混淆，电势 $\boldsymbol{\varphi}$ 与电场强度的关系是：$\boldsymbol{E}=-\nabla\boldsymbol{\varphi}$。在达朗贝尔方程中，标量位函数和矢量位函数 $\boldsymbol{A}$ 必须作为整体来描述电磁场，实际上 $\boldsymbol{E}$ 和 $\boldsymbol{B}$，以及 $\boldsymbol{\varphi}$ 和 $\boldsymbol{A}$ 是描述电磁场的两种等价的方式。

3.4　电磁场的边界条件

实际电磁场问题都是在一定的物理空间内发生的，该空间中可能由多种不同媒质组成的。如图 3-1 所示，边界条件就是电磁场矢量在不同媒质的分界面上所需要满足的关系，是电磁场的基本属性。由于材料物理参数在分界面两侧发生突变，因此，电磁场在界面两侧也发生突变。麦克斯韦方程组的微分形式在分界面

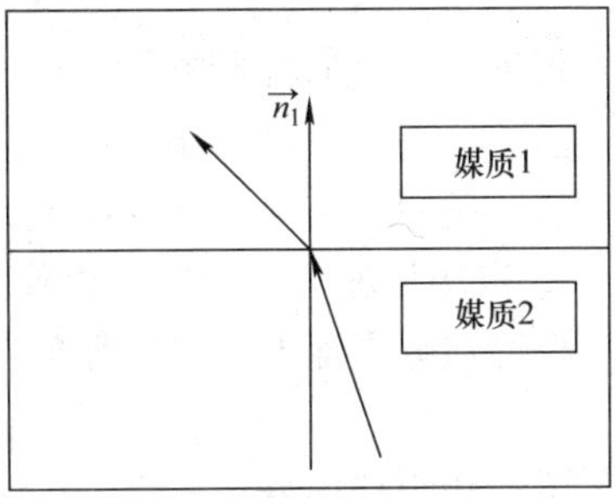

图 3-1　电磁场的边界条件

上两侧不连续而失去意义，但因为积分形式的方程不受连续性的约束，所以可以从斯韦方程组的积分形式出发，推出电磁场的边界条件。

另外，麦克斯韦方程组是微分方程组，解是不确定的，边界条件起着定解的作用。在磁致伸缩生物传感器的设计中，大多数悬臂梁式磁致伸缩生物传感器是由双材料构成，为了揭示双材料内部电磁场分布的规律，以及计算换能器材料内部的涡流大小和分布，就需要把握电磁场的边界条件。下面，用麦克斯韦方程组的积分形式推导电磁场的边界条件。

电磁场边界条件共有 4 个，指电场强度 $\boldsymbol{E}$、磁场强度 $\boldsymbol{H}$、磁感应强度 $\boldsymbol{B}$、电位移 $\boldsymbol{D}$ 4 个物理量，从媒质 2 到媒质 1 在法向方向和切向方向是如何变化的。电磁场边界条件的结论用数学公式表述如下：

$$\vec{\boldsymbol{n}}_1 \times (\boldsymbol{E}_1 - \boldsymbol{E}_2) = 0 \tag{3-30}$$

$$\vec{\boldsymbol{n}}_1 \times (\boldsymbol{H}_1 - \boldsymbol{H}_2) = \boldsymbol{J}_S \tag{3-31}$$

$$\vec{\boldsymbol{n}}_1 \cdot (\boldsymbol{D}_1 - \boldsymbol{D}_2) = \rho_S \tag{3-32}$$

$$\vec{\boldsymbol{n}}_1 \cdot (\boldsymbol{B}_1 - \boldsymbol{B}_2) = 0 \tag{3-33}$$

下面先阐述结论，稍后再作证明。

1. 电位移矢量的法向边界条件

在介质分界面上的自由电荷面密度 $\rho_S \neq 0$ 的情况下，电位移矢量的法向边界条为

$$\vec{\boldsymbol{n}}_1 \cdot (\boldsymbol{D}_1 - \boldsymbol{D}_2) = \rho_S \tag{3-34}$$

上式可简化为法向分量方程：

$$\boldsymbol{D}_{1n} - \boldsymbol{D}_{2n} = \rho_S \tag{3-35}$$

该式阐明，在介质分界面上，电位移矢量的法向分量之差等于分界面上的自由电荷面密度 ρ_S。

若在介质分界面上的自由电荷面密度 $\rho_S = 0$，则电位移矢量的法向边界条件简化为

$$\boldsymbol{D}_{1n} - \boldsymbol{D}_{2n} = 0 \tag{3-36}$$

该式阐明，在介质分界面上的自由电荷面密度为零的情况下，电位移矢量的法向分量连续。

2. 磁感应强度矢量的法向边界条件

在介质分界面上，磁感应强度矢量的法向边界条为

$$\vec{n}_1 \cdot (\boldsymbol{B}_1 - \boldsymbol{B}_2) = 0 \tag{3-37}$$

上式可简化为法向分量方程：

$$\boldsymbol{B}_{1n} - \boldsymbol{B}_{2n} = 0 \tag{3-38}$$

该式阐明，在介质分界面上，磁感应强度矢量的法向分量连续。

3. 电场强度矢量的切向边界条件

在介质分界面上，电场强度矢量的切向边界条件为

$$\vec{n}_1 \times (\boldsymbol{E}_1 - \boldsymbol{E}_2) = 0 \tag{3-39}$$

上式可简化为切向分量方程：

$$\boldsymbol{E}_{1t} - \boldsymbol{E}_{2t} = 0 \tag{3-40}$$

该式阐明，在介质分界面上电场强度矢量的切向分量连续。

4. 磁场强度矢量的切向边界条件

在介质分界面上，磁场强度矢量的切向边界条件为

$$\vec{n}_1 \times (\boldsymbol{H}_1 - \boldsymbol{H}_2) = \boldsymbol{J}_S \tag{3-41}$$

上式可简化为切向分量方程：

$$\boldsymbol{H}_{1t} - \boldsymbol{H}_{2t} = \boldsymbol{J}_S \tag{3-42}$$

该式阐明，在介质分界面上磁场强度矢量的切向分量不连续，切向分量之差等于电流面密度 $\boldsymbol{J}_S$。

5. 关于电位移的法向边界条件的证明

如图 3-2 所示，在两种媒质的分界面上任取一个小圆柱闭合面，高度为 Δh，两种媒质的电磁物理参数标注在图上，ΔS 为小圆柱体的底面积和顶面积，电位移矢量 $\boldsymbol{D}$ 从媒质 1 进入，在界面发生规律性变化后进入媒质 2。

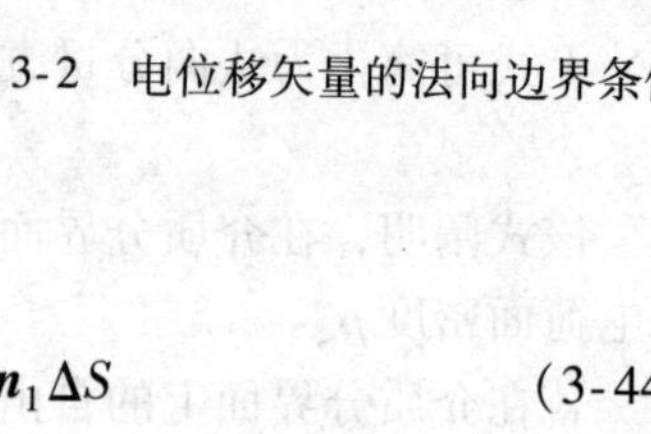

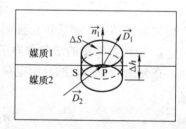

图 3-2　电位移矢量的法向边界条件

在界面上，对小圆柱运用麦克斯韦积分方程，有

$$\oiint \boldsymbol{D} \mathrm{d}\vec{s} = \oiiint \rho \mathrm{d}v \quad （高斯定理） \tag{3-43}$$

令 $\Delta h \to 0$，从方程左端得到

$$\lim_{\Delta h \to 0} \oiint \boldsymbol{D} \mathrm{d}\boldsymbol{s} = (\boldsymbol{D}_1 - \boldsymbol{D}_2) \cdot \boldsymbol{n}_1 \Delta S \tag{3-44}$$

令 $\Delta h \to 0$，从方程右端得到

$$\lim_{\Delta h \to 0} \oiiint \rho \mathrm{d}v = \lim_{\Delta h \to 0} \oiiint \left(\frac{\rho_S}{\Delta h}\right) \mathrm{d}v = \lim_{\Delta h \to 0} \left(\frac{\rho_S}{\Delta h} \Delta h \Delta S\right) = \rho_S \Delta S \tag{3-45}$$

式中自由电荷体密度 ρ 和自由电荷面密度 ρ_S 在本模型中的关系为

$$\rho = \frac{\rho_S}{\Delta h} \tag{3-46}$$

将式（3-44）和式（3-45）代入式（3-43），可得到

$$(\boldsymbol{D}_1-\boldsymbol{D}_2)\cdot\vec{\boldsymbol{n}}_1\Delta S=\rho_S\Delta S$$

即

$$\vec{\boldsymbol{n}}\cdot(\boldsymbol{D}_1-\boldsymbol{D}_2)=\rho_S \tag{3-47}$$

这样就完成了对式（3-32）的证明。

6. 关于磁感应强度矢量的法向边界条件的证明

如图 3-3 所示，在两种媒质的分界面上任取一个小圆柱闭合面，高度为 Δh，两种媒质的电磁物理参数标注在图上，ΔS 为小圆柱体的底面积和顶面积，磁感应强度矢量 $\boldsymbol{B}$ 从媒质 1 进入，在界面发生规律性变化后进入媒质 2。

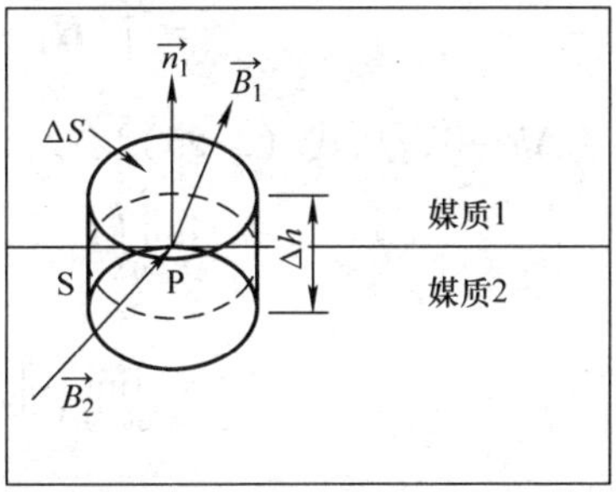

图 3-3　磁感应强度矢量的法向边界条件

在界面上，对小圆柱运用麦克斯韦积分方程：

$$\oiint \boldsymbol{B}\mathrm{d}\vec{\boldsymbol{s}}=0 \tag{3-48}$$

令 $\Delta h\to 0$，从方程左端得到

$$\lim_{\Delta h\to 0}\oiint \boldsymbol{B}\mathrm{d}s=(\boldsymbol{B}_1-\boldsymbol{B}_2)\cdot\vec{\boldsymbol{n}}\Delta S \tag{3-49}$$

代入式（3-48），有

$$(\boldsymbol{B}_1-\boldsymbol{B}_2)\cdot\vec{\boldsymbol{n}}_1\Delta S=0$$

即

$$\vec{\boldsymbol{n}}_1\cdot(\boldsymbol{B}_1-\boldsymbol{B}_2)=0 \tag{3-50}$$

这样就完成了对式（3-33）的证明。

7. 关于磁场强度矢量的切向边界条件的证明

如图 3-4 所示，在两种媒质的分界面上下邻域任取一个小矩形面，高度为 Δh，两种媒质的电磁物理参数标注在图上，Δl 为小矩形的底边和顶边的长度，$\boldsymbol{H}$ 为磁场强度矢量从媒质 2 进入，在界面发生规律性变化后进入媒质 1，$\boldsymbol{\tau}$ 是小矩形面的单位法线矢量，在界面内并与单位法向矢量 $\boldsymbol{n}_1$ 垂直的单位切向矢量。

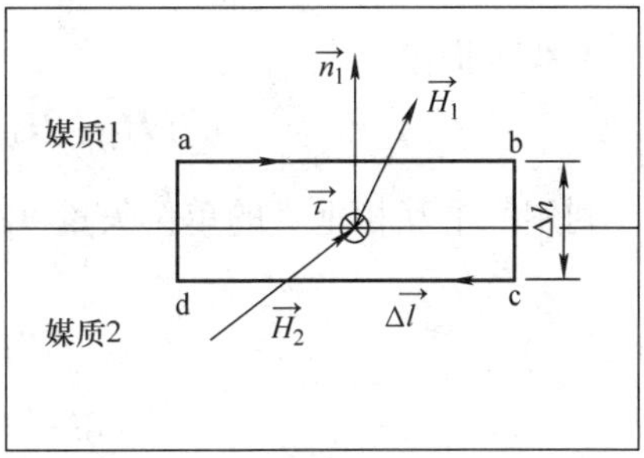

图 3-4　磁场强度矢量的切向边界条件

在界面上，对小矩形运用麦克斯韦积分方程，有

$$\oint \boldsymbol{H} \mathrm{d} \vec{\boldsymbol{l}} = \boldsymbol{I}_0 + \iint \frac{\partial \boldsymbol{D}}{\partial t} \mathrm{d}s \tag{3-51}$$

令 $\Delta h \to 0$，从式（3-51）左端得到

$$\begin{aligned}\lim_{\Delta h \to 0} \oint \boldsymbol{H} \mathrm{d}\boldsymbol{l} &= \lim_{\Delta h \to 0} \int_a^b \boldsymbol{H} \mathrm{d}\boldsymbol{l} + \int_b^c \boldsymbol{H} \mathrm{d}\boldsymbol{l} + \int_c^d \boldsymbol{H} \mathrm{d}\boldsymbol{l} + \int_d^a \boldsymbol{H} \mathrm{d}\boldsymbol{l} \\ &= \int_a^b \boldsymbol{H}_1 \mathrm{d}\boldsymbol{l} - \int_a^b \boldsymbol{H}_2 \mathrm{d}\boldsymbol{l} = \int_a^b (\boldsymbol{H}_1 - \boldsymbol{H}_2) \mathrm{d}\boldsymbol{l} \\ &= \int_0^{\Delta \boldsymbol{l}} (\boldsymbol{H}_1 - \boldsymbol{H}_2) \mathrm{d}\boldsymbol{l}\end{aligned} \tag{3-52}$$

令 $\Delta h \to 0$，从式（3-53）右端得到

$$\begin{aligned}&\lim_{\Delta h \to 0} \left(\boldsymbol{I}_0 + \iint_S \frac{\partial \boldsymbol{D}}{\partial t} \mathrm{d}s \right) \\ &= \lim_{\Delta h \to 0} \left(\iint_S \boldsymbol{J} \mathrm{d}s + \iint_S \frac{\partial \boldsymbol{D}}{\partial t} \mathrm{d}s \right) \\ &= \lim_{\Delta h \to 0} \left(\int_0^{\Delta \boldsymbol{l}} \frac{\boldsymbol{J}_\mathrm{S} \cdot \boldsymbol{\tau}}{\Delta h} (\Delta h \Delta l) + \iint_S \frac{\partial \boldsymbol{D}}{\partial t} \mathrm{d}s \right) \\ &= \left(\int_0^{\Delta \boldsymbol{l}} (\boldsymbol{J}_\mathrm{S} \cdot \boldsymbol{\tau}) \mathrm{d}l \right)\end{aligned} \tag{3-53}$$

式中，传导电流体密度和传导电流面密度在本模型中的关系为 $\boldsymbol{J} = \dfrac{\boldsymbol{J}_\mathrm{S}}{\Delta h}$，以及在 $\Delta h \to 0$ 时，由于$\dfrac{\partial \boldsymbol{D}}{\partial t}$是有界的，所以 $\lim\limits_{\Delta h \to 0} \iint\limits_S \dfrac{\partial \boldsymbol{D}}{\partial t} \mathrm{d}s = 0$ 的结论。将式（3-52）、式（3-53）代入式（3-51）得到

$$\int_0^{\Delta l} (\boldsymbol{H}_1 - \boldsymbol{H}_2) \mathrm{d}\boldsymbol{l} = \left(\int_0^{\Delta l} (\boldsymbol{J}_\mathrm{S} \cdot \boldsymbol{\tau}) \mathrm{d}l \right) \tag{3-54}$$

上式可推出：

$$(\boldsymbol{H}_1 - \boldsymbol{H}_2) \mathrm{d}\boldsymbol{l} = (\boldsymbol{J}_\mathrm{S} \cdot \boldsymbol{\tau}) \mathrm{d}l \tag{3-55}$$

利用三个互相垂直的单位矢量 $\boldsymbol{n}_1$、$\boldsymbol{\tau}$、$\dfrac{\mathrm{d}\boldsymbol{l}}{\mathrm{d}l}$之间的关系，即

$$\boldsymbol{\tau} \times \boldsymbol{n}_1 = \frac{\mathrm{d}\boldsymbol{l}}{|\mathrm{d}\boldsymbol{l}|} = \frac{\mathrm{d}\boldsymbol{l}}{\mathrm{d}l}$$

$$\mathrm{d}\boldsymbol{l} = \boldsymbol{\tau} \times \boldsymbol{n}_1 \mathrm{d}l$$

以及混合矢积的公式，式（3-55）左边可变换为

$$(\boldsymbol{H}_1-\boldsymbol{H}_2)\mathrm{d}l=(\boldsymbol{H}_1-\boldsymbol{H}_2)\cdot(\boldsymbol{\tau}\times\boldsymbol{n}_1)\mathrm{d}l$$
$$=\{[\boldsymbol{n}_1\times(\boldsymbol{H}_1-\boldsymbol{H}_2)]\cdot\boldsymbol{\tau}\}\mathrm{d}l \tag{3-56}$$

代入式（3-55），可得到

$$[\boldsymbol{n}_1\times(\boldsymbol{H}_1-\boldsymbol{H}_2)]=\boldsymbol{J}_{\mathrm{S}} \tag{3-57}$$

这样就完成了对式（3-41）的证明。

8. 关于电场强度矢量的切向边界条件的证明

如图 3-5 所示，在两种媒质的分界面上下邻域任取一个小矩形面，高度为 Δh，两种媒质的电磁物理参数标注在图上，Δl 为小矩形的底边和顶边的长度，$\boldsymbol{E}$ 为磁场强度矢量从媒质 2 进入，在界面发生规律性变化后进入媒质 1，$\boldsymbol{\tau}$ 是小矩形面的单位法线矢量，在界面内并与单位法向矢量 $\boldsymbol{n}_1$ 垂直的单位切向矢量。

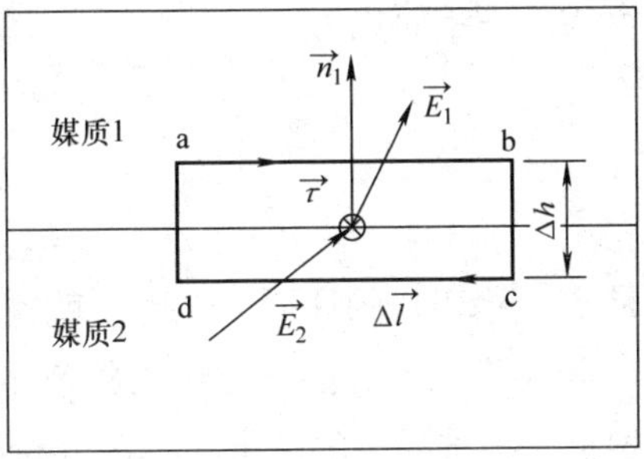

图 3-5　电场强度矢量的切向边界条件

在界面上，对小矩形运用麦克斯韦积分方程有

$$\oint \boldsymbol{E}\mathrm{d}\boldsymbol{l}=-\iint\frac{\partial \boldsymbol{B}}{\partial t}\mathrm{d}s \tag{3-58}$$

令 $\Delta h\to 0$，从式（3-58）左端得到

$$\lim_{\Delta h\to 0}\oint \boldsymbol{E}\mathrm{d}l=\lim_{\Delta h\to 0}\int_a^b \boldsymbol{E}\mathrm{d}l+\int_b^c \boldsymbol{E}\mathrm{d}l+\int_c^d \boldsymbol{E}\mathrm{d}l+\int_b^a \boldsymbol{E}\mathrm{d}l$$
$$=\int_a^b \boldsymbol{E}_1\mathrm{d}l-\int_a^b \boldsymbol{E}_2\mathrm{d}l=\int_a^b(\boldsymbol{E}_1-\boldsymbol{E}_2)\mathrm{d}l \tag{3-59}$$
$$=\int_0^{\Delta l}(\boldsymbol{E}_1-\boldsymbol{E}_2)\mathrm{d}l$$

令 $\Delta h\to 0$，从式（3-58）右端得到

$$\lim_{\Delta h\to 0}\left(-\iint\frac{\partial \boldsymbol{B}}{\partial \boldsymbol{t}}\mathrm{d}s\right)=0 \tag{3-60}$$

式中，由于$\dfrac{\partial \boldsymbol{D}}{\partial t}$是有界的，所以有

$$\lim_{\Delta h\to 0}\iint_S\frac{\partial \boldsymbol{D}}{\partial t}\mathrm{d}s=0$$

将式（3-59）、式（3-60）代入式（3-58）得到

$$\int_0^{\Delta l}(\boldsymbol{E}_1-\boldsymbol{E}_2)\mathrm{d}\boldsymbol{l}=0 \tag{3-61}$$

上式可推出：

$$(\boldsymbol{E}_1-\boldsymbol{E}_2)\mathrm{d}\boldsymbol{l}=0 \tag{3-62}$$

利用三个互相垂直的单位矢量 $\boldsymbol{n}_1$，$\boldsymbol{\tau}$，$\frac{\mathrm{d}\boldsymbol{l}}{\mathrm{d}l}$之间的关系以及混合矢积的公式，上式可变换为

$$(\boldsymbol{E}_1-\boldsymbol{E}_2)\mathrm{d}\boldsymbol{l}=(\boldsymbol{E}_1-\boldsymbol{E}_2)\cdot(\boldsymbol{\tau}\times\boldsymbol{n}_1)\mathrm{d}l=[\boldsymbol{n}_1\times(\boldsymbol{E}_1-\boldsymbol{E}_2)]\cdot\boldsymbol{\tau}\mathrm{d}l=0 \tag{3-63}$$

上式进一步简化为

$$\vec{\boldsymbol{n}}_1\times(\boldsymbol{E}_1-\boldsymbol{E}_2)=0 \tag{3-64}$$

即

$$\boldsymbol{E}_{1\mathrm{t}}=E_{2\mathrm{t}} \tag{3-65}$$

这就是式（3-30）的证明。至此，就完成了对电磁场的所有边界条件的证明。

9. 两种常见情况的电磁场边界条件表达式

根据以上推导出的结果，下面分析两种常见情况的电磁场边界条件。第一种情况：两种媒质都是理想介质。所谓理想媒质是指电导率为零的媒质，即理想绝缘体。第二种情况：两个媒质中有一种媒质是理想导体。所谓理想导体是指电导率为无穷大的媒质。理想媒质和理想导体的提出，是在解决实际问题时，简化模型，求得近似解的一种理论分析手段。

10. 两种理想媒质分界面上的边界条件

下面研究两种理想媒质分界面上的边界条件。如图 3-6 所示，媒质 1 和媒质 2 皆为理想导体。

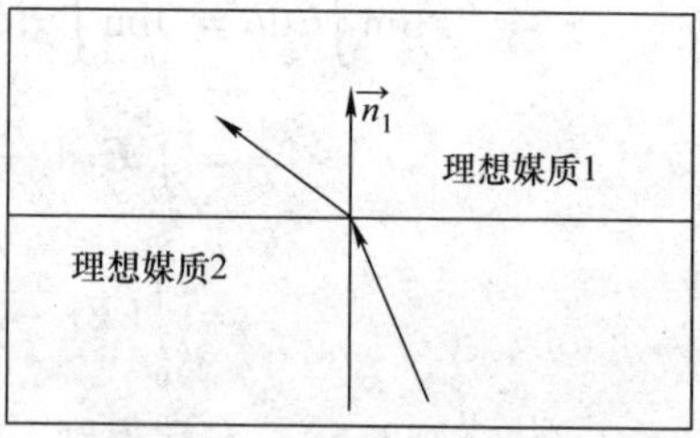

图 3-6　两种理想媒质分界面上的边界条件

由于两个媒质的电导率为 0，在两种理想媒质分界面上，不可能存在面电流和自由电荷，即电流面密度矢量 $\boldsymbol{J}_\mathrm{S}=0$，电荷面密度 $\boldsymbol{\rho}_\mathrm{S}=0$，代入媒质分界面上的边界条件，得到两种理想媒质分界面上的边界条件为

$$\boldsymbol{n}_1\times(\boldsymbol{E}_1-\boldsymbol{E}_2)=0 \tag{3-66}$$

$$\boldsymbol{n}_1\times(\boldsymbol{H}_1-\boldsymbol{H}_2)=0 \tag{3-67}$$

$$\boldsymbol{n}_1\cdot(\boldsymbol{D}_1-\boldsymbol{D}_2)=0 \tag{3-68}$$

$$\boldsymbol{n}_1\cdot(\boldsymbol{B}_1-\boldsymbol{B}_2)=0 \tag{3-69}$$

也就是说，电场强度矢量的切向分量连续，磁场强度矢量的切向分量连续，电位移矢量的法向分量连续，磁感应强度矢量的法向分量连续。

11. 理想导体表面上的边界条件

下面研究两种理想媒质分界面上的边界条件。如图 3-7 所示，媒质 1 为理想媒质，媒质 2 为理想导体。

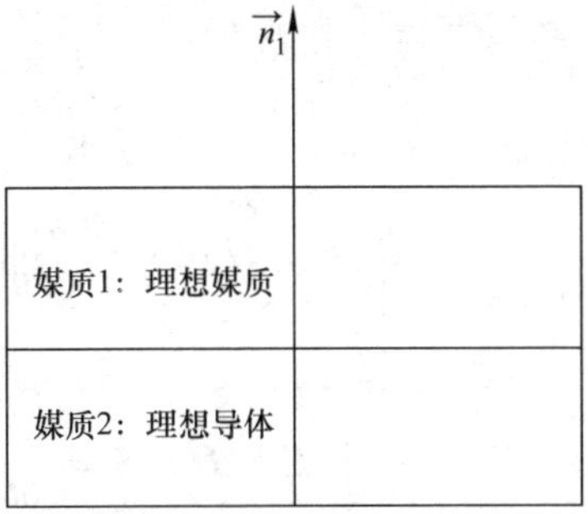

图 3-7　理想导体界面上的边界条件

由于理想导体的电导率 $\sigma=\infty$，所以电磁场不能进入理想导体内部，否则将会在其内部出现无限大的电流密度，理想导体所带的自由电荷，只能分布于理想导体的表面。已知在理想导体内部有

$$\boldsymbol{E}_2=0,\ \boldsymbol{H}_2=0,\ \boldsymbol{D}_2=0,\ \boldsymbol{B}_2=0 \tag{3-70}$$

代入介质分界面上的边界条件，得到理想导体与其他理想介质的分界面上的边界条件为

$$\boldsymbol{n}_1\times\boldsymbol{E}_1=0 \tag{3-71}$$

$$\boldsymbol{n}_1\times\boldsymbol{H}_1=\boldsymbol{J}_{\mathrm{S}} \tag{3-72}$$

$$\boldsymbol{n}_1\cdot\boldsymbol{D}_1=\rho_{\mathrm{S}} \tag{3-73}$$

$$\boldsymbol{n}_1\cdot\boldsymbol{B}_1=0 \tag{3-74}$$

由此可知，理想导体表面上电场强度矢量 $\boldsymbol{E}_1$ 的切向分量为零，理想导体表面上的电流密度等于磁场强度 $\boldsymbol{H}_1$ 的切向分量，理想导体表面上的电荷密度 ρ_{S} 等于电位移矢量 $\boldsymbol{D}_1$ 的法向分量，理想导体表面上磁感应强度矢量 $\boldsymbol{B}_1$ 的法向分量为零。

3.5　坡印廷定理和坡印廷矢量

3.5.1　坡印廷定理

坡印廷定理是表征电磁能量守恒关系的定理，是根据麦克斯韦方程组（包含法拉第电磁感应定律及改进的安培定律等）推导出来的，其认为电磁场中的电场强度 $\boldsymbol{E}$ 与磁场强度 $\boldsymbol{H}$ 叉乘所得的矢量（即 $\boldsymbol{E}\times\boldsymbol{H}=\boldsymbol{S}$）代表电磁场瞬时能流密度，称 $\boldsymbol{S}$ 为坡印廷矢量：

$$\boldsymbol{S}=\boldsymbol{E}\times\boldsymbol{H} \tag{3-75}$$

其方向垂直于 $\boldsymbol{E}$ 矢量和 $\boldsymbol{H}$ 矢量组成的平面，其大小表示单位时间内通过垂直于能量传输方向的单位面积的电磁能量，坡印廷矢量是描述电磁场能量流动的物理量。坡印廷定理有两种方式：微分形式和积分形式。

坡印廷定理的微分形式为

$$-\nabla\cdot(\boldsymbol{E}\times\boldsymbol{H})=\boldsymbol{H}\cdot\frac{\partial\boldsymbol{B}}{\partial t}+\boldsymbol{E}\cdot\frac{\partial\boldsymbol{D}}{\partial t}+\boldsymbol{E}\cdot\boldsymbol{J} \tag{3-76}$$

积分形式为

$$-\oint_S(\boldsymbol{E}\times\boldsymbol{H})\mathrm{d}S=\frac{\partial}{\partial \boldsymbol{t}}\iiint_V\left(\frac{1}{2}\boldsymbol{E}\cdot\boldsymbol{D}+\frac{1}{2}\boldsymbol{H}\cdot\boldsymbol{B}\right)\mathrm{d}V+\iiint_V\boldsymbol{E}\cdot\boldsymbol{J}\mathrm{d}V \tag{3-77}$$

即

$$-\oint_S(\boldsymbol{E}\times\boldsymbol{H})\mathrm{d}S=\frac{\partial}{\partial \boldsymbol{t}}\iiint_V\left(\frac{1}{2}\varepsilon\boldsymbol{E}^2+\frac{1}{2}\mu\boldsymbol{H}^2\right)\mathrm{d}V+\iiint_V\boldsymbol{E}\cdot\boldsymbol{J}\mathrm{d}V \tag{3-78}$$

式中，第一项 $-\oint_S(\boldsymbol{E}\times\boldsymbol{H})\mathrm{d}S$ 表示电磁场在单位时间内通过封闭曲面 S 进入体积 V 的电磁场能量，即通过封闭曲面 S 进入体积 V 的电磁功率；第二项 $\frac{\partial}{\partial t}\iiint_V\left(\frac{1}{2}\varepsilon\boldsymbol{E}^2+\frac{1}{2}\mu\boldsymbol{H}^2\right)\mathrm{d}V$ 表示电磁场在体积 V 内单位时间电场和磁场能量的增加，即电磁场在体积 V 内电磁能量的增加率；第三项 $\iiint_V\boldsymbol{E}\cdot\boldsymbol{J}\mathrm{d}V$ 表示在体积 V 内单位时间从转变为焦耳热能的电磁能量，即体积 V 内的损耗功率。

坡印廷定理的物理意义是：流入体积 V 内的电磁功率等于体积 V 内电磁能量的增加率与体积 V 内损耗的电磁功率之和。下面将给出坡印廷定理微分形式的证明。

电场能量密度为

$$\boldsymbol{w}_{\mathrm{e}}=\frac{1}{2}\boldsymbol{D}\cdot\boldsymbol{E}=\frac{1}{2}\varepsilon\boldsymbol{E}^2 \tag{3-79}$$

磁场能量密度为

$$\boldsymbol{w}_{\mathrm{m}}=\frac{1}{2}\boldsymbol{H}\cdot\boldsymbol{B}=\frac{1}{2}\mu\boldsymbol{H}^2 \tag{3-80}$$

电磁波能量密度为

$$\boldsymbol{w}=\boldsymbol{w}_{\mathrm{e}}+\boldsymbol{w}_{\mathrm{m}}=\frac{1}{2}\left(\varepsilon\boldsymbol{E}^2+\frac{1}{2}\mu\boldsymbol{H}^2\right) \tag{3-81}$$

对麦克斯韦第一方程和第二方程进行物理量算符运算，得到

$$\boldsymbol{E}\cdot\nabla\times\boldsymbol{H}=\boldsymbol{E}\cdot\left(\boldsymbol{J}+\frac{\partial\boldsymbol{D}}{\partial t}\right) \tag{3-82}$$

$$\boldsymbol{H}\cdot\nabla\times\boldsymbol{E}=\boldsymbol{H}\cdot\left(-\frac{\partial\boldsymbol{B}}{\partial t}\right) \tag{3-83}$$

用式（3-82）减去式（3-83）得到

$$\boldsymbol{H}\cdot\nabla\times\boldsymbol{E}-\boldsymbol{E}\cdot\nabla\times\boldsymbol{H}=-\boldsymbol{H}\cdot\frac{\partial\boldsymbol{B}}{\partial t}-\boldsymbol{E}\cdot\boldsymbol{J}-\boldsymbol{E}\cdot\frac{\partial\boldsymbol{D}}{\partial t} \tag{3-84}$$

注意到

$$\boldsymbol{H}\cdot\frac{\partial \boldsymbol{B}}{\partial t}=\boldsymbol{H}\cdot\frac{\partial(\mu \boldsymbol{H})}{\partial t}=\frac{\partial}{\partial t}(\mu \boldsymbol{H}\cdot\boldsymbol{H})=\frac{\partial}{\partial t}\left(\frac{1}{2}\mu \boldsymbol{H}^2\right) \tag{3-85}$$

$$\boldsymbol{E}\cdot\frac{\partial \boldsymbol{D}}{\partial t}=\boldsymbol{H}\cdot\frac{\partial(\varepsilon \boldsymbol{E})}{\partial t}=\frac{\partial}{\partial t}(\varepsilon \boldsymbol{E}\cdot\boldsymbol{E})=\frac{\partial}{\partial t}\left(\frac{1}{2}\varepsilon \boldsymbol{E}^2\right) \tag{3-86}$$

将式（3-85）和式（3-86）代入式（3-84），得到

$$\begin{aligned}\boldsymbol{H}\cdot\nabla\times\boldsymbol{E}-\boldsymbol{E}\cdot\nabla\times\boldsymbol{H}&=-\boldsymbol{H}\cdot\frac{\partial \boldsymbol{B}}{\partial t}-\boldsymbol{E}\cdot\frac{\partial \boldsymbol{D}}{\partial t}-\boldsymbol{E}\cdot\boldsymbol{J}\\&=-\frac{\partial}{\partial t}\left(\frac{1}{2}\mu \boldsymbol{H}^2+\frac{1}{2}\varepsilon \boldsymbol{E}^2\right)-\boldsymbol{E}\cdot\boldsymbol{J}\end{aligned} \tag{3-87}$$

把矢量恒等式$\nabla\cdot(\boldsymbol{E}\times\boldsymbol{H})=\boldsymbol{H}\cdot(\nabla\times\boldsymbol{E})-\boldsymbol{E}\cdot(\nabla\times\boldsymbol{H})$代入式（3-87），有

$$\begin{aligned}\nabla\cdot(\boldsymbol{E}\times\boldsymbol{H})&=-\boldsymbol{H}\cdot\frac{\partial \boldsymbol{B}}{\partial t}-\boldsymbol{E}\cdot\frac{\partial \boldsymbol{D}}{\partial t}-\boldsymbol{E}\cdot\boldsymbol{J}\\&=-\frac{\partial}{\partial t}\left(\frac{1}{2}\mu \boldsymbol{H}^2+\frac{1}{2}\varepsilon \boldsymbol{E}^2\right)-\boldsymbol{E}\cdot\boldsymbol{J}\\&=-\frac{\partial}{\partial t}\left(\frac{1}{2}\mu \boldsymbol{H}^2\right)-\frac{1}{2}(\varepsilon \boldsymbol{E}^2)-\boldsymbol{E}\cdot\boldsymbol{J}\\&=-\frac{\partial \boldsymbol{w}_{\mathrm{e}}}{\partial t}-\frac{\partial \boldsymbol{w}_{\mathrm{h}}}{\partial t}-\boldsymbol{E}\cdot\boldsymbol{J}\end{aligned} \tag{3-88}$$

这样，就完成了坡印廷定理微分形式（3-76）的证明。

进一步应用场论分析的知识，很容易完成坡印廷定理积分形式的证明。将坡印廷定理微分形式（3-76）在一定的体积内积分，并应用场论分析中的一个定理：某矢量散度的体积分等于该矢量在围成该体积的封闭曲面上的面积分，从而得到

$$\begin{aligned}\iiint_V\nabla\cdot(\boldsymbol{E}\times\boldsymbol{H})\mathrm{d}V&=-\oint\!\!\!\oint_S(\boldsymbol{E}\times\boldsymbol{H})\mathrm{d}S\\&=-\frac{\partial}{\partial t}\iiint_V\left(\frac{1}{2}\varepsilon \boldsymbol{E}^2+\frac{1}{2}\mu \boldsymbol{H}^2\right)\mathrm{d}V-\iiint_V\boldsymbol{E}\cdot\boldsymbol{J}\mathrm{d}V\\&=-\frac{\partial}{\partial t}\iiint_V(\boldsymbol{w}_{\mathrm{e}}+\boldsymbol{w}_{\mathrm{h}})\mathrm{d}V-\iiint_V\boldsymbol{E}\cdot\boldsymbol{J}\mathrm{d}V\end{aligned} \tag{3-89}$$

这样，就完成了坡印廷定理积分形式的证明。

由于时谐电磁场广泛地应用在实践中，很多材料的介电系数和磁导率是复数，因此，掌握坡印廷定理的复数形式是非常必要的，在磁致伸缩生物传感器的系统理论研究中有重要价值。

3.5.2　等效复介电常数和复磁导率

实际的媒质都是有损耗的，导电媒质存在欧姆损耗，电介质的极化存在电极

化损耗，磁介质的磁化存在磁化损耗。损耗的大小除与媒质的材料有关外，也与电磁场的频率和温度相关。一些媒质在低频场中损耗可以忽略，而在高频场中损耗往往就不能忽略了。实际上，从材料物理本质上说，介电常数和磁导率都存在色散规律，它们都是频率、温度等物理量的复变函数，只是在通常适当的情况下，作为一种近似，只取其实部。

在时谐电磁场中，对于有电极化损耗的材料，表征其电极化特性的介电常数就是一个复数：

$$\varepsilon = \varepsilon' - \mathrm{j}\varepsilon'' \tag{3-90}$$

称其为复介电常数。在高频时谐场中，ε'和ε''都是频率的函数。虚部ε''表征电介质中的电极化损耗，是大于零的正数。

对于复介电常数为ε、电导率为σ的导电媒质，麦克斯韦方程（3-8）第一式可写为

$$\begin{aligned}\nabla \times \boldsymbol{H}(\boldsymbol{r}) &= \boldsymbol{J}(\boldsymbol{r}) + \mathrm{j}\omega \boldsymbol{D}(\boldsymbol{r}) \\ &= \sigma \boldsymbol{E} + \mathrm{j}\omega\varepsilon \boldsymbol{E} \\ &= \mathrm{j}\omega\left[\varepsilon' - \mathrm{j}\left(\varepsilon'' + \frac{\sigma}{\omega}\right)\right]\boldsymbol{E} \\ &= \mathrm{j}\omega\varepsilon_{\mathrm{c}}\boldsymbol{E}\end{aligned} \tag{3-91}$$

式中

$$\varepsilon_{\mathrm{c}} = \varepsilon' - \mathrm{j}\left(\varepsilon'' + \frac{\sigma}{\omega}\right) \tag{3-92}$$

称为等效复介电常数。这样，就使得此类导电媒质的欧姆损耗和电极化损耗以负虚数形式反映在媒质的本构关系中。

在工程上，通常用损耗角正切$\tan\delta_{\varepsilon}$来表征电介质的损耗特性，其定义为

$$\tan\delta_{\varepsilon} = \frac{\varepsilon''}{\varepsilon'} \tag{3-93}$$

对于只有欧姆损耗的导电媒质，其损耗角正切为

$$\tan\delta_{\sigma} = \frac{\sigma/\omega}{\varepsilon} = \frac{\sigma}{\omega\varepsilon} \tag{3-94}$$

式中，$\frac{\sigma}{\omega\varepsilon}$描述了导电媒质中的传导电流与位移电流的振幅之比。当$\frac{\sigma}{\omega\varepsilon} \ll 1$时，媒质中传导电流的振幅远远小于位移电流的振幅，因此称为弱导电媒质或良绝缘体；当$\frac{\sigma}{\omega\varepsilon} \gg$时，媒质中传导电流的振幅远远大于位移电流的振幅，因此称为良导体。这里要强调的是，凡是研究电磁场的问题，都要注意频率，因为很多物理量都是频率的函数，同一种媒质在低频时可能是良导体，而在很高的频率时就可能变得类似于绝缘体了。

在时谐电磁场中，对于存在磁化损耗的磁介质，表征其磁化特性的磁导率也是一个复数，即

$$\mu_c = \mu' - j\mu'' \tag{3-95}$$

称为复磁导率。在高频时谐场中，μ'和μ''都是频率的函数。其中，μ''表征磁介质中的磁化损耗，是大于零的正数。磁介质的损耗角正切 $\tan\delta_\mu$定义为

$$\tan\delta_\mu = \frac{\mu''}{\mu'} \tag{3-96}$$

3.5.3　平均坡印廷矢量和复数形式的坡印廷定理

前面讨论的坡印廷矢量 $\boldsymbol{S}$ 是瞬时值。实际应用中，我们研究的电磁场是时谐场，在这种情况下，一个周期内的平均能流密度矢量 $\boldsymbol{S}_a$ 就更有意义。$\boldsymbol{S}_a$ 定义如下：

$$\boldsymbol{S}_a = \frac{1}{T}\int_0^T \boldsymbol{S}\mathrm{d}t = \frac{\omega}{2\pi}\int_0^{\frac{2\pi}{\omega}} \boldsymbol{S}\mathrm{d}t \tag{3-97}$$

式中，$T = \dfrac{2\pi}{\omega}$为时谐电磁场的周期；$\boldsymbol{S}_a$称为平均坡印廷矢量，代表能流密度在一个时间周期内的平均取值，并且可以表示成：

$$\boldsymbol{S}_a = \frac{1}{2}\mathrm{Re}(\boldsymbol{E}\times\boldsymbol{H}^*) \tag{3-98}$$

式中，$\boldsymbol{E}$ 是复电场强度矢量；$\boldsymbol{H}^*$ 是共轭复磁场强度矢量，稍后将给出证明。

复数积分形式的坡印廷定理为

$$\begin{aligned}
&-\oint_S \frac{1}{2}(\boldsymbol{E}\times\boldsymbol{H}^*)\cdot \mathrm{d}\boldsymbol{S}\\
&= \iiint_V \left(\frac{1}{2}\omega\varepsilon''\boldsymbol{E}\cdot\boldsymbol{E}^* + \frac{1}{2}\omega\mu''\boldsymbol{H}\cdot\boldsymbol{H}^* + \frac{1}{2}\sigma\boldsymbol{E}\cdot\boldsymbol{E}^*\right)\mathrm{d}V\\
&\quad + \mathrm{j}\omega\iiint_V \left(\frac{1}{2}\mu'\boldsymbol{H}\cdot\boldsymbol{H}^* - \frac{1}{2}\varepsilon'\boldsymbol{E}\cdot\boldsymbol{E}^*\right)\mathrm{d}V\\
&= \iiint_V (p_{ea} + p_{ma} + p_{ja})\mathrm{d}V + \iiint_V (w_{ma} - w_{ea})\mathrm{d}V
\end{aligned} \tag{3-99}$$

式中，各电磁物理量（介电系数、磁导率、电场强度、磁场强度）都是复数形式的物理量。

单位体积内的介电损耗密度平均值为

$$p_{ea} = \frac{1}{2}\omega\varepsilon''\boldsymbol{E}\cdot\boldsymbol{E}^* \tag{3-100}$$

单位体积内的磁损耗密度平均值为

$$p_{ma} = \frac{1}{2}\omega\mu''\boldsymbol{H}\cdot\boldsymbol{H}^* \tag{3-101}$$

单位体积内的焦耳热损耗密度平均值为

$$p_{ja} = \frac{1}{2}\sigma \boldsymbol{E} \cdot \boldsymbol{E}^* \tag{3-102}$$

单位体积内的磁场能量密度平均值为

$$w_{ma} = j\omega \frac{1}{2}\mu' \boldsymbol{H} \cdot \boldsymbol{H}^* \tag{3-103}$$

单位体积内的电场能量密度平均值为

$$w_{ea} = \frac{1}{2} j\omega\varepsilon' \boldsymbol{E} \cdot \boldsymbol{E}^* \tag{3-104}$$

复数积分形式的坡印廷定理阐明：式（3-99）左端表示进入封闭曲面的复功率，其实部代表有功功率，虚部代表无功功率。式（3-99）右端实部表示封闭曲面 S 包围的体积 V 内的有功功率，即功率的时间平均值，虚部表示无功功率。

1. 关于平均坡印廷矢量的证明

把坡印廷矢量表示为复数形式：

$$\begin{aligned}
\boldsymbol{S} &= \boldsymbol{E} \times \boldsymbol{H} = \mathrm{Re}(\boldsymbol{E}_m e^{j\omega t}) \times \mathrm{Re}(\boldsymbol{H}_m e^{j\omega t}) \\
&= \frac{1}{2}[\boldsymbol{E}_m e^{j\omega t} + (\boldsymbol{E}_m e^{j\omega t})^*] \times \frac{1}{2}[\boldsymbol{H}_m e^{j\omega t} + (\boldsymbol{H}_m e^{j\omega t})^*] \\
&= \frac{1}{4}[\boldsymbol{E}_m \times \boldsymbol{H}_m e^{j2\omega t} + \boldsymbol{E}_m^* \times \boldsymbol{H}_m^* e^{-j2\omega t}] + \frac{1}{4}[\boldsymbol{E}_m \times \boldsymbol{H}_m^* + \boldsymbol{E}_m^* \times \boldsymbol{H}_m] \\
&= \frac{1}{4}[\boldsymbol{E}_m \times \boldsymbol{H}_m e^{j2\omega t} + (\boldsymbol{E}_m \times \boldsymbol{H}_m e^{j2\omega t})^*] + \frac{1}{4}[\boldsymbol{E}_m \times \boldsymbol{H}^* + (\boldsymbol{E}_m \times \boldsymbol{H}_m^*)^*] \\
&= \frac{1}{2}\mathrm{Re}[\boldsymbol{E}_m \times \boldsymbol{H}_m e^{j2\omega t}] + \frac{1}{2}\mathrm{Re}[\boldsymbol{E}_m \times \boldsymbol{H}^*]
\end{aligned} \tag{3-105}$$

代入式（3-97）得到

$$\begin{aligned}
\boldsymbol{S}_a &= \frac{1}{T}\int_0^T \boldsymbol{S}\mathrm{d}t = \frac{\omega}{2\pi}\int_0^{\frac{2\pi}{\omega}} \boldsymbol{S}\mathrm{d}t \\
&= \frac{\omega}{2\pi}\int_0^{\frac{2\pi}{\omega}} \left(\frac{1}{2}\mathrm{Re}[\boldsymbol{E}_m \times \boldsymbol{H}_m e^{j2\omega t}] + \frac{1}{2}\mathrm{Re}[\boldsymbol{E}_m \times \boldsymbol{H}_m^*]\mathrm{d}t\right. \\
&= \frac{1}{2}\mathrm{Re}[\boldsymbol{E}_m \times \boldsymbol{H}_m^*]
\end{aligned} \tag{3-106}$$

注意上式中：

$$\int_0^{\frac{2\pi}{\omega}} \frac{1}{2}\mathrm{Re}[\boldsymbol{E}_m \times \boldsymbol{H}_m e^{j2\omega t}]\mathrm{d}t = 0$$

这样就完成了对（3-98）的证明。

2. 关于复数形式的坡印廷定理的证明

利用矢量恒等式：$\nabla \cdot (\boldsymbol{A} \times \boldsymbol{B}) = \boldsymbol{B} \cdot (\nabla \times \boldsymbol{A}) - \boldsymbol{A} \cdot (\nabla \times \boldsymbol{B})$，得到：

$$\nabla\cdot\left(\frac{1}{2}\boldsymbol{E}\times\boldsymbol{H}^*\right)=\frac{1}{2}\boldsymbol{H}^*\cdot(\nabla\times\boldsymbol{E})-\frac{1}{2}\boldsymbol{E}\cdot(\nabla\times\boldsymbol{H}^*) \tag{3-107}$$

将复数形式的麦克斯韦微分方程

$$\begin{aligned}\nabla\times\boldsymbol{H}(\boldsymbol{r})&=\boldsymbol{J}(r)+\mathrm{j}\omega\boldsymbol{D}(r)\\\nabla\times\boldsymbol{H}^*(\boldsymbol{r})&=\boldsymbol{J}^*(r)-\mathrm{j}\omega\boldsymbol{D}^*(r)\\\nabla\times\boldsymbol{E}(\boldsymbol{r})&=-\mathrm{j}\omega\boldsymbol{B}(r)\end{aligned} \tag{3-108}$$

代入式（3-107），得

$$\begin{aligned}\nabla\cdot\left(\frac{1}{2}\boldsymbol{E}\times\boldsymbol{H}^*\right)&=\frac{1}{2}\boldsymbol{H}^*\cdot(\nabla\times\boldsymbol{E})-\frac{1}{2}\boldsymbol{E}\cdot(\nabla\times\boldsymbol{H}^*)\\&=\frac{1}{2}\boldsymbol{H}^*\cdot(-\mathrm{j}\omega\boldsymbol{B})-\frac{1}{2}\boldsymbol{E}\cdot(\boldsymbol{J}^*-\mathrm{j}\omega\boldsymbol{D}^*)\\&=-\frac{1}{2}\boldsymbol{E}\cdot\boldsymbol{J}^*-\frac{1}{2}\mathrm{j}\omega\left(\boldsymbol{B}\cdot\boldsymbol{H}^*-\frac{1}{2}\boldsymbol{E}\cdot\boldsymbol{D}^*\right)\end{aligned} \tag{3-109}$$

将上式对体积积分，并应用散度定理，得

$$\begin{aligned}-\oint\!\!\!\oint_S\frac{1}{2}(\boldsymbol{E}\times\boldsymbol{H}^*)\mathrm{d}S&=\iiint_V\frac{1}{2}\boldsymbol{E}\cdot\boldsymbol{J}^*\mathrm{d}V\\&\quad+\iiint_V\frac{1}{2}\mathrm{j}\omega\left(\boldsymbol{B}\cdot\boldsymbol{H}^*-\frac{1}{2}\boldsymbol{E}\cdot\boldsymbol{D}^*\right)\mathrm{d}V\end{aligned} \tag{3-110}$$

将电磁场复数形式的本构关系

$$\begin{aligned}\boldsymbol{D}&=\varepsilon\boldsymbol{E}=(\varepsilon'-\mathrm{j}\varepsilon'')\boldsymbol{E}\\\boldsymbol{B}&=\mu\boldsymbol{H}=(\mu'-\mathrm{j}\mu'')\boldsymbol{H}\\\boldsymbol{J}&=\sigma\boldsymbol{E}\end{aligned} \tag{3-111}$$

代入式（3-110），得到

$$\begin{aligned}&-\oint\!\!\!\oint_S\frac{1}{2}(\boldsymbol{E}\times\boldsymbol{H}^*)\mathrm{d}S\\&=\iiint_V\frac{1}{2}\boldsymbol{E}\cdot\boldsymbol{J}^*\mathrm{d}V+\iiint_V\frac{1}{2}\mathrm{j}\omega\left(\boldsymbol{B}\cdot\boldsymbol{H}^*-\frac{1}{2}\boldsymbol{E}\cdot\boldsymbol{D}^*\right)\mathrm{d}V\\&=\iiint_V\frac{1}{2}\sigma\boldsymbol{E}\cdot\boldsymbol{E}^*\mathrm{d}V+\iiint_V\frac{1}{2}\mathrm{j}\omega\left[(\mu'-\mathrm{j}\mu'')\boldsymbol{H}\cdot\boldsymbol{H}^*-\frac{1}{2}\boldsymbol{E}\cdot(\varepsilon'-\mathrm{j}\varepsilon'')\boldsymbol{E}^*\right]\mathrm{d}V\\&=\iiint_V\left(\frac{1}{2}\omega\varepsilon''\boldsymbol{E}\cdot\boldsymbol{E}^*+\frac{1}{2}\omega\mu''\boldsymbol{H}\cdot\boldsymbol{H}^*+\frac{1}{2}\sigma\boldsymbol{E}\cdot\boldsymbol{E}^*\right)\mathrm{d}V\\&\quad+\mathrm{j}\omega\iiint_V\frac{1}{2}\left(\mu'\boldsymbol{H}\cdot\boldsymbol{H}^*-\frac{1}{2}\varepsilon'\boldsymbol{E}\cdot\boldsymbol{E}^*\right)\mathrm{d}V\\&=\iiint_V(p_{\mathrm{eq}}+p_{\mathrm{ma}}+p_{\mathrm{ja}})\mathrm{d}V\iiint_V(w_{\mathrm{ma}}-w_{\mathrm{ea}})\mathrm{d}V\end{aligned} \tag{3-112}$$

这样就完成了对复数形式的坡印廷定理的证明。需要强调的是，式中 $\boldsymbol{E}$、$\boldsymbol{H}$、$\boldsymbol{B}$

和 $\boldsymbol{D}$ 皆为复振幅矢量。

3. 时谐电磁场的复数形式

设时谐电场强度和磁场强度分别为

$$\begin{aligned} \boldsymbol{E}(r,t) &= \mathrm{Re}[\boldsymbol{E}_{\mathrm{A}}(r)\mathrm{e}^{i(\omega t+\varphi_{\mathrm{e}})}] = \mathrm{Re}[\boldsymbol{E}_{\mathrm{m}}(r)\mathrm{e}^{i\omega t}] \\ \boldsymbol{H}(r,t) &= \mathrm{Re}[\boldsymbol{H}_{\mathrm{A}}(r)\mathrm{e}^{i(\omega t+\varphi_{\mathrm{h}})}] = \mathrm{Re}[\boldsymbol{H}_{\mathrm{m}}(r)\mathrm{e}^{i\omega t}] \end{aligned} \tag{3-113}$$

能流密度矢量 $\boldsymbol{S}$ 的瞬时值为

$$\begin{aligned} \boldsymbol{S}(r,t) &= \boldsymbol{E}(r,t)\times\boldsymbol{H}(r,t) \\ &= [\boldsymbol{E}_{\mathrm{A}}(r)\times\boldsymbol{H}_{\mathrm{A}}(r)]\sin(\omega t+\varphi_{\mathrm{e}})\sin(\omega t+\varphi_{\mathrm{h}}) \end{aligned} \tag{3-114}$$

式中，$\boldsymbol{E}_{\mathrm{A}}(r)$、$\boldsymbol{H}_{\mathrm{A}}(r)$ 仅为空间函数，与时间无关，分别为时谐电磁场的电场强度和磁场强度的实振幅；$\boldsymbol{E}_{\mathrm{m}}(r)$、$\boldsymbol{H}_{\mathrm{m}}(r)$ 为复振幅；φ_{e}、φ_{h} 分别为电场强度和磁场强度时谐函数的初始相位角。时谐电磁场的能流密度矢量 $\boldsymbol{S}$ 的周期平均值为

$$\boldsymbol{S}_{\mathrm{a}}(\boldsymbol{r}) = \frac{1}{T}\int_0^T \boldsymbol{S}(r,t)\,\mathrm{d}t = \frac{1}{2}[\boldsymbol{E}_{\mathrm{A}}(r)\times\boldsymbol{H}_{\mathrm{A}}(r)]\cos(\psi_{\mathrm{e}}-\psi_{\mathrm{h}}) \tag{3-115}$$

另一方面，定义复能流密度矢量为

$$\boldsymbol{S}_{\mathrm{C}} = \frac{1}{2}(\boldsymbol{E}\times\boldsymbol{H}^{*}) \tag{3-116}$$

则经过简单运算，得到

$$\begin{aligned} \mathrm{Re}(\boldsymbol{S}_{\mathrm{C}}) &= \frac{1}{2}[\boldsymbol{E}_{\mathrm{A}}(r)\times\boldsymbol{H}_{\mathrm{A}}(r)]\cos(\psi_{\mathrm{e}}-\psi_{\mathrm{h}}) \\ \mathrm{Im}(\boldsymbol{S}_{\mathrm{C}}) &= \frac{1}{2}[\boldsymbol{E}_{\mathrm{A}}(r)\times\boldsymbol{H}_{\mathrm{A}}(r)]\sin(\psi_{\mathrm{e}}-\psi_{\mathrm{h}}) \end{aligned} \tag{3-117}$$

比较式（3-115），得到

$$\mathrm{Re}(\boldsymbol{S}_{\mathrm{c}}) = \boldsymbol{S}_{\mathrm{a}}(r) \tag{3-118}$$

上式表明复能流密度矢量的实部就是能流密度矢量的平均值。同时还说明，复能流密度矢量的实部及虚部不仅取决于电场及磁场的振幅大小，而且与电场及磁场的相位密切相关。

3.6 理想介质中的均匀平面波

从麦克斯韦方程出发，导出了电场强度 $\boldsymbol{E}$ 和磁场强度 $\boldsymbol{H}$ 所满足的波动方程。为了研究电磁波在磁致伸缩材料中的传播规律与特点，还需了解均匀平面波。所谓均匀平面波，是指电磁波的场矢量只沿着它的传播方向变化，在与波传播方向垂直的无限大平面内，电场强度 $\boldsymbol{E}$ 和磁场强度 $\boldsymbol{H}$ 的方向、振幅和相位都保持不变，如图 3-8 所示。例如，沿直角坐标系的 z 方向传播的均匀平面波，则电场强度 $\boldsymbol{E}$ 和磁场强度 $\boldsymbol{H}$ 就只是 z 的函数，与坐标 x 和 y 无关。

3.6.1　理想介质中的均匀平面波函数

在无限大的各向同性的均匀线性媒质中，时变电磁场的非齐次波动方程为

$$\nabla^2\boldsymbol{E}(r,t)-\mu\varepsilon\frac{\partial^2\boldsymbol{E}(r,t)}{\partial t^2}=\mu\frac{\partial\boldsymbol{J}(r,t)}{\partial t}+\frac{1}{\varepsilon}\nabla\rho(r,t)$$
$$\nabla^2\boldsymbol{H}(r,t)-\mu\varepsilon\frac{\partial^2\boldsymbol{H}(r,t)}{\partial t^2}=-\nabla\times\boldsymbol{J}(r,t)\tag{3-119}$$

式中

$$\boldsymbol{J}(r,t)=\boldsymbol{J}'(r,t)+\sigma\boldsymbol{E}(r,t)$$

式中，$\boldsymbol{J}'(r,t)$是外源，并且电荷体密度$\rho(r,t)$与传导电流$\sigma\boldsymbol{E}(r,t)$的关系为

$$\nabla\cdot(\sigma\boldsymbol{E})=-\frac{\partial\rho}{\partial t}\tag{3-120}$$

若所讨论的区域中没有外源，即$\boldsymbol{J}'(r,t)=0$，且媒质为理想介质，即$\sigma=0$，此时传导电流为零，自然也不存在体分布的时变电荷，即$\rho(r,t)=0$，则得到齐次波动方程为

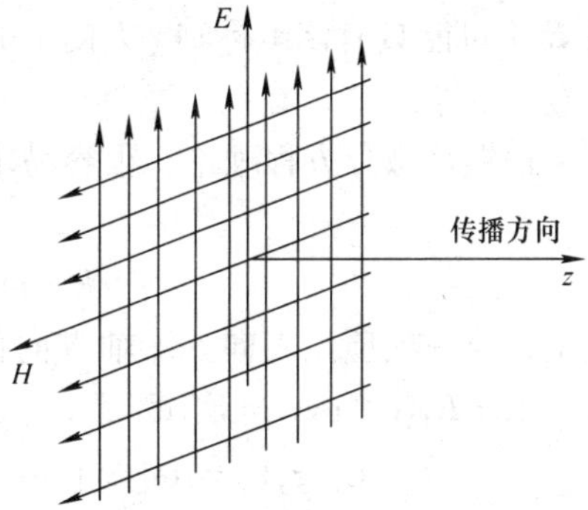

图 3-8　均匀平面波

$$\nabla^2\boldsymbol{E}(r,t)-\mu\varepsilon\frac{\partial^2\boldsymbol{E}(r,t)}{\partial t^2}=0$$
$$\nabla^2\boldsymbol{H}(r,t)-\mu\varepsilon\frac{\partial^2\boldsymbol{H}(r,t)}{\partial t^2}=0\tag{3-121}$$

对于研究平面波的传播特性，仅需求解上述齐次波动方程即可。通常，加载到磁致伸缩生物传感器的电磁场大多是正弦电磁场，则上式可变为

$$\nabla^2\boldsymbol{E}(r)+k^2\boldsymbol{E}(r)=0\tag{3-122}$$
$$\nabla^2\boldsymbol{H}(r)+k^2\boldsymbol{H}(r)=0\tag{3-123}$$

这两个方程称为齐次矢量亥姆霍兹方程，式中$k=\omega\sqrt{\mu\varepsilon}$。

如果选用直角坐标系，则齐次矢量亥姆霍兹方程变换为

$$\frac{\mathrm{d}^2E_x}{\mathrm{d}z^2}+k^2E_x=0$$
$$\frac{\mathrm{d}^2E_y}{\mathrm{d}z^2}+k^2E_y=0\tag{3-124}$$
$$\frac{\mathrm{d}^2E_z}{\mathrm{d}z^2}+k^2E_z=0$$
$$\frac{\mathrm{d}^2H_x}{\mathrm{d}z^2}+k^2H_x=0$$

$$\frac{d^2H_y}{dz^2}+k^2H_y=0$$
$$\frac{d^2H_z}{dz^2}+k^2H_z=0 \tag{3-125}$$

这两个方程组称为齐次标量亥姆霍兹方程。显然，由于各个分量方程结构相同，它们的解具有同一形式。在直角坐标系中，若时变电磁场的场量，如电场强度 $\boldsymbol{E}$，仅与一个坐标变量有关，比如只与 z 有关，则可以证明该时变电磁场的场量 $\boldsymbol{E}$ 不可能具有该坐标轴 z 方向上的分量，即一定有

$$\boldsymbol{E}_z=\boldsymbol{H}_z=0$$

根据常微分方程理论，很容易求出电场强度分量 $\boldsymbol{E}_x$ 的亥姆霍兹方程的通解为

$$E_x(z)=A_1e^{jkz}+A_2e^{jkz} \tag{3-126}$$

式中，第一项项代表向正 z 轴方向传播的波；第二项代表向负 z 轴方向传播的波；$\boldsymbol{A}_1=\boldsymbol{E}_{1A}e^{j\varphi_1}$；$\boldsymbol{A}_2=\boldsymbol{E}_{2A}e^{j\varphi_2}$，$\varphi_1$，$\varphi_2$ 分别为 A_1、A_2 的辐角。瞬时表达式则为

$$\begin{aligned}E_x(z,t)&=\mathrm{Re}[E_x(z)e^{j\omega t}]\\&=E_{1A}\cos(\omega t-kz+\varphi_1)+E_{2A}\cos(\omega t+kz+\varphi_2)\end{aligned} \tag{3-127}$$

3.6.2　理想介质中的均匀平面波的传播特点

1. 平面电磁波的电场表达式

式（3-127）的第一项代表沿 $+z$ 方向传播的均匀平面波，第二项代表沿 $-z$ 方向传播的均匀平面波。对于无界的均匀媒质中只存在沿一个方向传播的波，因为无界，所以没有反射，仅考虑向 z 轴正方向传播的电磁场的电场表达式，即

$$E_x(z)=E_{xA}e^{-jkz}e^{j\varphi_x}=E_{xm}e^{-jkz} \tag{3-128}$$

式中，$\boldsymbol{E}_{xA}$ 为电场强度的实模；$\boldsymbol{E}_{xm}$ 为电场强度的复模。其瞬时表达式为

$$E_x(z,t)=\mathrm{Re}(E_{xm}e^{-jkz})=E_{xA}\cos(wt-kz+j_x) \tag{3-129}$$

电场强度随着时间 t 及空间 z 的变化波形如图 3-9 所示。显然，场分量 $E_x(z,t)$ 既是时间的周期函数，又是空间坐标的周期函数。

式（3-129）中 ωt 称为时间相位，kz 称为空间相位，空间相位相等的点组成的曲面称为波面。由式（3-121）可见，z 为常数的波面为平面。因此，这种电磁波称为平面波。在 $z=$ 常数的平面上，$E_x(z,t)$ 随时间 t 作周期性变化。图 3-10 给出了 $E_x(0,t)=E_{xm}\cos\omega t$ 的变化曲线，取 $\varphi_x=0$。时间相位变化 2π 所经历的时间称为电磁波的周

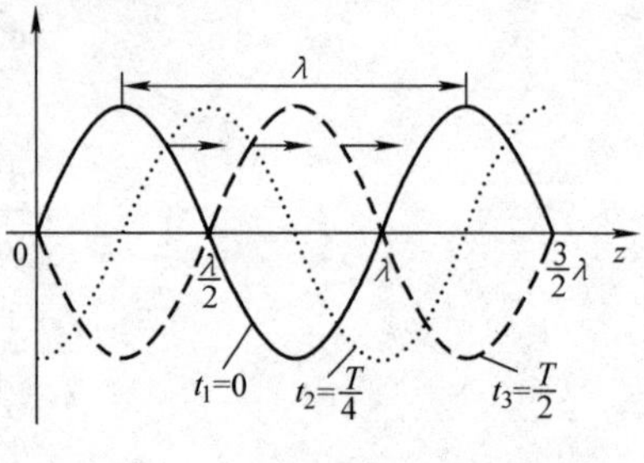

图 3-9　沿 z 轴方向传播的平面波

期，用 T 表示，而 1s 内相位变化 2π 的次数称为频率，用 f 表示。由 $\omega T=2\pi$ 得到场量随时间变化的周期为

$$T=\frac{2\pi}{\omega}=\frac{1}{f} \tag{3-130}$$

电磁波的频率为

$$f=\frac{1}{T}=\frac{\omega}{2\pi} \tag{3-131}$$

在任意固定时刻，$E_x(z,t)$ 随空间坐标 z 作周期性变化，图 3-11 给出了 $E_x(z,0)=E_{xm}\cos kz$ 的变化曲线。

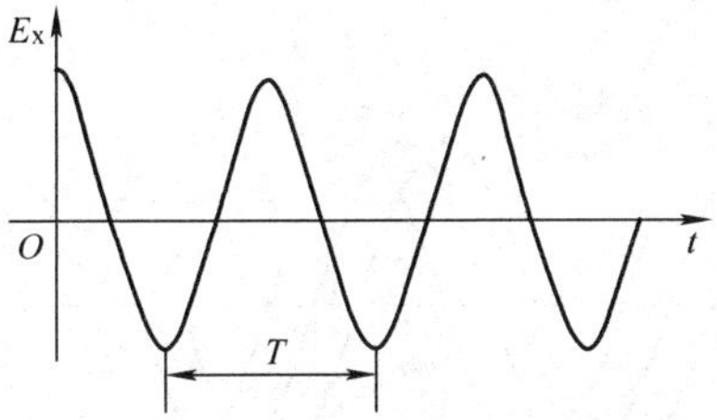

图 3-10　固定平面上电场强度随时间的变化曲线

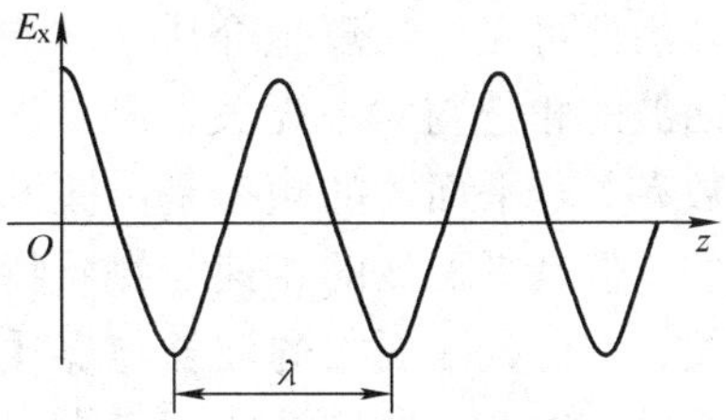

图 3-11　固定时间电场强度随空间坐标的变化曲线

kz 为空间相位，k 表示波传播单位距离的相位变化，称为相位常数，单位为 rad/m。在任意固定时刻，空间相位差为 2π 的两个波阵面之间的距离称为电磁波的波长，用 λ 表示。由 $k\lambda=2\pi$ 可得

$$\lambda=\frac{2\pi}{k} \tag{3-132}$$

由此可知，电磁波的频率是描述相位随时间的变化特性，而波长描述相位随空间的变化特性。由上式还可得到：

$$k=\frac{2\pi}{\lambda} \tag{3-133}$$

k 又称为波数，其大小可衡量 2π 长度内具有的全波数目。

注意到齐次矢量亥姆霍兹方程中 k 的定义为

$$k=\omega\sqrt{\mu\varepsilon}=2\pi f\sqrt{\mu\varepsilon} \tag{3-134}$$

代入式（3-133）可得

$$\lambda=\frac{1}{f\sqrt{\mu\varepsilon}} \tag{3-135}$$

可见，电磁波的波长不仅与频率有关，还与媒质电磁参数有关。

电磁波的等相位面在空间中的移动速度称为相位速度，简称相速，用 V_p 表示。图 3-12 给出了 $E_x(z,t)=E_{xA}\cos(\omega t-kz)$ 在几个不同时刻的图形，对于波上

任一固定观察点（如波峰点 P），其相位为恒定值，即 $\omega t-kz=$ 常数，于是 $\omega\mathrm{d}t-k\mathrm{d}z=0$，由此计算出均匀平面波的相速为

$$V_{\mathrm{p}}=\frac{\mathrm{d}z}{\mathrm{d}t}=\frac{\omega}{k} \tag{3-136}$$

将 $k=\omega\sqrt{\mu\varepsilon}$ 代入，得到

$$V_{\mathrm{p}}=\frac{1}{\sqrt{\varepsilon\mu}}=\frac{1}{\sqrt{\varepsilon_0\mu_0}}\frac{1}{\sqrt{\varepsilon_{\mathrm{r}}\mu_{\mathrm{r}}}}=\frac{c}{\sqrt{\varepsilon_{\mathrm{r}}\mu_{\mathrm{r}}}}<c \tag{3-137}$$

式中，c 为真空中的光速。考虑到一切媒质相对介电常数 $\varepsilon_{\mathrm{r}}>1$，又通常相对磁导率 $\mu_{\mathrm{r}}\approx1$，因此，理想介质中均匀平面波的相速通常小于真空中的光速。

由此可见，在理想介质中，均匀平面波的相速与频率无关，但与媒质参数有关。平面波的频率是由波源决定的，但是平面波的相速与媒质特性有关，因此，平面波的波长与媒质特性有关。注意，电磁波的相速有时可以超过光速。因此，相速不一定代表能量传播速度。式（3-136）还可写为

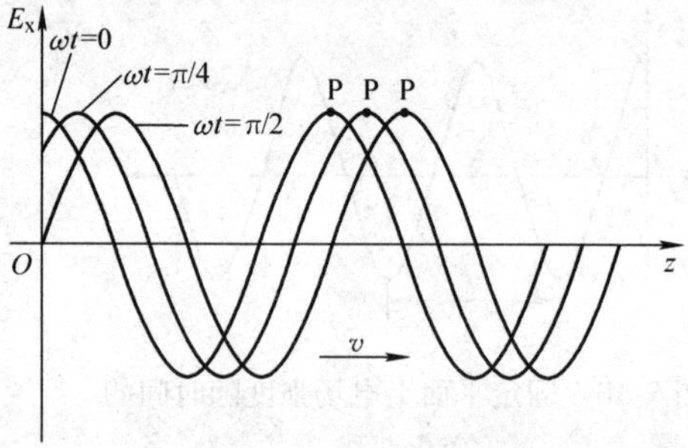

图 3-12　几个不同时刻 E_{x} 的图形

$$V_{\mathrm{p}}=\frac{\mathrm{d}z}{\mathrm{d}t}=\frac{\omega}{k}=\frac{2\pi f}{2\pi/\lambda}=\frac{f}{\lambda} \tag{3-138}$$

$$\lambda=\frac{V_{\mathrm{p}}}{f}=\frac{1}{f\sqrt{\varepsilon_0\mu_0}\sqrt{\varepsilon_{\mathrm{r}}\mu_{\mathrm{r}}}}=\frac{\lambda_0}{\sqrt{\varepsilon_{\mathrm{r}}\mu_{\mathrm{r}}}} \tag{3-139}$$

式中

$$\lambda_0=\frac{1}{f\sqrt{\varepsilon_0\mu_0}} \tag{3-140}$$

是频率为 f 的平面波在真空中传播时的波长。通常，对于理想介质 $\sqrt{\varepsilon_{\mathrm{r}}\mu_{\mathrm{r}}}>1$，所以 $\lambda<\lambda_0$，即平面波在媒质的波长小于真空中波长。这种现象称为波长缩短效应，或称为缩波效应。接下来，要考虑向 z 轴正方向传播的电磁场的磁场表达式的特点。

2. 均匀平面电磁波的磁场表达式

利用麦克斯韦方程，从已求解出的电磁波的电场表达式可解出电磁波的磁场表达式。

由麦克斯韦方程：

$$\nabla\times\boldsymbol{E}=-\mathrm{j}\omega\mu\boldsymbol{H} \tag{3-141}$$

导出：

$$\begin{aligned}\boldsymbol{H} &= -\frac{1}{\mathrm{j}\omega\mu}\nabla\times\boldsymbol{E} = -\frac{1}{\mathrm{j}\omega\mu}\nabla\times(\boldsymbol{E}_{xA}\mathrm{e}^{-\mathrm{j}(kz-\varphi_x)}) \\ &= \boldsymbol{e}_y\sqrt{\frac{\varepsilon}{\mu}}\boldsymbol{E}_{xA}\mathrm{e}^{-\mathrm{j}(kz-\varphi_x)} = \boldsymbol{e}_y\frac{1}{\eta}\boldsymbol{E}_{xA}\mathrm{e}^{-\mathrm{j}(kz-\varphi_x)}\end{aligned} \tag{3-142}$$

式中，$\boldsymbol{e}_y$为 y 轴正方向的单位矢量。其瞬时表示式为

$$\boldsymbol{H} = \boldsymbol{e}_y\frac{1}{\eta}E_{xA}\cos(\omega t - kz + \varphi_x) \tag{3-143}$$

式中

$$\eta = \sqrt{\frac{\mu}{\varepsilon}} \tag{3-144}$$

是电场的振幅与磁场的振幅之比，具有阻抗的量纲，故称为波阻抗。由于 η 的值与媒质的参数有关，因此又称为媒质的本征阻抗（或特性阻抗）。在自由空间中

$$\eta = \eta_0 = \sqrt{\frac{\mu_0}{\varepsilon_0}} = 120\pi\Omega \approx 377\Omega \tag{3-145}$$

由式（3-142）可知，磁场与电场之间的关系满足

$$\boldsymbol{H} = \frac{1}{\eta}\boldsymbol{e}_z \times \boldsymbol{E} \tag{3-146}$$

$$\boldsymbol{E} = \eta\boldsymbol{H} \times \boldsymbol{e}_z \tag{3-147}$$

由此可见，在理想介质中，均匀平面电磁波的电场与磁场相位相同，且两者空间相位均与变量 z 有关。电场 $\boldsymbol{E}$、磁场 $\boldsymbol{H}$ 与传播方向 $\boldsymbol{e}_z$ 之间相互垂直，且遵循右手螺旋关系。如图 3-13 所示，对于传播方向而言，电场及磁场仅具有横向分量，即在传播方向上的分量为零，这种电磁波称为横电磁波，或称为 TEM 波。注意，均匀平面波是 TEM 波，但是 TEM 波也可以是非均匀平面波。

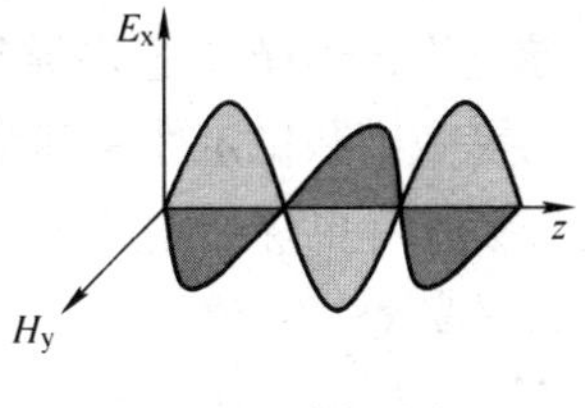

图 3-13　理想介质中平面电磁波的传播

3. 均匀平面电磁波的平均坡印廷矢量

在理想介质中，由于磁场与电场实数模之间的关系为

$$|\boldsymbol{H}| = \frac{1}{\eta}|\boldsymbol{E}| \tag{3-148}$$

所以有

$$\frac{1}{2}\varepsilon|\boldsymbol{E}|^2 = \frac{1}{2}\mu|\boldsymbol{H}|^2 \tag{3-149}$$

这说明，在理想介质中，均匀平面波的电场能量密度等于磁场能量密度。因此，电磁能量密度可表示为

$$w = w_{e} + w_{m} = \frac{1}{2}\varepsilon|\boldsymbol{E}|^{2} + \frac{1}{2}\mu|\boldsymbol{H}|^{2} = \mu|\boldsymbol{H}|^{2} = \varepsilon|\boldsymbol{E}|^{2} \tag{3-150}$$

在理想介质中，瞬时坡印廷矢量为

$$\boldsymbol{S} = \boldsymbol{E} \times \boldsymbol{H} = \frac{1}{\eta}\boldsymbol{E} \times (\boldsymbol{e}_{z} \times \boldsymbol{E}) = \boldsymbol{e}_{z}\frac{1}{\eta}|\boldsymbol{E}|^{2} \tag{3-151}$$

平均坡印廷矢量为

$$S_{av} = \frac{1}{2}\mathrm{Re}[\boldsymbol{E} \times \boldsymbol{H}^{*}] = \frac{1}{2\eta}\mathrm{Re}[\boldsymbol{E} \times (\boldsymbol{e}_{z} \times \boldsymbol{E}^{*})] = \frac{1}{2\eta}|\boldsymbol{E}|^{2} \tag{3-152}$$

注意到式（3-151），均匀平面电磁波瞬时能流密度复矢量为实数，虚部为零，这说明电磁波能量仅向正 z 方向单向流动，空间不存在来回流动的交换能量。

由以上分析可知，均匀平面电磁波电磁能量沿波的传播方向流动。电场 $\boldsymbol{E}$、磁场 $\boldsymbol{H}$ 与传播方向 $\vec{\boldsymbol{e}}_{z}$ 之间相互垂直，是横电磁波（TEM 波）。电场与磁场的振幅不会在传播中发生变化，波阻抗为实数，电场能量密度等于磁场能量密度。在理想介质中，均匀平面波的相速与频率无关，但与媒质参数有关。

3.7 导电媒质中的均匀平面波

在导电媒质中，电导率 $\sigma \neq 0$，当电磁波在导电媒质中传播时，其中必然有传导电流 $\boldsymbol{J} = \sigma\boldsymbol{E}$，这将导致电磁能量损耗，产生热量，影响磁致伸缩生物传感器的灵敏度和稳定性受到影响。由于传感器换能材料为导体，因此掌握均匀平面电磁波在导电媒质中的传播规律，对优化磁致伸缩生物传感器的系统设计就显得非常必要。

3.7.1 导电媒介中的均匀平面波函数

在均匀的导电媒介中，由麦克斯韦方程得

$$\nabla \times \boldsymbol{H} = \boldsymbol{J} + \mathrm{j}\omega\varepsilon\boldsymbol{E} = \mathrm{j}\omega\left(\varepsilon - \mathrm{j}\frac{\sigma}{\omega}\right)\boldsymbol{E} = \mathrm{j}\omega\varepsilon_{c}\boldsymbol{E} \tag{3-153}$$

$$\nabla \cdot \boldsymbol{E} = \frac{1}{\mathrm{j}\omega\varepsilon_{c}}\nabla \cdot (\nabla \times \boldsymbol{H}) = 0 \tag{3-154}$$

式中，ε_{c}为等效介电常数。由式（3-154）可知，在均匀的导电媒质中，虽然传导电流密度 $\boldsymbol{J} \neq 0$，但不存在自由电荷密度，即 $\rho = 0$。导电媒介中的均匀平面电磁波齐次矢量亥姆霍兹方程为

$$\nabla^{2}\boldsymbol{E}(r) + k_{c}^{2}\boldsymbol{E}(r) = 0 \tag{3-155}$$

$$\nabla^{2}\boldsymbol{H}(r) + k_{c}^{2}\boldsymbol{H}(r) = 0 \tag{3-156}$$

式中，$k_c=\omega\sqrt{\mu\varepsilon_c}$为导电媒介中的波数，是一个复数，可令：

$$k_c=k_1-\mathrm{j}k_2 \tag{3-157}$$

则有

$$(k_1-\mathrm{j}k_2)^2=\omega^2\mu\varepsilon_c=\omega^2\mu\left(\varepsilon-\mathrm{j}\frac{\sigma}{\omega}\right)=\omega^2\mu\varepsilon-\mathrm{j}\omega\mu\sigma$$

求得

$$k_1=\omega\sqrt{\frac{\mu\varepsilon}{2}\left(\sqrt{1+\left(\frac{\sigma}{\omega\varepsilon}\right)^2}+1\right)} \tag{3-158}$$

$$k_2=\omega\sqrt{\frac{\mu\varepsilon}{2}\left(\sqrt{1+\left(\frac{\sigma}{\omega\varepsilon}\right)^2}-1\right)} \tag{3-159}$$

这样很容易求出齐次矢量亥姆霍兹方程的解为

$$E_x=E_{xm}\mathrm{e}^{-k_2z}\mathrm{e}^{-\mathrm{j}k_1z} \tag{3-160}$$

式中，第一个指数表示电场强度的振幅随 z 的增加按指数规律不断衰减；第二个指数表示相位变化。因此，k_1 称为相位常数，单位为 rad/m；k_1 称为衰减常数，单位为 Np/m，而 k_c 称为传播常数。

参考理想媒质中的平面波电场强度瞬时表达式，很容易得到导电媒质中平面波的电场强度矢量瞬时表达式为

$$\begin{aligned}\boldsymbol{E}(z,t)&=\boldsymbol{e}_x\mathrm{Re}[E_{xm}(z)\mathrm{e}^{\mathrm{j}\omega t}]\\&=\boldsymbol{e}_x\mathrm{Re}[E_{xA}\mathrm{e}^{-k_2z}\mathrm{e}^{-\mathrm{j}k_1z}\mathrm{e}^{\mathrm{j}\omega t}]\\&=\boldsymbol{e}_xE_{xA}\mathrm{e}^{-k_2z}\cos(\omega t-k_1z)\end{aligned} \tag{3-161}$$

式中，E_{xA} 为电场强度矢量的实数模；E_{xm} 为电场强度矢量的复数模。

同理，由麦克斯韦方程得

$$\nabla\times\boldsymbol{E}=-\mathrm{j}\omega\mu\boldsymbol{H}$$

并注意到 $k_c=\omega\sqrt{\mu\varepsilon_c}$，可得到导电媒质中的磁场强度为

$$\begin{aligned}\boldsymbol{H}&=\frac{\boldsymbol{e}_y}{\omega\mu}\frac{\partial E_x}{\partial z}=\boldsymbol{e}_y\frac{k_c}{\omega\mu}E_{xA}\mathrm{e}^{-\mathrm{j}k_cz}=\boldsymbol{e}_y\sqrt{\frac{\varepsilon_c}{\mu}}E_{xA}\mathrm{e}^{-k_2z}\mathrm{e}^{-\mathrm{j}k_1z}\\&=\boldsymbol{e}_y\sqrt{\frac{\varepsilon}{\mu}\left(1-\mathrm{j}\frac{\sigma}{\omega\varepsilon}\right)}E_{xA}\mathrm{e}^{-k_2z}\mathrm{e}^{-\mathrm{j}k_1z}=\boldsymbol{e}_y\frac{1}{\eta_c}E_{xA}\mathrm{e}^{-k_2z}\mathrm{e}^{-\mathrm{j}k_1z}\end{aligned} \tag{3-162}$$

式中，k_c为传播常数；ε_c为等效介电常数；η_c为导电媒质的本征阻抗（也称本征阻抗、特征阻抗），为

$$\eta_c=\sqrt{\frac{\mu}{\varepsilon_c}} \tag{3-163}$$

波阻抗 η_c 为一复数，所以电场强度与磁场强度的相位不同。通常将波阻抗表示

为

$$\eta_c = |\eta_c| e^{j\varphi} \tag{3-164}$$

由此可知，在导电媒质中，磁场与电场的相位不相同。将 $\varepsilon_c = \varepsilon - j\sigma/\omega$ 代入式（3-163），可得

$$\eta_c = \sqrt{\frac{\mu}{\varepsilon - j\sigma/\omega}} = \left(\frac{\mu}{\varepsilon}\right)^{1/2}\left[1 + \left(\frac{\sigma}{\omega\varepsilon}\right)^2\right]^{-1/4} e^{j\frac{1}{2}\arctan\left(\frac{\sigma}{\omega\varepsilon}\right)} \tag{3-165}$$

即

$$|\eta_c| = \left(\frac{\mu}{\varepsilon}\right)^{1/2}\left[1 + \left(\frac{\sigma}{\omega\varepsilon}\right)^2\right]^{-1/4}$$

$$\varphi = \frac{1}{2}\arctan\left(\frac{\sigma}{\omega\varepsilon}\right) \tag{3-166}$$

由式（3-162）可得，磁场强度复矢量与电场强度复矢量之间满足关系：

$$\boldsymbol{H} = \frac{1}{\eta_c}\boldsymbol{e}_z \times \boldsymbol{E} \tag{3-167}$$

这证明，在导电媒质中，电场 $\boldsymbol{E}$ 磁场 $\boldsymbol{H}$ 与传播方向 $\boldsymbol{e}_z$ 之间，三个矢量仍然相互垂直，且遵循右手螺旋关系，如图 3-14 所示。

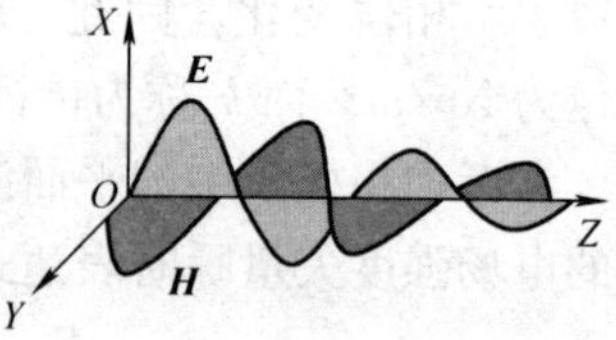

图 3-14 导电媒质中的平面电磁波

根据波长和波数的关系，可知导电媒质中平面波的波长为

$$\lambda' = \frac{2\pi}{k_1} = \frac{2\pi}{\omega\sqrt{\frac{\mu\varepsilon}{2}\left[\sqrt{1 + \left(\frac{\sigma}{\omega\varepsilon}\right)^2} + 1\right]}} \tag{3-168}$$

由此可知，波长不仅与媒质的电磁特性有关，而且与频率的关系是非线性的。导电媒质中的相速为

$$\boldsymbol{v}'_p = \frac{\omega}{k_1} = \frac{1}{\sqrt{\frac{\mu\varepsilon}{2}\left[\sqrt{1 + \left(\frac{\sigma}{\omega\varepsilon}\right)^2} + 1\right]}} \tag{3-169}$$

由此式可知，其相速不仅与媒质参数有关，而且还与频率有关。各个频率分量的电磁波以不同的相速传播，经过一段距离后，各个频率分量之间的相位关系将发生改变，由于信号是各个分量信号的叠加，叠加后的信号将发生失真，这种现象称为色散。所以导电媒质又称为色散媒质。平面波在导电媒质中传播时，振幅不断衰减的物理原因是由于电导率 σ 引起的焦耳损耗，所以导电媒质又称为有耗媒质，而电导率为零的理想介质又称为无耗媒质。对于铁磁性物质，媒质的损耗除了由于电导率引起的热损失以外，媒质的极化和磁化现象也会产生损耗，

这是因为这类媒质的介电常数及磁导率皆为复数，复介电常数和复磁导率的虚部代表损耗，分别称为极化损耗和磁化损耗。一般情况下，非铁磁性物质可以不计磁化损耗，波长大于微波的电磁波，媒质的极化损耗也可不计。

由式（3-161）和式（3-162）可得到导电媒质中的平均电场能量密度和平均磁场能量密度分别为

$$w_{ea}=\frac{1}{4}\mathrm{Re}[\varepsilon_c\boldsymbol{E}\cdot\boldsymbol{E}^*]=\frac{\varepsilon}{4}E_{mA}^2\mathrm{e}^{-2k_2z}$$

$$w_{ma}=\frac{1}{4}\mathrm{Re}[\mu\boldsymbol{H}\cdot\boldsymbol{H}^*]=\frac{\mu}{4}\frac{E_{mA}^2}{|\eta_c|^2}\mathrm{e}^{-2k_2z}=\frac{\varepsilon}{4}E_{mA}^2\mathrm{e}^{-2k_2z}\left[1+\left(\frac{\sigma}{\omega\varepsilon}\right)^2\right]^{1/2}\tag{3-170}$$

由此可见，在导电媒质中，平均磁场能量密度大于平均电场能量密度。只有当 $\sigma=0$ 时，才有 $w_{ea}=w_{ma}$。

在导电媒介中，平均坡印廷矢量为

$$\begin{aligned}\boldsymbol{S}_{av}&=\frac{1}{2}\mathrm{Re}[\boldsymbol{E}\times\boldsymbol{H}^*]=\frac{1}{2}\mathrm{Re}\left[\boldsymbol{E}\times\left(\frac{1}{\eta_c}\boldsymbol{e}_z\times\boldsymbol{E}^*\right)\right]\\&=\frac{1}{2}\mathrm{Re}\left[\boldsymbol{e}_z|\boldsymbol{E}|^2\frac{1}{|\eta_c|}\mathrm{e}^{\mathrm{j}\varphi}\right]=\boldsymbol{e}_z\frac{1}{2|\eta_c|}|\boldsymbol{E}^2|\cos\phi\end{aligned}\tag{3-171}$$

注意，上式中用了波阻抗的复数式。

综合以上的讨论，可将导电媒质中的均匀平面波的传播特点归纳为

1）导电媒质中的均匀平面电磁波是横电磁（TEM 波），电场 $\boldsymbol{E}$、磁场 $\boldsymbol{H}$ 与传播方向 $\boldsymbol{e}_z$ 每两者之间，相互垂直。

2）电磁波的相速度与频率有关，电场与磁场的振幅呈指数衰减。

3）波阻抗为复数，电场与磁场不同相位，复能流密度的实部及虚部均不会为零，这就是说平面电磁波在导电媒质中传播时，既有单向流动的传播能量，又有来回流动的交换能量。同时，信号在导电媒质中传播时，会发生色散。

4）平均磁场能量密度大于平均电场能量密度。

3.7.2　弱导电媒介中的均匀平面波函数

弱导电媒质是指满足条件 $\frac{\sigma}{\omega\varepsilon}\ll 1$ 的导电媒质。在这种媒质中，位移电流起主要作用，而传导电流的影响很小，可忽略不计。因此，弱导电媒质是一种良好的且电导率不为零的非理想绝缘材料。

在 $\frac{\sigma}{\omega\varepsilon}\ll 1$ 的条件下，有下述近似公式：

$$\sqrt{1+\left(\frac{\sigma}{\omega\varepsilon}\right)^2}\approx 1+\frac{1}{2}\left(\frac{\sigma}{\omega\varepsilon}\right)^2\tag{3-172}$$

将上式（3-172）代入式（3-158），得到弱导电媒质中相位常数为

$$
\begin{aligned}
k_1 &= \omega\sqrt{\frac{\mu\varepsilon}{2}\left[\sqrt{1+\left(\frac{\sigma}{\omega\varepsilon}\right)^2}+1\right]} \\
&= \omega\sqrt{\frac{\mu\varepsilon}{2}\left[1+\frac{1}{2}\left(\frac{\sigma}{\omega\varepsilon}\right)^2+1\right]} = \omega\sqrt{\mu\varepsilon}
\end{aligned}
\tag{3-173}
$$

将上式（3-172）代入式（3-159），得到弱导电媒质中衰减常数近似为

$$
\begin{aligned}
k_2 &= \omega\sqrt{\frac{\mu\varepsilon}{2}\left[\sqrt{1+\left(\frac{\sigma}{\omega\varepsilon}\right)^2}-1\right]} \\
&= \omega\sqrt{\frac{\mu\varepsilon}{2}\left[1+\frac{1}{2}\left(\frac{\sigma}{\omega\varepsilon}\right)^2-1\right]} \\
&= \frac{\sigma}{2}\sqrt{\frac{\mu}{\varepsilon}}
\end{aligned}
\tag{3-174}
$$

传播常数 k_c 可近似为

$$
\begin{aligned}
k_c &= \omega\sqrt{\mu\varepsilon_c} = \omega\sqrt{\mu\varepsilon\left(1-\mathrm{j}\frac{\sigma}{\omega\varepsilon}\right)} \approx \omega\sqrt{\mu\varepsilon}\left(1-\mathrm{j}\frac{\sigma}{2\omega\varepsilon}\right) \\
&= \omega\sqrt{\mu\varepsilon} - \mathrm{j}\frac{\sigma}{2}\sqrt{\frac{\mu}{\varepsilon}}
\end{aligned}
\tag{3-175}
$$

本征阻抗可近似为

$$
\begin{aligned}
\eta_c &= \sqrt{\frac{\mu}{\varepsilon_e}} = \sqrt{\frac{\mu}{\varepsilon\left(1-\mathrm{j}\dfrac{\sigma}{\omega\varepsilon}\right)}} = \sqrt{\frac{\mu}{\varepsilon}}\left(1+\frac{\sigma}{\mathrm{j}\omega\varepsilon}\right)^{-1/2} \\
&\approx \sqrt{\frac{\mu}{\varepsilon}}\left(1+\mathrm{j}\frac{\sigma}{2\omega\varepsilon}\right) \approx \sqrt{\frac{\mu}{\varepsilon}}
\end{aligned}
\tag{3-176}
$$

由此可见，在弱导电媒质中，可认为电场强度与磁场强度同相，但两者振幅仍不断衰减。电导率越大，则振幅衰减越大。除了有一定损耗所引起的衰减外，与理想介质中平面波的传播特性基本相同。

3.7.3 良导体中的均匀平面波函数

若 $\frac{\sigma}{\omega\varepsilon} \gg 1$，则认为是良导体媒质。在良导体中，传导电流起主要作用，而位移电流的影响很小，可忽略不计。这种情况下的一个近似式为

$$
\sqrt{1+\left(\frac{\sigma}{\omega\varepsilon}\right)^2} \pm 1 \approx \frac{\sigma}{\omega\varepsilon}
$$

将其带入式（3-158），得

$$k_1 = \omega \sqrt{\frac{\mu\varepsilon}{2}\left[\sqrt{1+\left(\frac{\sigma}{\omega\varepsilon}\right)^2}+1\right]} = \sqrt{\frac{\omega\mu\sigma}{2}} = \sqrt{\pi f\mu\sigma} \tag{3-177}$$

$$k_2 = \omega \sqrt{\frac{\mu\varepsilon}{2}\left[\sqrt{1+\left(\frac{\sigma}{\omega\varepsilon}\right)^2}-1\right]} = \sqrt{\frac{\omega\mu\sigma}{2}} = \sqrt{\pi f\mu\sigma} \tag{3-178}$$

相速的定义是电磁波的恒定相位点的推进速度。对于电场有

$$\boldsymbol{E}(z,t) = \boldsymbol{E}_A\cos(\omega t - k_1 z) \tag{3-179}$$

的电磁波，其恒定相位点为

$$\omega t - k_1 z = C\ (C\ 为常数)$$

相速应为

$$V_p = \frac{dZ}{dt} = \frac{\omega}{k_1} \tag{3-180}$$

式中，V_p为相速。相速可以与频率有关，也可以与频率无关，取决于相位常数k_1。在理想媒质中，$\beta = \omega\sqrt{\mu\varepsilon}$与角频率 ω 成线性关系，于是 $V_p = 1/\sqrt{\mu\varepsilon}$是一个与频率无关的常数，因此理想介质是非色散的。然而，在色散媒质（如导电媒质）中，相位常数β不再与角频率 ω 成线性关系，电磁波的相速随频率改变，产生色散现象。实际上，在良导电媒质中，电磁波的相速为

$$V_p = \frac{\omega}{k_1} = \sqrt{\frac{2\omega}{\mu\sigma}} \tag{3-181}$$

显然，在良导电媒质中，电磁波的相速随频率改变，并产生色散现象。

注意到，在良导体中 $k_1 = k_2$，因此波长为

$$\lambda' = \frac{2\pi}{k_1} = \frac{2\pi}{k_2} \tag{3-182}$$

良导体的本征阻抗为

$$\eta_c = \sqrt{\frac{\mu}{\varepsilon_c}} = \sqrt{\frac{\mu}{\varepsilon\left(1 - j\frac{\sigma}{\omega\varepsilon}\right)}} = \sqrt{\frac{\mu}{\varepsilon}}\left(1+\frac{\sigma}{j\omega\varepsilon}\right)^{-1/2} \approx \sqrt{\frac{j\omega\mu}{\sigma}} = \sqrt{\frac{2\pi f\mu}{\sigma}}e^{j\pi/4} = (1+j)\sqrt{\frac{\pi f\mu}{\sigma}} \tag{3-183}$$

上式推导中，使用了当σ较大时的近似式，即

$$\left(1+\frac{\sigma}{j\omega\varepsilon}\right)^{-1/2} \approx \left(\frac{\sigma}{j\omega\varepsilon}\right)^{-1/2}$$

式（3-183）表明，在良导体中，电场强度与磁场强度不同相，磁场的相位滞后于电场 45°，且因σ较大，随着传播距离的增加，磁场强度和电场强度的振幅发生急剧衰减，导致电磁波无法进入良导体深处，仅可存在其表面附近，这种现象称为集肤效应。场强振幅衰减到表面处振幅$\frac{1}{e}$的深度称为集肤深度，以δ表

示，则对下式：

$$e^{-k_2\delta}=e^{-1} \tag{3-184}$$

两端取对数，得到

$$\delta=\frac{1}{k_2}=\frac{1}{\sqrt{\pi f\mu\sigma}} \tag{3-185}$$

可见，集肤深度与频率 f 及电导率 σ 成反比。由于随着频率升高，集肤深度急剧地减小，因此，具有一定厚度的金属板即可屏蔽高频时变电磁场。对应于比值$\frac{\sigma}{\omega\varepsilon}=1$的频率称为界限频率，该频率是划分媒质是否属于低耗介质，或是否属于导体的界限。实际上，比值$\frac{\sigma}{\omega\varepsilon}$的大小反映了传导电流与位移电流的幅度之比。由上述分析可知，非理想介质中以位移电流为主，良导体中以传导电流为主。

另外，从而由式（3-185）可知，在高频时，良导体的集肤深度非常小，以致在实际中可以认为电流仅存在于导体表面很薄的一层内，这与恒定电流或低频电流在横截面上的分布情况不同。在高频时，导体的实际载流截面显著减小，因此，导体的高频电阻明显大于直流或低频电阻。在式（3-183）中导出良导体的本征阻抗，则良导体的本征阻抗还可写为

$$\eta_c=\sqrt{\frac{\mu}{\varepsilon_c}}\approx\sqrt{\frac{j\omega\mu}{\sigma}}=\sqrt{\frac{2\pi f\mu}{\sigma}}e^{j\pi/4}=(1+j)\sqrt{\frac{\pi f\mu}{\sigma}}=R_S+jX_S \tag{3-186}$$

式中，电阻 R_S 和电抗 X_S 分别为

$$R_S=\sqrt{\frac{\pi f\mu}{\sigma}}=\frac{1}{\sigma\delta} \tag{3-187}$$

$$X_S=\sqrt{\frac{\pi f\mu}{\sigma}}=\frac{1}{\sigma\delta} \tag{3-188}$$

这些分量与电导率和集肤深度有关。根据量纲，$R_S=\frac{1}{\sigma\delta}$表示厚度为 δ 的导体每平方米的电阻，称为导体的表面电阻率，简称为表面电阻。相应的 X_S 称为表面电抗，而

$$Z_S=R_S+jX_S \tag{3-189}$$

称为表面阻抗。

如果用 $\boldsymbol{J}_0$ 表示导体表面位置上的体电流密度，则在穿入导体内 z 处的电流密度为 $\boldsymbol{J}_x=\boldsymbol{J}_0e^{-k}c^z$。在实际计算时，由于良导体内电流主要分布在表面附近，因此可将导体内每单位宽度的总电流为 $\boldsymbol{J}_S$ 看作是导体的表面电流。由于是良导体，先假定导体的电导率为无穷大，求出导体表面的切向磁场，然后由 $\boldsymbol{J}_S=\boldsymbol{n}\times\boldsymbol{H}=\boldsymbol{e}_xH_t$ 求出导体的表面电流密度 $\boldsymbol{J}_S$。

导体的表面电流密度 $\boldsymbol{J}_{\mathrm{S}}$ 与各个电磁量的关系推导如下：

$$\boldsymbol{J}_{\mathrm{S}}=\int_S \boldsymbol{J}_x \mathrm{d}S=\int_0^{\infty}\boldsymbol{J}_0 \mathrm{e}^{-\mathrm{j}k_c z}\mathrm{d}z=\int_0^{\infty}\boldsymbol{J}_0 \mathrm{e}^{-(k_2+\mathrm{j}k_1)z}\mathrm{d}z$$

$$=\int_0^{\infty}\boldsymbol{J}_0 \mathrm{e}^{-(1+\mathrm{j})k_2 z}\mathrm{d}z=\frac{\boldsymbol{J}_0}{(1+\mathrm{j})k_2}=\frac{\sigma \boldsymbol{E}_0}{(1+\mathrm{j})k_2}=\frac{\sigma\delta \boldsymbol{E}_0}{(1+\mathrm{j})}=\mathbf{e}_x H_{\mathrm{t}} \tag{3-190}$$

上式推导中使用了良导体中 $k_1=k_2$，导体表面的电场为 $\boldsymbol{E}_0=\boldsymbol{J}_0/\sigma$，以及 $\delta=\frac{1}{k_2}$的关系。

由式（3-190）可得

$$\begin{aligned}\boldsymbol{E}_0&=\frac{\boldsymbol{J}_0}{\sigma}=\frac{\boldsymbol{J}_{\mathrm{S}}(1+\mathrm{j})k_2}{\sigma}=\frac{\boldsymbol{J}_{\mathrm{S}}}{\sigma}(1+\mathrm{j})\sqrt{\pi f\mu\sigma}\\&=\boldsymbol{J}_{\mathrm{S}}\frac{(1+\mathrm{j})}{\sigma\delta}=\boldsymbol{J}_{\mathrm{S}}(R_{\mathrm{S}}+\mathrm{j}X_{\mathrm{S}})=\boldsymbol{J}_{\mathrm{S}}Z_{\mathrm{S}}\end{aligned} \tag{3-191}$$

此式说明，良导体的表面电场等于表面电流密度乘以表面阻抗。因此良导体中每单位表面的平均损耗功率可按下式计算：

$$P_{1\mathrm{a}}=\frac{1}{2}|\boldsymbol{J}_{\mathrm{S}}|^2 R_{\mathrm{S}} \tag{3-192}$$

利用式（3-190），进一步可得

$$P_{1\mathrm{a}}=\frac{1}{2}|H_{\mathrm{t}}|^2 R_{\mathrm{S}} \tag{3-193}$$

常用该公式来计算良导体中每单位表面的平均损耗功率。磁致伸缩生物传感器的换能材料大都是良导体，所以本节中的分析结果对研究位移电流和传导电流在换能材料内部的分布规律以及平均损耗功率有指导意义。

3.7.4　色散媒质中电磁波的群速

我们知道，稳态的单一频率的正弦行波是不能携带任何信息的。信号之所以能传递，是由于对波调制的结果，可以对频率进行调制，也可以对振幅进行调制，调制波传播的速度才是信号传递的速度。根据傅里叶变换，一个信号总是由不同频率的成分组成，因此，用相速无法描述一个信号在色散媒质中的传播速度。为了解决这个问题，这里引入“群速”的概念。下面讨论窄带信号在色散媒质中传播的情况。

设有两个振幅均为 E_{A}的行波，角频率分别为 $\omega+\Delta\omega$ 和 $\omega-\Delta\omega$，其中 $\Delta\omega \ll \omega$，在相应的相位常数分别为 $k_1+\Delta k_1$和 $k_1-\Delta k_1$，这两个行波分别可表示为

$$\begin{aligned}E_1&=E_{\mathrm{A}}\mathrm{e}^{\mathrm{j}(\omega+\Delta\omega)t}\mathrm{e}^{-\mathrm{j}(k_1+\Delta k_1)z}\\E_2&=E_{\mathrm{A}}\mathrm{e}^{\mathrm{j}(\omega-\Delta\omega)t}\mathrm{e}^{-\mathrm{j}(k_1-\Delta k_1)z}\end{aligned} \tag{3-194}$$

合成波为

$$E = E_1 + E_2 = 2E_A\cos(\Delta\omega t - \Delta k_1 z)\mathrm{e}^{\mathrm{j}(\omega t - k_1 z)} \tag{3-195}$$

显然，合成波的振幅受到调制，称为包络波，如图 3-15 中的虚线所示。把群速定义为包络波上任一恒定相位点的推进速度。

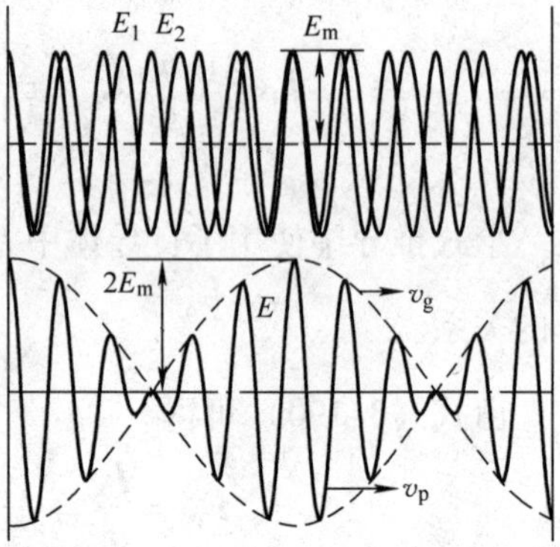

图 3-15　色散媒质中的合成波

令式（3-196）中包络波的相位函数 $\Delta\omega t - \Delta k_1 z$ 等于常数，则由该式可解出群速 V_g 为

$$V_g = \frac{\mathrm{d}z}{\mathrm{d}t} = \frac{\Delta\omega}{\Delta k_1} \tag{3-196}$$

考虑到 $\Delta\omega \ll \omega$，上式变为

$$V_g = \frac{\mathrm{d}\omega}{\mathrm{d}k_1} \tag{3-197}$$

利用相速表达式 $V_p = \dfrac{\omega}{k_1}$，可得到群速与相速之间的关系为

$$\begin{aligned} V_g &= \frac{\mathrm{d}\omega}{\mathrm{d}k_1} = \frac{\mathrm{d}(V_p k_1)}{\mathrm{d}k_1} = V_p + k_1\frac{\mathrm{d}V_p}{\mathrm{d}k_1} \\ &= V_p + \frac{\omega}{V_p}\frac{\mathrm{d}V_p}{\mathrm{d}\omega}\frac{\mathrm{d}\omega}{\mathrm{d}k_1} = V_p + \frac{\omega}{V_p}\frac{\mathrm{d}V_p}{\mathrm{d}\omega}V_g \end{aligned} \tag{3-198}$$

由上式解出群速为

$$V_g = \frac{V_p}{1 - \dfrac{\omega}{V_p}\dfrac{\mathrm{d}V_p}{\mathrm{d}\omega}} \tag{3-199}$$

通过分析式（3-199），可得到如下结论：

1）当 $\dfrac{\mathrm{d}V_p}{\mathrm{d}\omega} = 0$ 时，相速与频率无关，该情况下群速等于相速，即 $V_g = V_p$，这种情况称为无色散。

2）当 $\dfrac{\mathrm{d}V_p}{\mathrm{d}\omega} < 0$ 时，相速是频率的减函数，该情况下群速小于相速，即 $V_g < V_p$，这种情况称为正常色散

3）当 $\dfrac{\mathrm{d}V_p}{\mathrm{d}\omega} > 0$ 时，相速是频率的增函数，该情况下群速大于相速，即 $V_g > V_p$，这种情况称为非正常色散。一般情况下，导体的色散就是非正常色散类。

3.8　磁化铁氧体中的均匀平面波

在各向异性的媒质中，媒质的极化强度未必与电场强度同方向，或磁化强度

未必与磁场强度同向。电磁波在各向异性媒质中传播与在各向同性媒质中的传播有显著的区别。电磁波在各向异性媒质中传播的特点，表现在光线通过晶体时发生的双折射现象，这早已为人们所知。在本节中将讨论电磁波在各向异性媒质中的传播规律。铁氧体在恒定磁场的作用下具有各向异性的特征，在实际应用中具有重要意义。铁氧体是一种类似于陶瓷的材料，质地硬而脆，具有很高的电阻率。它的相对介电常数在 5 ~ 25 之间，而相对磁导率可高达数千。第 1 章中已经介绍，在铁氧体中原子核周围的电子有绕原子核的轨道运动和自旋运动，这两种运动都要产生磁矩。轨道磁矩因电子各循不同方向旋转而相互抵消。自旋磁矩在许多极小区域内相互平行，自发磁化形成磁畴。在外磁场作用下，这些磁畴的磁矩都会转动而与外磁场方向接近平行，产生很强的磁性。

3.8.1　磁化铁氧体中的张量磁导率

实验发现，电子有一种内禀的角动量，称为自旋角动量，它源于电子的内禀性质，这是一种非定域的性质，一种量级为相对论性的效应。早期发现的与电子自旋有关的实验来自于对原子光谱的精细结构研究。由量子力学得到电子自旋磁矩 $\boldsymbol{P}_{\mathrm{m}}$、电子自旋角动量 $\boldsymbol{T}$ 之间的关系为

$$\boldsymbol{P}_{\mathrm{m}} = -\frac{e}{\boldsymbol{m}}\boldsymbol{T} = -\gamma \boldsymbol{T} \tag{3-200}$$

式中，m 为电子的质量；e 为电子的电荷量的绝对值；$\gamma = \dfrac{e}{m}$称为荷质比。

当电子置于恒定外磁场 $\boldsymbol{B}_0$ 中，而 $\boldsymbol{P}_{\mathrm{m}}$ 与 $\boldsymbol{B}_0$ 不在同一方向时，外磁场对电子所施的力矩将使电子围绕 $\boldsymbol{B}_0$ 方向以一定的角速度 ω_{L} 做拉莫进动，如图 3-16 所示。

外磁场对自旋电子产生的力矩为

$$\boldsymbol{L} = \boldsymbol{P}_{\mathrm{m}} \times \boldsymbol{B}_0 \tag{3-201}$$

根据理论力学，力矩应等于角动量对时间的导数，即

$$\boldsymbol{L} = \frac{\mathrm{d}\boldsymbol{T}}{\mathrm{d}t}$$

从而得到

$$\frac{\mathrm{d}\boldsymbol{T}}{\mathrm{d}t} = \boldsymbol{P}_{\mathrm{m}} \times \boldsymbol{B}_0$$

$$\frac{\mathrm{d}T}{\mathrm{d}t} = |\boldsymbol{P}_{\mathrm{m}}||\boldsymbol{B}_0|\sin\theta \tag{3-202}$$

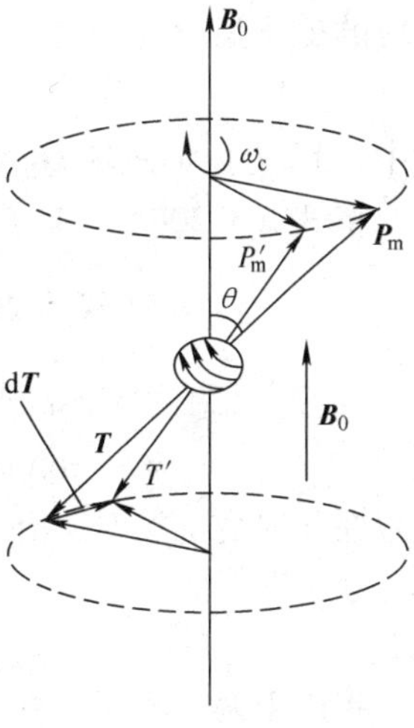

图 3-16　在外磁场作用下自旋电子的拉莫进动

设 $\boldsymbol{P}_{\mathrm{m}}$ 与 $\boldsymbol{B}_0$ 的夹角为 θ，且在极短的时间 Δt 内角动量的改变为 ΔT。因为拉莫进动角为 $\omega_{\mathrm{L}}\Delta t$，则从图 3-16 所示的几何关系可得

$$\mathrm{d}T = T\sin\theta \times \omega_{\mathrm{L}}\mathrm{d}t$$

由上式，得到角动量的时变率为

$$\frac{\mathrm{d}T}{\mathrm{d}t} = -\omega_{\mathrm{L}} T\sin\theta \tag{3-203}$$

代入式（3-202）可得

$$\omega_{\mathrm{L}} = \frac{\mathrm{d}T}{\mathrm{d}t}\frac{1}{T\sin\theta} = -\frac{|\boldsymbol{P}_{\mathrm{m}}||\boldsymbol{B}_0|\sin\theta}{T\sin\theta} = -\frac{P_{\mathrm{m}}B_0}{T} \tag{3-204}$$

将式（3-201）代入上式可得

$$\omega_{\mathrm{L}} = -\frac{P_{\mathrm{m}}B_0}{T} = \gamma B_0 = \frac{e}{m}B_0 \tag{3-205}$$

式中，ω_{L}为拉莫进动频率。

如果没有损耗，这一进动将永远进行下去。由于实际上有能量损耗，进动很快停止，电子的自旋轴最后与外磁场平行。由式（3-200）和式（3-202）可得

$$\frac{\mathrm{d}\boldsymbol{p}_{\mathrm{m}}}{\mathrm{d}t} = -\gamma\frac{\mathrm{d}\boldsymbol{T}}{\mathrm{d}t} = -\gamma\boldsymbol{P}_{\mathrm{m}}\times\boldsymbol{B}_0 \tag{3-206}$$

设铁氧体中每单位体积内有 N 个电子数，则磁化强度为 $\boldsymbol{M} = N\boldsymbol{P}_{\mathrm{m}}$，于是可可将式（3-206）改写为

$$\frac{\mathrm{d}\boldsymbol{M}}{\mathrm{d}t} = \frac{N\mathrm{d}\boldsymbol{P}_{\mathrm{m}}}{\mathrm{d}t} = -\gamma N\boldsymbol{P}_{\mathrm{m}}\times\boldsymbol{B}_0 = -\gamma\boldsymbol{M}\times\boldsymbol{B}_0 = -\gamma\mu_0\boldsymbol{M}\times\boldsymbol{H}_0 \tag{3-207}$$

此式即为朗道方程。

当电磁波在铁氧体中传播时，除了外加恒定磁场 $\boldsymbol{H}_0$ 外，还有较弱的时变磁场 $\boldsymbol{H}_{\delta}$，即

$$\boldsymbol{H} = \boldsymbol{H}_0 + \boldsymbol{H}_{\delta} \tag{3-208}$$

相应的磁化强度为

$$\boldsymbol{M} = \boldsymbol{M}_0 + \boldsymbol{M}_{\delta} \tag{3-209}$$

式中，$\boldsymbol{M}_0$为恒定磁场 $\boldsymbol{H}_0$所产生的磁化强度；$\boldsymbol{M}_{\delta}$为时变磁场 $\boldsymbol{H}_{\delta}$所产生的磁化强度。将式（3-208）、式（3-209）代入式（3-207）可得

$$\begin{aligned}&\frac{\mathrm{d}}{\mathrm{d}t}(\boldsymbol{M}_0 + \boldsymbol{M}_{\delta})\\&= -\gamma\mu_0(\boldsymbol{M}_0 + \boldsymbol{M}_{\delta})\times(\boldsymbol{H}_0 + \boldsymbol{H}_{\delta})\\&= -\gamma\mu_0(\boldsymbol{M}_0\times\boldsymbol{H}_0 + \boldsymbol{M}_{\delta}\times\boldsymbol{H}_0 + \boldsymbol{M}_0\times\boldsymbol{H}_{\delta} + \boldsymbol{M}_{\delta}\times\boldsymbol{H}_{\delta})\end{aligned} \tag{3-210}$$

在无时变磁场时，有

$$\frac{\mathrm{d}\boldsymbol{M}_0}{\mathrm{d}t} = -\gamma\mu_0\boldsymbol{M}_0\times\boldsymbol{H}_0 \tag{3-211}$$

将以上两式相减，并忽略高阶小量 $\boldsymbol{M}_{\delta}\times\boldsymbol{H}_{\delta}$，可得

$$\frac{\mathrm{d}\boldsymbol{M}_{\delta}}{\mathrm{d}t} = -\gamma\mu_0(\boldsymbol{M}_{\delta}\times\boldsymbol{H}_0 + \boldsymbol{M}_0\times\boldsymbol{H}_{\delta}) \tag{3-212}$$

对于时谐场，有

$$\frac{\mathrm{d}\boldsymbol{M}_{\delta}}{\mathrm{d}t}=\mathrm{j}\omega\boldsymbol{M}_{\delta}=-\gamma\mu_0(\boldsymbol{M}_{\delta}\times\boldsymbol{H}_0+\boldsymbol{M}_0\times\boldsymbol{H}_{\delta}) \tag{3-213}$$

当外加磁场 $\boldsymbol{H}_0$ 足够强，使得铁氧体磁化到饱和时，磁化强度矢量 $\boldsymbol{M}_0$ 与磁场强度矢量 $\boldsymbol{H}_0$ 平行，并且设与 z 轴平行，则有

$$\begin{aligned}&\boldsymbol{M}_0=\boldsymbol{e}_xM_x+\boldsymbol{e}_xM_y+\boldsymbol{e}_zM_z=\boldsymbol{e}_zM_z\\&\boldsymbol{H}_0=\boldsymbol{e}_xH_x+\boldsymbol{e}_yH_y+\boldsymbol{e}_zH_z=\boldsymbol{e}_zH_z\\&M_z=|\boldsymbol{M}_0|\\&H_z=|\boldsymbol{H}_0|\end{aligned} \tag{3-214}$$

利用该条件，将式（3-213）写成矢积的行列式形式，即

$$\begin{aligned}&\boldsymbol{e}_x\mathrm{j}\omega M_{\delta x}+\boldsymbol{e}_y\mathrm{j}\omega M_{\delta y}+\boldsymbol{e}_z\mathrm{j}\omega M_{\delta z}\\&=-\gamma\mu_0\begin{vmatrix}\boldsymbol{e}_x&\boldsymbol{e}_y&\boldsymbol{e}_z\\M_{\delta x}&M_{\delta y}&M_{\delta z}\\0&0&H_z\end{vmatrix}-\gamma\mu_0\begin{vmatrix}\boldsymbol{e}_x&\boldsymbol{e}_y&\boldsymbol{e}_z\\0&0&M_z\\H_{\delta x}&H_{\delta y}&H_{\delta z}\end{vmatrix}\end{aligned} \tag{3-215}$$

令等式两边矢量的分量相等，得到：

$$\begin{aligned}&\mathrm{j}\omega M_{\delta x}=-\gamma\mu_0(M_{\delta y}H_z-M_zH_{\delta y})\\&\mathrm{j}\omega M_{\delta y}=-\gamma\mu_0(-M_{\delta x}H_z-M_zH_{\delta x})\\&\mathrm{j}\omega M_{\delta z}=0\end{aligned} \tag{3-216}$$

式中

$$\gamma=\frac{e}{m},\ \omega_{\mathrm{L}}=\gamma B_0=\frac{e}{m}B_0$$

联立求解式（3-216），得

$$\begin{bmatrix}M_{\delta x}\\M_{\delta y}\\M_{\delta z}\end{bmatrix}=\begin{bmatrix}\dfrac{\omega_{\mathrm{L}}\omega_{\mathrm{m}}}{\omega_{\mathrm{L}}^2-\omega^2}&\dfrac{\mathrm{j}\omega\omega_{\mathrm{m}}}{\omega_{\mathrm{L}}^2-\omega^2}&0\\\dfrac{-\mathrm{j}\omega\omega_{\mathrm{m}}}{\omega_{\mathrm{L}}^2-\omega^2}&\dfrac{\omega_{\mathrm{L}}\omega_{\mathrm{m}}}{\omega_{\mathrm{L}}^2-\omega^2}&0\\0&0&0\end{bmatrix}\begin{bmatrix}H_{\delta x}\\H_{\delta y}\\H_{\delta z}\end{bmatrix} \tag{3-217}$$

式中

$$\omega_{\mathrm{m}}=\mu_0\gamma M_z \tag{3-218}$$

由式（3-217）可以看出，当 $\omega\to\omega_{\mathrm{L}}$ 时，$M_{\delta x}$ 和 $M_{\delta y}$ 均趋向无限大，因此很小的时谐磁场分量 $H_{\delta x}$ 或 $H_{\delta y}$，在一定的谐振频率下，可以产生很强的磁化强度，这就是所谓的磁共振现象。

下面研究铁氧体的磁导率问题。用 $\boldsymbol{B}_{\delta}$ 表示时变磁场强度 $\boldsymbol{H}_{\delta}$ 所对应的磁感应强度，则有

$$\boldsymbol{B}_\delta = \mu_0(\boldsymbol{H}_\delta + \boldsymbol{M}_\delta) \tag{3-219}$$

注意上式中$\boldsymbol{B}_\delta$、$\boldsymbol{H}_\delta$和$\boldsymbol{M}_\delta$皆为矢量。将式（3-217）代入上式，可写成矩阵：

$$\begin{pmatrix} B_{\delta x} \\ B_{\delta y} \\ B_{\delta z} \end{pmatrix} = \begin{bmatrix} \mu_{11} & \mu_{12} & 0 \\ \mu_{21} & \mu_{22} & 0 \\ 0 & 0 & \mu_{33} \end{bmatrix} \begin{bmatrix} H_{\delta x} \\ H_{\delta y} \\ H_{\delta z} \end{bmatrix} = \widetilde{\mu} \begin{bmatrix} H_{\delta x} \\ H_{\delta y} \\ H_{\delta z} \end{bmatrix} \tag{3-220}$$

式中，$\widetilde{\mu}$为铁氧体的磁导率，是一个二阶张量，即

$$\widetilde{\mu}\begin{bmatrix} \mu_{11} & \mu_{12} & 0 \\ \mu_{21} & \mu_{22} & 0 \\ 0 & 0 & \mu_{33} \end{bmatrix} = \begin{pmatrix} \mu_0\left(1+\dfrac{\omega_L\omega_m}{\omega_L^2-\omega^2}\right) & j\mu_0\dfrac{\omega\omega_m}{\omega_L^2-\omega^2} & 0 \\ j\mu_0\dfrac{\omega\omega_m}{\omega_L^2-\omega^2} & \mu_0\left(1+\dfrac{\omega_L\omega_m}{\omega_L^2-\omega^2}\right) & 0 \\ 0 & 0 & \mu_0 \end{pmatrix} \tag{3-221}$$

显然，当无外磁场时，由式（3-218）可知$\omega_m=0$，则$\widetilde{\mu}_{12}=\widetilde{\mu}_{21}=0$且$\widetilde{\mu}_{11}=\widetilde{\mu}_{22}=\widetilde{\mu}_{33}=\mu_0$。也就是说，有外磁场时，铁氧体的磁导率为二阶张量，没有外磁场时，铁氧体的磁导率表现为向同性特性，是一个标量。这个结论对于研究传感器的电磁性能是很有帮助的。

3.8.2　磁化铁氧体中的均匀平面波

将二阶张量的磁导率代入麦克斯韦方程可得

$$\begin{aligned} \nabla\times\boldsymbol{H} &= j\omega\varepsilon\boldsymbol{E} \\ \nabla\times\boldsymbol{E} &= -j\omega\,\widetilde{\mu}\boldsymbol{H} \end{aligned} \tag{3-222}$$

利用算符恒等式，消去电场$\boldsymbol{E}$，可得到磁化铁氧体中的电磁场波动方程，即

$$\nabla^2\boldsymbol{H} - \nabla(\nabla\cdot\boldsymbol{H}) + \omega^2\varepsilon\,\widetilde{\mu}\boldsymbol{H} = 0 \tag{3-223}$$

一般情况下该方程的求解很复杂，因此，我们只讨论一种特殊情况。设电磁波为均匀平面波，且沿外加恒定磁场$\boldsymbol{H}_0$的方向传播。磁场表达式为

$$\boldsymbol{H} = (\boldsymbol{e}_x H_{xm} + \boldsymbol{e}_y H_{ym})e^{-j\beta z} \tag{3-224}$$

代入式（3-223），得

$$\begin{bmatrix} \omega^2\varepsilon\mu_{11}-\beta^2 & \omega^2\varepsilon\mu_{12} & 0 \\ \omega^2\varepsilon\mu_{21} & \omega^2\varepsilon\mu_{22}-\beta^2 & 0 \\ 0 & 0 & \omega^2\varepsilon\mu_{33}-\beta^2 \end{bmatrix} \begin{bmatrix} H_x \\ H_y \\ 0 \end{bmatrix} = 0 \tag{3-225}$$

由上式可推导出：

$$\begin{vmatrix} \omega^2\varepsilon\mu_{11}-\beta^2 & \omega^2\varepsilon\mu_{12} \\ \omega^2\varepsilon\mu_{21} & \omega^2\varepsilon\mu_{22}-\beta^2 \end{vmatrix} = 0 \tag{3-226}$$

考虑到式（3-221）中：

$$\mu_{11}=\mu_{22}$$
$$\mu_{12}=-\mu_{21} \tag{3-227}$$

由式（3-225）可解出：

$$\beta^2=\omega^2\varepsilon(\mu_{11}\pm \mathrm{j}\mu_{12}) \tag{3-228}$$

即相位常数 β 的两个解分别为

$$\beta_1=\omega\sqrt{\varepsilon(\mu_{11}+\mathrm{j}\mu_{12})}=\omega\sqrt{\mu_0\varepsilon\left(1+\frac{\omega_{\mathrm{m}}^2}{\omega_{\mathrm{L}}+\omega}\right)}$$
$$\beta_2=\omega\sqrt{\varepsilon(\mu_{11}-\mathrm{j}\mu_{12})}=\omega\sqrt{\mu_0\varepsilon\left(1+\frac{\omega_{\mathrm{m}}^2}{\omega_{\mathrm{L}}-\omega}\right)} \tag{3-229}$$

由此，可以得到如下结论：当电磁波沿外加磁场方向通过铁氧体时，将会出现两个圆极化波。这两个圆极化波一个左旋、一个右旋，它们的相速不同，使合成波的极化面不断旋转，产生法拉第旋转效应。当外加恒定磁场 $\boldsymbol{H}_0=\boldsymbol{0}$ 时，$\omega_{\mathrm{L}}=0$，$\omega_{\mathrm{m}}=0$，两个圆极化波的相速相等，合成波为直线极化波，没有法拉第旋转效应。此时相位常数为

$$\beta_1=\beta_2=\omega\sqrt{\mu_0\varepsilon} \tag{3-230}$$

显然，当平面波在铁氧体中传播时，由于磁导率是一个二阶张量，双折射和极化面旋转等现象就会发生。这种极化面旋转效应在微波器件中获得了应用。

3.9　平面波的极化特性

电场强度的方向随时间变化的规律称为电磁波的极化特性。设某一平面波的电场强度的瞬时值为

$$\boldsymbol{E}_{\mathrm{x}}(z,t)=\boldsymbol{e}_{\mathrm{x}}E_{\mathrm{xA}}\sin(\omega t-kz+\varphi_{\mathrm{x}}) \tag{3-231}$$

显然，在空间任一固定点，电场强度矢量的端点随时间的变化轨迹为与 x 轴平行的直线。因此，这种平面波的极化特性称为线极化，其极化方向为 x 方向。

同样，设某一平面波的电场强度的瞬时值为

$$\boldsymbol{E}_{\mathrm{y}}(z,t)=\boldsymbol{e}_{\mathrm{y}}E_{\mathrm{yA}}\sin(\omega t-kz+\varphi_{\mathrm{y}}) \tag{3-232}$$

那么，在空间任一固定点，电场强度矢量的端点随时间的变化轨迹为与 y 轴平行的直线，同样为线极化，其极化方向为 y 方向。

下面分三种情况考虑上述两个电磁波的合成。

1. 当初相位 $\varphi_{\mathrm{x}}=\varphi_{\mathrm{y}}=\varphi_0$ 时，则合成第一、三象限的线极化电磁波

将极化方向为 x 方向和 y 方向的两个电场线极化波合成，可得

$$E(z,t)=\sqrt{E_x^2(z,t)+E_y^2(z,t)}=\sqrt{E_{xA}^2+E_{yA}^2}\sin(\omega t-kz+\varphi_0) \quad (3\text{-}233)$$

其特点是：两个线极化平面波 $E_x(z,t)$ 及 $E_y(z,t)$ 相互正交，具有不同振幅，但具有相同的相位和频率。合成之后，波的大小随时间的变化仍为正弦函数，合成波的方向与 x 轴的正方向夹角为 α。

$$\tan\alpha=\frac{E_y(z,t)}{E_x(z,t)}=\frac{E_{yA}}{E_{xA}}=\text{常数}$$

这时，合成平面电磁波的电场强度矢量 E 的矢端轨迹是位于第一、三象限的一条直线，故称为线极化，合成后的线极化波如图 3-17a 所示。

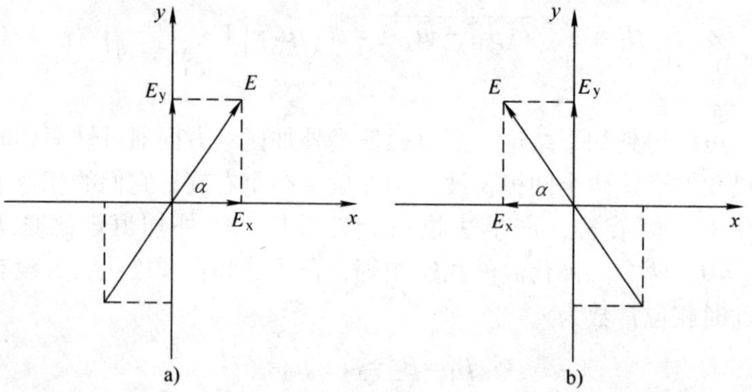

图 3-17 线极化波

2. 当初相位 $\varphi_x=\varphi_y+\pi$ 时，则合成第二、四象限的线极化电磁波

将极化方向为 x 方向和 y 方向的两个电场线极化波合成，得到：

$$E(z,t)=\sqrt{E_x^2(z,t)+E_y^2(z,t)}=\sqrt{E_{xA}^2+E_{yA}^2}\sin(\omega t-kz+\varphi_y) \quad (3\text{-}234)$$

其特点是：两个线极化平面波 $\boldsymbol{E}_x(z,t)$ 及 $\boldsymbol{E}_y(z,t)$ 相互正交，具有不同振幅，相位相差 π，但频率相同。合成之后，波的大小随时间的变化仍为正弦函数，合成波的方向与 x 轴的负方向夹角为 α。

$$\tan\alpha=\frac{E_y(z,t)}{E_x(z,t)}=\frac{E_{yA}}{E_{xA}}=\text{常数} \quad (3\text{-}235)$$

这时，合成平面电磁波的电场强度矢量 $\boldsymbol{E}$ 的矢端轨迹是位于第二、四象限的一条直线，为线极化，合成后的线极化波如图 3-17b 所示。

3. 当 $E_{xA}=E_{yA}=E_A$，$\varphi_x-\varphi_y=\dfrac{\pi}{2}$ 时，则合成圆极化波

将极化方向为 x 方向和 y 方向的两个电场线极化波合成，可得

$$
\begin{aligned}
E_x(z,t) &= e_x E_{xA}\sin(\omega t - kz + \varphi_x) \\
&= e_x E_A \sin\left(\omega t - kz + \varphi_y + \frac{\pi}{2}\right) \\
&= e_x E_A \cos(\omega t - tz + \varphi_y)
\end{aligned}
\tag{3-236}
$$

$$
E_y(z,t) = e_y E_{yA}\sin(\omega t - kz + \varphi_y) = e_y E_A \sin(\omega t - kz + \varphi_y) \tag{3-237}
$$

则合成波瞬时值的大小为

$$
E = \sqrt{E_x^2 + E_y^2} = E_A \tag{3-238}
$$

合成波矢量与 x 轴的夹角 α 为

$$
\begin{aligned}
\alpha &= \arctan\left[\frac{E_{yA}\sin(\omega t - kz + \varphi_y)}{E_{xA}\cos(\omega t - kz + \varphi_y)}\right] = \arctan\left[\frac{E_A\sin(\omega t - kz + \varphi_y)}{E_A\cos(\omega t - kz + \varphi_y)}\right] \\
&= (\omega t - kz + \varphi_y)
\end{aligned}
\tag{3-239}
$$

由此可见，对于某一固定的 z 点，夹角 α 为时间 t 的函数。电场强度矢量的方向随时间不断地旋转，但其大小 E_A 不变。因此，合成波的电场强度矢量的端点轨迹为一个圆，这种变化规律称为圆极化，如图 3-18 所示。

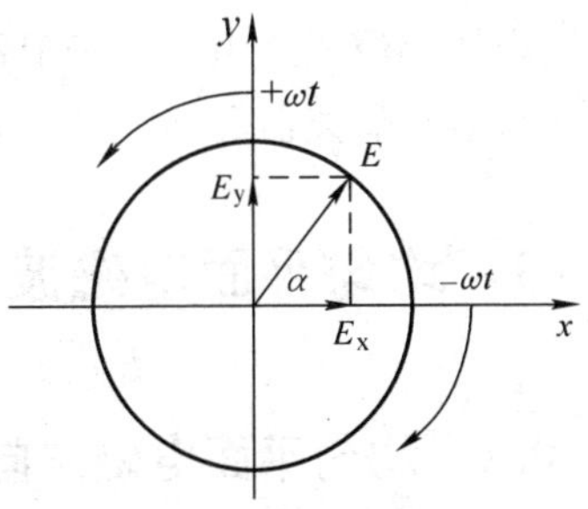

图 3-18　圆极化电磁波

式（3-239）表明，当 t 增加时，如果夹角 α 不断减小，即合成波矢量随着时间的旋转方向与传播方向构成左旋关系，这种圆极化波称为左旋圆极化波。如果夹角 α 随时间增加而增加，合成波矢量随着时间的旋转方向与传播方向构成右旋关系，则这种极化波称为右旋圆极化波。

由此可见，两个振幅相等，相位相差$\frac{\pi}{2}$的空间相互正交的线极化波，合成后形成一个圆极化波。值得注意的是，一个圆极化波也可以分解为两个振幅相等，相位相差$\frac{\pi}{2}$的空间相互正交的线极化波。

4. 当 $E_{xA} \neq E_{yA}$，$\varphi_x \neq \varphi_y$ 时，则合成椭圆极化波

此条件下，两个相互正交的线极化波为

$$
\begin{aligned}
E_x(z,t) &= e_x E_{xA}\sin(\omega t - kz + \varphi_x) \\
E_y(z,t) &= e_y E_{yA}\sin(\omega t - kz + \varphi_y)
\end{aligned}
\tag{3-240}
$$

上式中消去 ωt，则导出合成波的 E_x 分量及 E_y 分量满足下列方程：

$$
\left(\frac{E_x}{E_{xA}}\right)^2 + \left(\frac{E_y}{E_{yA}}\right)^2 - \frac{2E_xE_y}{E_{xA}E_{yA}}\cos\varphi = \sin^2\varphi
$$

$$
\alpha = \arctan\frac{E_{yA}\sin(\omega t - kz + \varphi_y)}{E_{xA}\sin(\omega t - kz + \varphi_x)}
$$

$$\varphi = \varphi_y - \varphi_x \tag{3-241}$$

这是一个椭圆方程，如图 3-19 所示。它表示合成波矢量的端点轨迹是一个椭圆，因此，这种平面波称为椭圆极化波。

当 $\varphi<0$ 时，E_y 分量比 E_x 滞后，与传播方向 e_z 形成右旋椭圆极化波；当 $\varphi>0$ 时，E_y 分量比 E_x 超前，与传播方向 e_z 形成左旋椭圆极化波。

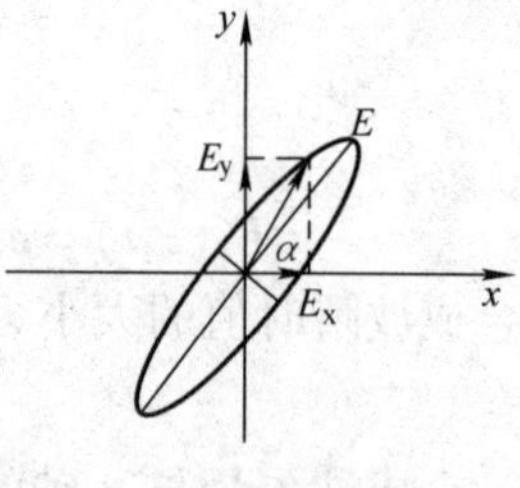

图 3-19 椭圆极化电磁波

电磁波的极化特性获得了非常广泛的实际应用，例如，由于圆极化波穿过雨区时受到的吸收衰减较小，全天候雷达宜用圆极化波。在无线通信中，为了有效地接收电磁波的能量，接收天线的极化特性必须与被接收电磁波的极化特性一致。因此，在移动卫星通信和卫星导航定位系统中，由于卫星姿态随时改变，因此应使用圆极化电磁波。铁氧体环行器及隔离器等功能就是利用了电磁波的极化特性获得的。

3.10 均匀平面电磁波在边界上的反射及透射

3.10.1 均匀平面电磁波向平面分界面的垂直入射

首先讨论平面波向平面边界垂直入射的正投射，如图 3-20 所示。设两种均匀媒质形成一个无限大的平面边界，媒质 1 的参数为（$\varepsilon_1\,\mu_1\,\sigma_1$），媒质 2 的参数为（$\varepsilon_2\,\mu_2\,\sigma_2$），并令边界位于 $z=0$ 平面。

当 x 方向极化的线极化平面波由媒质 1 向边界正投射时，边界上发生反射波及透射波。已知电场的切向分量在任何边界上必须保持连续，因此，入射波的电场切向分量与反射波的切向分量之和必须等于透射波的电场切向分量。同时，发生反射与透射时，平面波的极化特性不会发生改变。图 3-20 中标识的反射波及透射波电场强度皆为正方向。设入射波的电场和磁场强度分量分别为

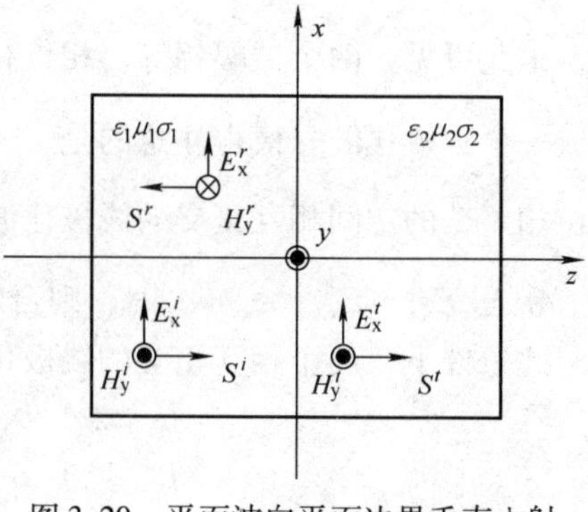

图 3-20 平面波向平面边界垂直入射

$$E_x^i = E_{xA}^i e^{-jk_1 z}$$
$$H_y^i = \frac{E_{xA}^i}{\eta_{c1}} e^{-jk_1 z} \tag{3-242}$$

反射波的电场和磁场强度分量分别为

$$E_x^r = E_{xA}^r e^{-jk_1z}$$
$$H_y^r = \frac{-E_{xA}^r}{\eta_{c1}} e^{-jk_1z} \tag{3-243}$$

透射波的电场和磁场强度分量分别为

$$E_x^t = E_{xA}^t e^{-jk_2z}$$
$$H_y^t = \frac{-E_{xA}^t}{\eta_{c2}} e^{-jk_2z} \tag{3-244}$$

式中，E_{xA}^i，E_{xA}^r，E_{xA}^t分别为 $z=0$ 边界处电磁波电场强度的振幅；η_{c1}和η_{c2}分别为媒质 1 和媒质 2 中的波阻抗。已知电场强度的切向分量在边界上连续，同时由于所讨论的有限电导率边界上不可能存在表面电流，因而磁场强度的切向分量也是连续的，于是在 $z=0$ 的边界上，有

$$E_{xA}^i + E_{xA}^r = E_{xA}^t$$
$$\frac{E_{xA}^i}{\eta_{c1}} - \frac{E_{xA}^r}{\eta_{c1}} = \frac{E_{xA}^t}{\eta_{c2}} \tag{3-245}$$

由上式解出：

$$E_{xA}^r = E_{xA}^i \frac{\eta_{c2} - \eta_{c1}}{\eta_{c2} + \eta_{c1}}$$
$$E_{xA}^t = E_{xA}^i \frac{2\eta_{c2}}{\eta_{c2} + \eta_{c1}} \tag{3-246}$$

把边界上反射波电场分量与入射波的电场分量之比称为边界上的反射系数，以 R 表示。边界上的透射波电场分量与入射波电场分量之比称为边界上的透射系数，以 T 表示。那么，由上式求得

$$R = \frac{E_{xA}^r}{E_{xA}^i} = \frac{\eta_{c2} - \eta_{c1}}{\eta_{c2} + \eta_{c1}}$$
$$T = \frac{E_{xA}^t}{E_{xA}^i} = \frac{2\mu_{c2}}{\eta_{c2} + \eta_{c1}} \tag{3-247}$$

媒质 1 中任一点的合成电场强度与磁场强度分量可以分别表示为

$$E_x(z) = E_{xA}^i (e^{-jk_1z} + Re^{jk_1z})$$
$$H_y(z) = \frac{E_{xA}^i}{\eta_{c1}} (e^{-jk_1z} - Re^{jk_1z}) \tag{3-248}$$

下面讨论两种特殊的边界：

1. 媒质 1 为理想介质，媒质 2 为理想导体

参考式（3-144）、式（3-183）得到两种媒质的波阻抗为

$$\eta_{c1} = \sqrt{\frac{\mu_1}{\varepsilon_1}}$$
$$\eta_{c2} = \sqrt{\frac{j\omega\mu}{\sigma}} = 0 \tag{3-249}$$

代入式（3-247）得

$$T=0$$
$$R=-1 \tag{3-250}$$

此结果表明，全部电磁能量被边界反射，无任何能量进入媒质2中，这种情况称为全反射。反射系数 $R=-1$ 表明，在边界上反射波电场与入射波电场等值反相，因此边界上合成电场为零。显然，这完全符合理想导电体应具有的边界条件。

由式（3-134）得到媒质1的传播常数为

$$k_{c1}=\omega\sqrt{\mu\varepsilon}=k_1$$

那么第一种媒质中任一点合成电场的分量 $E_x(z)$ 为

$$\begin{aligned}E_x(z)&=E_{xA}^i(e^{-jk_{c1}z}-e^{jk_{c1}z})=E_{xA}^i(e^{-jk_1z}-e^{jk_1z})\\&=-j2E_{xA}^i\sin k_1z=2E_{xA}^i\sin k_1ze^{-j\frac{\pi}{2}}\end{aligned} \tag{3-251}$$

媒质1内电场强度的瞬时值为

$$E_x(z,t)=2E_{xA}^i\sin k_1z\sin\left(\omega t-\frac{\pi}{2}\right)=-2E_{xA}^i\sin k_1z\cos\omega t \tag{3-252}$$

上式表明，媒质1中合成电场的相位仅与时间有关，而振幅随 z 的变化为正弦函数。由上式可见，当 $k_1z=n\pi$，即 $z=-n\dfrac{\lambda_1}{2},(n=0,1,2\cdots)$ 处，对于任何时刻，$E_x(z,t)=0$。

当 $k_1z=\dfrac{(2n+1)\pi}{2}$，即 $z=-\dfrac{(2n+1)\lambda_1}{4},(n=0,1,2,\cdots)$ 处，对于任何时刻，$E_x(z,t)$ 取得最大值。这就是说，电场强度在固定的坐标点上取得最大或最小值，空间各点合成波的相位相同，平面波在空间没有移动，只是在原处上下波动，具有这种特点的电磁波称为驻波。对于在任何时刻，振幅始终为零的点，称为驻波的波节，振幅始终为最大值的地方称为驻波的波腹。

媒质1中的合成磁场为

$$H_y(z)=\frac{E_{xA}^i}{\eta_1}(e^{-jk_1z}+e^{jk_1z})=\frac{2E_{xA}^i}{\eta_1}\cos k_1z \tag{3-253}$$

对应的瞬时值为

$$H_y(z,t)=\frac{2E_{xA}^i}{\eta_1}\cos k_1z\sin\omega t \tag{3-254}$$

采用同样的分析可知，媒质1中的合成磁场也形成驻波，但磁场驻波的波腹恰好是电场驻波的波节，而磁场驻波的波节恰好是电场驻波的波腹。进一步的分析发现，时谐电磁场的能流密度矢量 $\boldsymbol{S}$ 的周期平均值为

$$\boldsymbol{S}_a(\boldsymbol{r})=\frac{1}{T}\int_0^T\boldsymbol{S}(r,t)\mathrm{d}t=\frac{1}{2}[\boldsymbol{E}_A(r)\times\boldsymbol{H}_A(r)]\cos(\psi_e-\psi_h) \tag{3-255}$$

由于媒质 1 中的合成电磁场中电场与磁场的相位差为$\frac{\pi}{2}$，因此，上式的值为零，也就是说复能流密度的实部为零，只存在虚部，即

$$\mathrm{Re}(\boldsymbol{S}_{\mathrm{C}}) = \frac{1}{2}[\boldsymbol{E}_{\mathrm{A}}(r) \times \boldsymbol{H}_{\mathrm{A}}(r)]\cos(\psi_{\mathrm{e}} - \psi_{\mathrm{h}}) = \boldsymbol{S}_{\mathrm{a}}(r) = 0$$

$$\mathrm{Im}(\boldsymbol{S}_{\mathrm{C}}) = \frac{1}{2}[\boldsymbol{E}_{\mathrm{A}}(r) \times \boldsymbol{H}_{\mathrm{A}}(r)]\sin(\psi_{\mathrm{e}} - \psi_{\mathrm{h}}) = \frac{1}{2}[\boldsymbol{E}_{\mathrm{A}}(r) \times \boldsymbol{H}_{\mathrm{A}}(r)] \tag{3-256}$$

这就意味着媒质 1 中没有能量单向流动。能量仅在电场与磁场之间不断地进行交换，这种能量的存在形式与处于谐振状态下的谐振电路中的能量交换相似。

在 $z=0$ 边界上，媒质 1 中的合成磁场分量为

$$H_{\mathrm{y}}(0) = \frac{2E_{\mathrm{xA}}^{i}}{\eta_1} \tag{3-257}$$

由于媒质 2 为理想导体，不存在磁场分量，即 $H_{\mathrm{y}}^{t}(0)=0$，所以在边界上此时发生磁场强度的切向分量不连续，因此边界上必然存在表面电流 $\boldsymbol{J}_{\mathrm{S}}$，从而得到

$$\boldsymbol{J}_{\mathrm{S}} = \boldsymbol{e}_{\mathrm{z}} \times [H_{\mathrm{y}}^{t}(0) - H_{\mathrm{y}}(0)] = \boldsymbol{e}_{\mathrm{z}} \times [0 - H_{\mathrm{y}}(0)] = \boldsymbol{e}_{\mathrm{x}} \frac{2E_{\mathrm{xA}}^{i}}{\eta_1} \tag{3-258}$$

2. 媒质 1 为理想介质，媒质 2 为一般导体

参考式（3-144）、式（3-177）、式（3-178）和式（7-183）得到两种媒质的波阻抗和传播常数为

$$\eta_{\mathrm{c1}} = \sqrt{\frac{\mu_1}{\varepsilon_1}},\ k_{\mathrm{c1}} = \omega\sqrt{\mu_1\varepsilon_1} = k_{11}$$

$$\eta_{\mathrm{c2}} = \sqrt{\frac{\mathrm{j}\omega\mu}{\sigma}},\ k_{\mathrm{c2}} = k_{21} - \boldsymbol{i}K_{22} = \sqrt{\pi f\mu\sigma} - i\sqrt{\pi f\mu\sigma} \tag{3-259}$$

代入式（3-257），得

$$R = \frac{E_{\mathrm{xA}}^{r}}{E_{\mathrm{xA}}^{i}} = \frac{\eta_{\mathrm{c2}} - \eta_{\mathrm{c1}}}{\eta_{\mathrm{c2}} + \eta_{\mathrm{c1}}} = \frac{\sqrt{\frac{\mathrm{j}\omega\mu}{\sigma}} - \sqrt{\frac{\mu_1}{\varepsilon_1}}}{\sqrt{\frac{\mathrm{j}\omega\mu}{\sigma}} + \sqrt{\frac{\mu_1}{\varepsilon_1}}} = |R|\mathrm{e}^{\mathrm{j}\theta}$$

$$T = \frac{E_{\mathrm{xA}}^{t}}{E_{\mathrm{xA}}^{i}} = \frac{2\mu_{\mathrm{c2}}}{\eta_{\mathrm{c2}} + \eta_{\mathrm{c1}}} = \frac{2\sqrt{\frac{\mathrm{j}\omega\mu}{\sigma}}}{\sqrt{\frac{\mathrm{j}\omega\mu}{\sigma}} + \sqrt{\frac{\mu_1}{\varepsilon_1}}} = |T|\mathrm{e}^{\mathrm{j}\psi} \tag{3-260}$$

式中，$|R|$ 为 R 的复振幅；θ 是 R 的相位。代入式（3-258），求得媒质 1 中电场强度和磁场强度为

$$\boldsymbol{E}_{\mathrm{x}}(z) = E_{\mathrm{xA}}^{i}(\mathrm{e}^{-\mathrm{j}k_1z} + |R|\mathrm{e}^{\mathrm{j}(\theta + k_1z)}) = E_{\mathrm{xA}}^{i}(1 + |R|\mathrm{e}^{\mathrm{j}(\theta + 2k_1z)})\mathrm{e}^{-\mathrm{j}k_1z}$$

$$\boldsymbol{H}_y(z)=\frac{E_{xA}^i}{\eta_{c1}}(e^{-jk_1z}-|R|e^{j(\theta+k_1z)})=\frac{E_{xA}^i}{\eta_{c1}}(1-|R|e^{j(\theta+2k_1z)})e^{-jk_1z} \tag{3-261}$$

当满足条件：

$$\theta+2k_1z=2n\pi\quad(n=0,-1,-2,\cdots) \tag{3-262}$$

由上式计算出电场振幅取得最大值的坐标点，为

$$z=\left(\frac{n}{2}-\frac{\theta}{4\pi}\right)\lambda_1 \tag{3-263}$$

此处，电场振幅取得最大值为

$$|\boldsymbol{E}_x|_{max}=E_{xA}^i(1+|R|) \tag{3-264}$$

而在此处，磁场振幅取得最小值，即

$$|\boldsymbol{H}_y(z)|_{min}=\frac{E_{xA}^i}{\eta_{c1}}(1-|R|) \tag{3-265}$$

在式（3-262）中，n 取负值，是因为考虑的电磁波在媒介 1 区，该区的 z 坐标皆不大于零。

同理，当 $\theta+2k_1z=(2n-1)\pi$（$n=0,-1,-2\cdots$）时，即

$$z=\left(\frac{n}{2}-\frac{1}{4}-\frac{\theta}{4\pi}\right)\lambda_1$$

处电场振幅取得最小值：

$$|\boldsymbol{E}_x|_{max}=E_{xA}^i(1-|R|) \tag{3-266}$$

而磁场振幅取得最大值：

$$|\boldsymbol{H}_y(z)|_{min}=\frac{E_{xA}^i}{\eta_{c1}}(1+|R|) \tag{3-267}$$

3. 匹配边界

根据两种媒质的电磁参数不同，电场振幅将位于 0 与 E_{xA}^i之间，即 $0\leqslant|\boldsymbol{E}_x|\leqslant 2E_{xA}^i$，此时电场驻波的空间分布如图 3-21 所示。在该图中，应注意电场驻波的最大振幅和最小振幅的变化，以及两个相邻振幅最大值或最小值之间的距离与波长的关系。

定义电场振幅的最大值与最小值之比称为驻波比，以 S 表示。

$$S=\frac{|E|_{max}}{|E|_{min}}=\frac{1+|R|}{1-|R|} \tag{3-268}$$

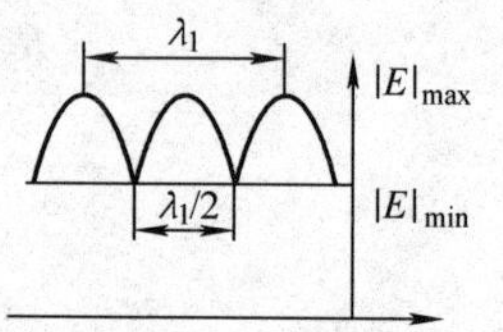

图 3-21　电场驻波的最大振幅和最小振幅

由此可见，当发生全反射时，$|R|=1$，$S\to\infty$。当媒质 2 的波阻抗等于媒质 1 的波阻抗，即 $\eta_{c2}=\eta_1$时，$|R|=0$，$S\to1$，此时，电磁波在界面的反射完全消失。这种无反射的边界称为匹配边界。

进一步可以证明，若两种媒质均是理想介质，当波阻抗 $\eta_2>\eta_1$时，边界处即为电场驻波的最大点；当 $\eta_2<\eta_1$时，边界处为电场驻波的最小点。这个特性

可用于微波测量。通过分析式（3-213）、式（3-266）可知两个相邻振幅最大值或最小值之间的距离为半波长。对于 $\eta_2 \neq \eta_1$ 的两种媒质，媒质中既有向前传播的行波，又包含能量交换的驻波。

3.10.2　均匀平面电磁波向多层边界面的垂直入射

下面先以三种媒质形成的多层媒质为例（见图 3-22），然后再拓展到平面波说明在多层媒质中的传播过程及其求解方法。

根据一维波动方程解的特性，媒质 1 和媒质 2 中存在两种平面波，其一是向正 z 方向传播的波，用 $\boldsymbol{E}_{x1}^{+}$、$\boldsymbol{E}_{x2}^{+}$ 分别表示媒质 1 和媒质 2 中向正 z 方向传播的波，用 $\boldsymbol{E}_{x1}^{-}$、$\boldsymbol{E}_{x2}^{-}$ 分别表示媒质 1 和媒质 2 中向负 z 方向传播的波。在媒质 3 中仅存在一种向正 z 方向传播的波 $\boldsymbol{E}_{x3}^{+}$。在图 3-22 中，媒质 2 的厚度为 l，媒质 1 和媒质 3 的厚度为无穷大，坐标原点设在媒质 2 和媒质 3 的界面上。

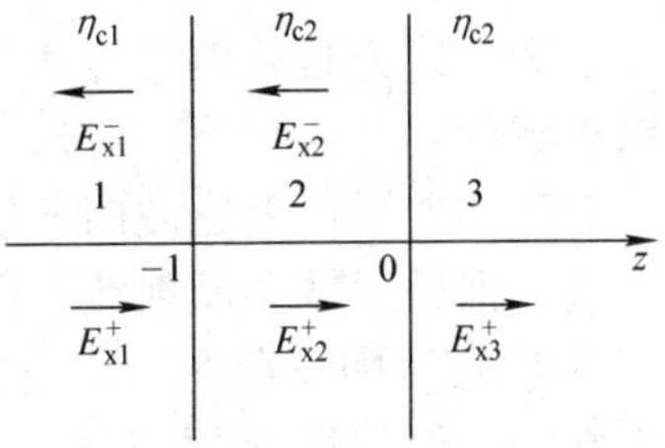

图 3-22　均匀平面电磁波向多层边界面的垂直入射

根据波的叠加原理，各个媒质中的电场强度可以分别表示为

$$
\begin{aligned}
&\boldsymbol{E}_{x1}^{+}(z)=\boldsymbol{E}_{x1A}^{+}\mathrm{e}^{-\mathrm{j}k_{c1}(z+l)} && -\infty<z\leqslant -l\\
&\boldsymbol{E}_{x1}^{-}(z)=\boldsymbol{E}_{x1A}^{-}\mathrm{e}^{\mathrm{j}k_{c1}(z+l)} && -\infty<z\leqslant -l\\
&\boldsymbol{E}_{x2}^{+}(z)=\boldsymbol{E}_{x2A}^{+}\mathrm{e}^{-\mathrm{j}k_{c2}z} && -l\leqslant z\leqslant 0\\
&\boldsymbol{E}_{x2}^{-}(z)=\boldsymbol{E}_{x2A}^{-}\mathrm{e}^{\mathrm{j}k_{c2}z} && -l\leqslant z\leqslant 0\\
&\boldsymbol{E}_{x3}^{+}(z)=\boldsymbol{E}_{x3A}^{+}\mathrm{e}^{-\mathrm{j}k_{c3}z} && 0\leqslant z<\infty
\end{aligned}
\tag{3-269}
$$

在各媒质中的磁场强度分别为

$$
\begin{aligned}
&H_{y1}^{+}(z)=\frac{E_{x1A}^{+}\mathrm{e}^{-\mathrm{j}k_{c1}(z+l)}}{\eta_{c1}} && -\infty<z\leqslant -l\\
&H_{y1}^{-}(z)=\frac{E_{x1A}^{-}\mathrm{e}^{\mathrm{j}k_{c1}(z+l)}}{\eta_{c1}} && -\infty<z\leqslant -l\\
&H_{y2}^{+}(z)=\frac{E_{x2A}^{+}\mathrm{e}^{-\mathrm{j}k_{c2}z}}{\eta_{c2}} && -l\leqslant z\leqslant 0\\
&H_{y2}^{-}(z)=\frac{E_{x2A}^{-}\mathrm{e}^{\mathrm{j}k_{c2}z}}{\eta_{c2}} && -l\leqslant z\leqslant 0\\
&H_{y3}^{+}(z)=\frac{E_{x3A}^{+}\mathrm{e}^{-\mathrm{j}k_{c3}z}}{\eta_{c3}} && 0\leqslant z<\infty
\end{aligned}
\tag{3-270}
$$

在 $z=-l$ 和 $z=0$ 两个界面上，电场切向分量必须连续，从而得到

$$\begin{aligned} &E_{x1A}^{+}+E_{x1A}^{-}=E_{x2A}^{+}e^{jk_{c2}l}+E_{x2A}^{-}e^{-jk_{c2}l} \quad (z=-l) \\ &E_{x2A}^{+}+E_{x2A}^{-}=E_{x3A}^{+} \quad (z=0) \end{aligned} \tag{3-271}$$

根据两个界面上磁场切向分量必须连续的边界条件，得

$$\begin{aligned} &\frac{E_{x1A}^{+}}{\eta_{c1}}-\frac{E_{x1A}^{-}}{\eta_{c1}}=\frac{E_{x2A}^{+}}{\eta_{c2}}e^{jk_{c2}l}-\frac{E_{x2A}^{-}}{\eta_{c2}}e^{-jk_{c2}l} \quad (z=-l) \\ &\frac{E_{x2A}^{+}}{\eta_{c2}}-\frac{E_{x2A}^{-}}{\eta_{c2}}=\frac{E_{x3A}^{+}}{\eta_{c3}} \quad (z=0) \end{aligned} \tag{3-272}$$

上面两组方程共四个方程，有四个未知数，即 E_{x1}^{-}，E_{x2}^{+}，E_{x2}^{-}，E_{x3}^{+}，所以是可以求解的。

对于均匀平面电磁波向 n 层边界面的垂直入射的问题，数学上每一层可以有两个波，即透射波和反射波。但实际上，第一层的入射波是已知的，最后一层，即第 n 层媒质中只存在透射波，没有反射波。因此，总共只有（$2n-2$）个待求的未知数。但根据 n 层媒质形成的（$n-1$）条边界可以建立 2（$n-1$）个方程，可见这个方程组足以求解全部的未知数。

在很多情况下，我们只对第一条边界上的总反射系数有兴趣，此时，就需要引入输入波阻抗概念来简化求解过程。对于第 2 层媒质，定义该媒质中任一点的合成电场与合成磁场之比称为该点的输入波阻抗，即

$$\begin{aligned} \eta_{in}(z)&=\frac{E_{x2}(z)}{H_{y2}(z)}=\frac{E_{x2A}^{+}e^{-jk_{c2}z}+E_{x2A}^{-}e^{jk_{c2}z}}{\dfrac{E_{x2A}^{+}}{\eta_{c2}}(e^{-jk_{c2}z}-R_{23}e^{jk_{c2}z})} \\ &=\frac{E_{x2A}^{+}(e^{-jk_{c2}z}+R_{23}e^{jk_{c2}z})}{\dfrac{E_{x2A}^{+}}{\eta_{c2}}(e^{-jk_{c2}z}-R_{23}e^{jk_{c2}z})}=\eta_{c2}\frac{\eta_{c3}-j\eta_{c2}\tan k_{c2}z}{\eta_{c2}-j\eta_{c3}\tan k_{c2}z} \end{aligned} \tag{3-273}$$

式中

$$R_{23}=\frac{E_{x2A}^{-}}{E_{x2A}^{+}}=\frac{\eta_{c3}-\eta_{c2}}{\eta_{c3}+\eta_{c2}} \tag{3-274}$$

根据电磁场在媒质界面上的边界条件可知，在边界两侧合成电场及合成磁场的切向分量应该是连续的，故有

$$\begin{aligned} &E_{x1A}^{+}+E_{x1A}^{-}=E_{x2}\big|_{(z=-l)} \\ &\frac{E_{x1A}^{+}}{\eta_{c1}}-\frac{E_{x1A}^{-}}{\eta_{c1}}=\frac{E_{x2}\big|_{(z=-l)}}{\eta_{in}\big|_{(z=-l)}} \end{aligned} \tag{3-275}$$

第一条边界上总反射系数定义为

$$R=\frac{E_{x1A}^{-}}{E_{x1A}^{+}} \tag{3-276}$$

注意该式中 E_{x1A}^{+} 是已知的，利用式（3-275）消去 $E_{x2}\big|_{(z=-l)}$，解出 E_{x1A}^{-}，然后代入式（3-276），得

$$R=\frac{\eta_{in}|_{(z=-l)}-\eta_{c1}}{\eta_{in}|_{(z=-l)}+\eta_{c1}} \tag{3-277}$$

式中

$$\eta_{in}|_{(z=-l)}=\eta_{c2}\frac{\eta_{c3}+j\eta_{c2}\tan k_{c2}l}{\eta_{c2}+j\eta_{c3}\tan k_{c2}l} \tag{3-278}$$

由此可见，引入输入波阻抗以后，对第一层媒质来说，第二层及第三层媒质可以看作是波阻抗为 $\eta_{in}|_{(z=-l)}$ 的一种媒质。已知第二层媒质的厚度和电磁参数以及第三媒质的电磁参数即可按式（3-278）求出输入波阻抗 $\eta_{in}|_{(z=-l)}$。

该分析方法实质上是电路中经常采用的网络分析方法，不必关心后置媒质的内部结构，只需考虑后置媒质的总体影响。这样，如图 3-23 所示，就可以考虑电磁波向 n 层媒质边界面的垂直入射问题了。

具体求解的方法是：首先求出第（$n-2$）条边界处向右看的输入波阻抗 $\eta_{in}^{(n-2)}$，对于第（$n-2$）层媒质来说，可用波阻抗为 $\eta_{in}^{(n-2)}$ 的一层等效媒质代替第（$n-1$）层和第 n 层的两层媒质。依此类推，自右向左，直至求得第一条边界上向右看的输入波阻抗后，总反射系数即可解出。

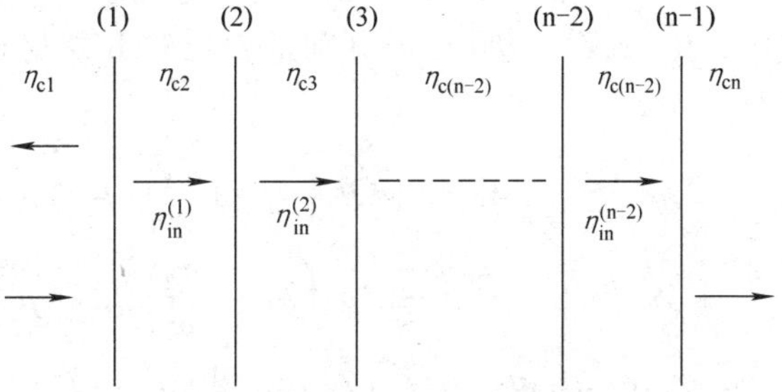

图 3-23　电磁波向 n 层媒质边界面的垂直入射

3.11　双材料磁致伸缩换能器的涡流计算

在高阶谐振模态下，虽然可以提高传感器的灵敏度，但是由于其工作频率也随之增大导致涡流损耗增大，传感器谐振信号强度减弱，设备无法检测到信号。同时，涡流产生的热量使得磁致伸缩生物传感器的温度发生变化，也会影响传感器的稳定性和可靠性。因此，在高精度的传感器设计中，就需要对磁致伸缩材料在交变磁场作用下，涡流的分布规律和涡流产生的热量进行理论计算，本节将介绍关于双材料磁致伸缩换能器内部，涡流分布规律和涡流损耗的技术方法。

如图 3-24 所示，磁致伸缩换能器复合材料由 A 层和 B 层两层不同的材料复合而成，A 层是正磁致伸缩材料，B 层可以是负磁致伸缩材料，也可以是非磁致伸缩材料。

下面将利用麦克斯韦方程，分别对 A、B 两层材料建立磁场强度的控

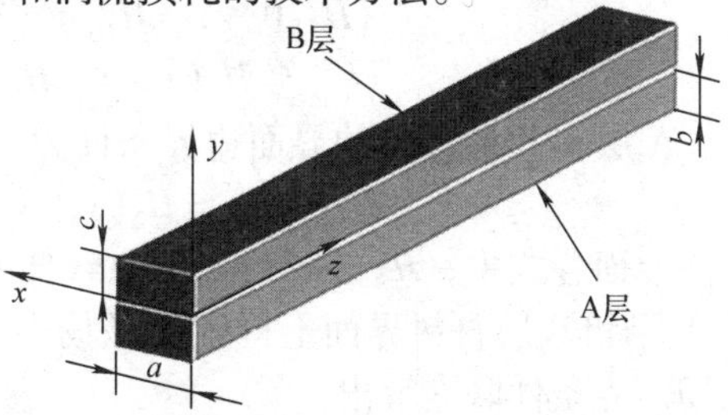

图 3-24　双材料磁致伸缩换能器的结构

制方程，并利用两层材料的界面电磁场边界条件，联立求解，从而解出磁场强度在两层材料中的分布规律，最后利用麦克斯韦方程和坡印廷定理确定涡流分布规律和涡流产生的热能。

3.11.1 双材料内部磁场强度分布

利用麦克斯韦方程可以推导出磁场强度 H 在 A 层材料和 B 层材料中的控制方程分别为

$$\frac{\partial^2 H_1(x,y)}{\partial x^2}+\frac{\partial^2 H_1(x,y)}{\partial y^2}=\alpha_1^2 H_1(x,y),\ (0\leqslant x\leqslant a,\ -b\leqslant y\leqslant 0)$$

$$\frac{\partial^2 H_2(x,y)}{\partial x^2}+\frac{\partial^2 H_2(x,y)}{\partial y^2}=\alpha_2^2 H_2(x,y),\ (0\leqslant x\leqslant a,\ 0\leqslant y\leqslant c) \tag{3-279}$$

式中，$H_1(x,y)$、$H_2(x,y)$分别是 A 层和 B 层材料内部(x, y)处的磁场强度，并且有

$$\alpha_1^2=-\omega^2\mu_1\left(\varepsilon_1-\mathrm{j}\frac{\sigma_1}{\omega}\right),\ \mu_1=\mu_0\mu_{r1},\ \varepsilon_1=\varepsilon_0\varepsilon_{r1}$$

$$\alpha_2^2=-\omega^2\mu_2\left(\varepsilon_2-\mathrm{j}\frac{\sigma_2}{\omega}\right),\ \mu_2=\mu_0\mu_{r2},\ \varepsilon_2=\varepsilon_0\varepsilon_{r2} \tag{3-280}$$

式中，$\sigma_1,\sigma_2,\mu_1,\mu_2,\varepsilon_1,\varepsilon_2,\mu_{r1},\mu_{r2}$和 $\varepsilon_{r1},\varepsilon_{r2}$分别为 A 层材料和 B 层材料的电导率、磁导率、介电常数、相对磁导率和相对介电常数；μ_0和 ε_0分别是真空磁导率和真空介电常数。本节所研究的换能器 A 层磁致伸缩材料为良导体，B 层材料为铜，也是良导体，两层材料的电磁参数皆满足条件：

$$\frac{\sigma_i}{\omega\varepsilon_i}\gg 1,\ i=1,2 \tag{3-281}$$

因此，式（3-279）中的常数可简化为

$$\alpha_1^2=\mathrm{j}\omega\mu_1\sigma_1,\ \alpha_2^2=\mathrm{j}\omega\mu_2\sigma_2 \tag{3-282}$$

A 层磁致伸缩材料中磁场强度的表面边界条件为

$$H_1(0,y)=H_1(a,y)=H_S,\ (-b\leqslant y\leqslant 0)$$

$$H_1(x,-b)=H_S,\ (0\leqslant x\leqslant a) \tag{3-283}$$

B 层材料中磁场强度的表面边界条件为

$$H_2(0,y)=H_2(a,y)=H_S,\ (0\leqslant y\leqslant c)$$

$$H_2(x,c)=H_S,\ (0\leqslant x\leqslant a) \tag{3-284}$$

A 层和 B 层材料的界面边界条件为

$$H_1(x,0)=H_2(x,0)=h(x),\ (0\leqslant x\leqslant a) \tag{3-285}$$

上面各式中，H_S 表示已知的磁致伸缩材料外表面上的激励磁场强度，$h(x)$为 A 层和 B 层材料界面上待定的磁场强度函数。该函数将由两层材料的界面电磁场边界条件联立解出。

为了方便求解方式（3-279），根据数学物理方程理论，首先将其转化成齐次

边界条件方程组。因此，通过定义辅助函数 $G_1(x,y)$ 和 $G_2(x,y)$，即可使非齐次边界条件方程组转化成齐次边界条件方程组，辅助函数的表达式分别为

$$G_1(x,y)=H_1(x,y)-\frac{h(x)-H_S}{b}y-h(x)$$

$$G_2(x,y)=H_2(x,y)-\frac{H_S-h(x)}{c}y-h(x) \tag{3-286}$$

这样，只要知道了 $G_1(x,y)$ 和 $G_2(x,y)$，那么磁场强度 $H_1(x,y)$ 和 $H_2(x,y)$ 就可以由下式求出：

$$H_1(x,y)=G_1(x,y)+\frac{h(x)-H_S}{b}y+h(x)$$

$$H_2(x,y)=G_2(x,y)+\frac{H_S-h(x)}{c}y+h(x) \tag{3-287}$$

问题归结为求辅助函数 $G_1(x,y)$ 和 $G_2(x,y)$，为此，将式（3-286）代入式（3-279），得到新的齐次边界条件的控制方程组：

$$\begin{aligned}&\frac{\partial^2 G_1(x,y)}{\partial x^2}+\frac{\partial^2 G_1(x,y)}{\partial y^2}=\alpha_1^2 G_1(x,y)\\&G_1(0,y)=G_1(a,y)=0,\ (-b\leqslant y\leqslant 0)\\&G_1(x,-b)=0,\ (0\leqslant x\leqslant a)\\&G_1(x,0)=0,\ (0\leqslant x\leqslant a)\end{aligned} \tag{3-288}$$

$$\begin{aligned}&\frac{\partial^2 G_2(x,y)}{\partial x^2}+\frac{\partial^2 G_2(x,y)}{\partial y^2}=\alpha_2^2 G_2(x,y)\\&G_2(0,y)=G_2(a,y)=0,\ (0\leqslant y\leqslant c)\\&G_2(x,c)=0,\ (0\leqslant x\leqslant a)\\&G_2(x,0)=0,\ (0\leqslant x\leqslant a)\end{aligned} \tag{3-289}$$

采用双重傅里叶变换，求解式（3-288）和式（3-289）。首先，定义：

$$\overline{\overline{G}}_1=\int_{-b}^{0}\int_0^a G_1\sin\frac{m\pi x}{a}\sin\frac{n\pi y}{b}\mathrm{d}x\mathrm{d}y \tag{3-290}$$

对式（3-288）两边做傅里叶变换之后，得出

$$\begin{aligned}&\left(-\frac{m^2\pi^2}{a^2}-\frac{n^2\pi^2}{b^2}\right)\overline{\overline{G}}_1+[(-1)^m-1]\frac{bmH_S}{an}+\frac{bm^2\pi}{a^2n}\int_0^a h(x)\sin\frac{m\pi x}{a}\mathrm{d}x\\&=\alpha_1^2\left\{\overline{\overline{G}}_1-\frac{b}{n\pi}\int_0^a h(x)\sin\frac{m\pi x}{a}\mathrm{d}x+[(-1)^{m+n+1}+(-1)^n]\frac{abH_S}{mn\pi^2}\right\}\end{aligned} \tag{3-291}$$

由上式解出：

$$\overline{\overline{G}}_1=\frac{[(-1)^m-1]\dfrac{bmH_S}{an}+\left(\dfrac{bm^2\pi}{a^2n}+\dfrac{\alpha_1^2b}{n\pi}\right)\int_0^a h(x)\sin\dfrac{m\pi x}{a}dx}{\alpha_1^2+\dfrac{m^2\pi^2}{a^2}+\dfrac{n^2\pi^2}{b^2}}+\frac{[(-1)^{m+n}+(-1)^{n+1}]\dfrac{abH_S\alpha_1^2}{mn\pi^2}}{\alpha_1^2+\dfrac{m^2\pi^2}{a^2}+\dfrac{n^2\pi^2}{b^2}} \tag{3-292}$$

对式（3-292）进行傅里叶逆变换，得到 $G_1(x, y)$的表达式为

$$\begin{aligned}G_1&=\frac{4}{ab}\sum_{m=1}^{\infty}\sum_{n=1}^{\infty}\overline{\overline{G}}_1\sin\frac{m\pi x}{a}\sin\frac{n\pi y}{b}\\&=\frac{4}{ab}\sum_{m=1}^{\infty}\sum_{n=1}^{\infty}\left\{\frac{[(-1)^m-1]\dfrac{bmH_S}{an}+\left(\dfrac{bm^2\pi}{a^2n}+\dfrac{\alpha_1^2b}{n\pi}\right)\int_0^a h(x)\sin\dfrac{m\pi x}{a}dx}{\alpha_1^2+\dfrac{m^2\pi^2}{a^2}+\dfrac{n^2\pi^2}{b^2}}\right.\\&\quad\left.+\frac{[(-1)^{m+n}+(-1)^{n+1}]\dfrac{abH_S\alpha_1^2}{mn\pi^2}}{\alpha_1^2+\dfrac{m^2\pi^2}{a^2}+\dfrac{n^2\pi^2}{b^2}}\right\}\sin\frac{m\pi x}{a}\sin\frac{n\pi y}{b}\end{aligned} \tag{3-293}$$

代入式（3-287）即得到 A 层磁致伸缩材料内部磁场强度表达式为

$$\begin{aligned}H_1(x,y)&=\frac{4}{ab}\sum_{m=1}^{\infty}\sum_{n=1}^{\infty}\left\{\frac{[(-1)^m-1]\dfrac{bmH_S}{an}+\left(\dfrac{bm^2\pi}{a^2n}+\dfrac{\alpha_1^2b}{n\pi}\right)\int_0^a h(x)\sin\dfrac{m\pi x}{a}dx}{\alpha_1^2+\dfrac{m^2\pi^2}{a^2}+\dfrac{n^2\pi^2}{b^2}}\right.\\&\quad\left.+\frac{[(-1)^{m+n}+(-1)^{n+1}]\dfrac{abH_S\alpha_1^2}{mn\pi^2}}{\alpha_1^2+\dfrac{m^2\pi^2}{a^2}+\dfrac{n^2\pi^2}{b^2}}\right\}\sin\frac{m\pi x}{a}\sin\frac{n\pi y}{b}\\&\quad+\frac{h(x)-H_S}{b}y+h(x)\end{aligned} \tag{3-294}$$

同理，对 B 层材料，定义：

$$\overline{\overline{G}}_2=\int_0^c\int_0^a G_2\sin\frac{m\pi x}{a}\sin\frac{n\pi y}{c}dxdy \tag{3-295}$$

对式（3-289）两边做傅里叶变换之后，得

$$\left(-\frac{m^2\pi^2}{a^2}-\frac{n^2\pi^2}{c^2}\right)\overline{\overline{G}}_2+[(-1)^{m+1}+1]\frac{cmH_S}{an}-\frac{cm^2\pi}{a^2n}\int_0^a h(x)\sin\frac{m\pi x}{a}dx$$
$$=\alpha_2^2\left\{\overline{\overline{G}}_2+\frac{c}{n\pi}\int_0^a h(x)\sin\frac{m\pi x}{a}dx+[(-1)^{m+n}+(-1)^{n+1}]\frac{acH_S}{mn\pi^2}\right\} \tag{3-296}$$

由上式解出：

$$\overline{\overline{G}}_2=\frac{[(-1)^{m+1}+1]\frac{cmH_S}{an}-\left(\frac{cm^2\pi}{a^2n}+\frac{\alpha_2^2c}{n\pi}\right)\int_0^a h(x)\sin\frac{m\pi x}{a}dx}{\alpha_2^2+\frac{m^2\pi^2}{a^2}+\frac{n^2\pi^2}{c^2}}+\frac{[(-1)^{m+n+1}+(-1)^n]\frac{acH_S\alpha_2^2}{mn\pi^2}}{\alpha_2^2+\frac{m^2\pi^2}{a^2}+\frac{n^2\pi^2}{c^2}} \tag{3-297}$$

对式（3-297）进行傅里叶逆变换，得到 $G_2(x,y)$的表达式为

$$G_2=\frac{4}{ab}\sum_{m=1}^{\infty}\sum_{n=1}^{\infty}\overline{\overline{G}}_2\sin\frac{m\pi x}{a}\sin\frac{n\pi y}{c}$$
$$=\frac{4}{ab}\sum_{m=1}^{\infty}\sum_{n=1}^{\infty}\left\{\frac{[(-1)^{m+1}+1]\frac{cmH_S}{an}-\left(\frac{cm^2\pi}{a^2n}+\frac{\alpha_2^2c}{n\pi}\right)\int_0^a h(x)\sin\frac{m\pi x}{a}dx}{\alpha_2^2+\frac{m^2\pi^2}{a^2}+\frac{n^2\pi^2}{c^2}}+\frac{[(-1)^{m+n+1}+(-1)^n]\frac{acH_S\alpha_2^2}{mn\pi^2}}{\alpha_2^2+\frac{m^2\pi^2}{a^2}+\frac{n^2\pi^2}{c^2}}\right\}\sin\frac{m\pi x}{a}\sin\frac{n\pi y}{c} \tag{3-298}$$

代入式（3-287）得到 B 层材料内部磁场强度表达式为

$$H_2(x,y)=\frac{4}{ac}\sum_{m=1}^{\infty}\sum_{n=1}^{\infty}\left\{\frac{[(-1)^{m+1}+1]\frac{cmH_S}{an}-\left(\frac{cm^2\pi}{a^2n}+\frac{\alpha_2^2c}{n\pi}\right)\int_0^a h(x)\sin\frac{m\pi x}{a}dx}{\alpha_1^2+\frac{m^2\pi^2}{a^2}+\frac{n^2\pi^2}{c^2}}+\sum_{m=1}^{\infty}\sum_{n=1}^{\infty}\frac{[(-1)^{m+n+1}+(-1)^n]\frac{acH_S\alpha_2^2}{mn\pi^2}}{\alpha_1^2+\frac{m^2\pi^2}{a^2}+\frac{n^2\pi^2}{c^2}}\right\}\sin\frac{m\pi x}{a}\sin\frac{n\pi y}{c}+\frac{H_S-h(x)}{c}y+h(x) \tag{3-299}$$

A 层和 B 层材料界面上待定的磁场强度函数 $h(x)$ 可以通过下述方法确定。

假设 $h(x)$ 为 x 的幂级数：

$$h(x)=a_1+a_2x+a_3x^2+\cdots+a_9x^8 \tag{3-300}$$

式中，待定系数 a_1，a_2，a_3，…，a_9 由 A 层和 B 层材料界面上的磁场强度切向分量连续性边界条件确定。在两层材料的边界上选择 9 个点，点的个数将影响界面磁场强度函数 $h(x)$ 的精度，后面有专门检验精度的方法。各点的坐标为

$$(x_1,0),(x_2,0),(x_3,0),\cdots,(x_9,0) \tag{3-301}$$

将这 9 个点的坐标代入式（3-294）和式（3-299），并利用界面上的边界条件式（3-285），可以得到 9 个关于待定系数 a_1，a_2，a_3，…，a_9 的代数方程为

$$(H_1(x_K,0))|_{\text{A层材料}}=(H_2(x_K,0))|_{\text{B层材料}}\quad k=1,2,3,\cdots,9 \tag{3-302}$$

求解这 9 个代数方程，便可确定这 9 个待定系数，从而就确定了界面上的磁场强度函数 $h(x)$。然后，再代入式（3-294）和式（3-299），就可以把换能器复合材料内部磁场强度分布规律 $H_1(x,y)$ 和 $H_2(x,y)$ 的理论公式完全解出了。求解过程中可以利用 MATLAB 软件，计算和画图都很方便。

3.11.2　换能器复合材料内部磁场强度和涡流分布

传导电流和位移电流之和可以通过麦克斯韦方程得出，即

$$\nabla\times\boldsymbol{H}(x,y)=\sigma\boldsymbol{E}+\frac{\partial\boldsymbol{D}}{\partial t}=\sigma\boldsymbol{E}+\mathrm{j}\omega\varepsilon\boldsymbol{E}=\mathrm{j}\omega\varepsilon_{\mathrm{c}}\boldsymbol{E} \tag{3-303}$$

式中，D 是电位移；E 是电场强度；σ 是电导率；ε 为介电常数；$\varepsilon_{\mathrm{c}}=\varepsilon-\mathrm{j}\dfrac{\sigma}{\omega}$ 是等效介电常数。

由式（3-303）可知，A 层磁致伸缩材料中的涡流密度为

$$\boldsymbol{J}_1(x,y)=\boldsymbol{E}_1\sigma_1=\frac{\nabla\times\boldsymbol{H}_1(x,y)}{\mathrm{j}\omega\varepsilon_{\mathrm{C1}}}\sigma_1 \tag{3-304}$$

式中，$\varepsilon_{\mathrm{c1}}=\varepsilon_1-\mathrm{j}\dfrac{\sigma_1}{\omega}$ 是 A 层磁致伸缩材料的等效介电常数。

由式（3-303）可知，B 层导电材料中的涡流密度为

$$\boldsymbol{J}_2(x,y)=\boldsymbol{E}_2\sigma_2=\frac{\nabla\times\boldsymbol{H}_2(x,y)}{\mathrm{j}\omega\varepsilon_{\mathrm{C2}}}\sigma_2 \tag{3-305}$$

式中，$\varepsilon_{\mathrm{c2}}=\varepsilon_2-\mathrm{j}\dfrac{\sigma_2}{\omega}$ 是 B 层材料的等效介电常数。

我们研究了两组复合材料 A1/B1 和 A2/B2 中的涡流分布规律，以及电导率对涡流规律的影响。这两组复合材料的电导率及磁导率见表 3-1。激励电磁场的磁场强度幅值为 $H_{\mathrm{S}}=477\mathrm{A/m}$，频率 $f=1\times10^3\mathrm{Hz}$，磁致伸缩换能器的宽度 $a=10\mathrm{mm}$，两层材料的厚度分别为 $b=c=5\mathrm{mm}$。

表 3-1　两组磁致伸缩复合材料物理性能

	材料	电导率(σ)/ ×10^5(s/m)	相对磁导率(μ_r)
第一组	A1 $Fe_{81}Ga_{19}$	3.766	40
	B1 $Fe_{81}Ga_{19}$	3.766	40
第二组	A2 ($Fe_{81}Ga_{19}$)	3.766	40
	B2 (模拟材料)	18.830	40

第一组复合材料中的两层材料相同，皆为磁致伸缩铁镓合金材料 $Fe_{81}Ga_{19}$，其目的是用来与现有教科书中，适用于均匀相同性材料的磁场强度和涡流强度公式对比，验证我们推导的适用于复合材料的公式的正确性。第二组中，A 层材料为磁致伸缩铁镓合金材料 $Fe_{81}Ga_{19}$，B 层材料为模拟材料，其电导率为 A 层材料的 5 倍，其他电磁参数都相同，目的是研究电导率对换能器复合材料内部磁场强度和涡流的影响。

1. 磁致伸缩换能器 $z=z_0$ 平面内磁场强度变化规律

根据对称性，磁致伸缩换能器中，$z=z_0$，$0<z_0<l$ 各个平面内的磁场强度分布规律是相同的。图 3-25 所示为第一组模拟材料中 $z=z_0$ 平面内磁场强度的分布规律图。第一组模拟材料实际上就是由两层完全相同的材料复合而成的均匀相同性材料，从模拟计算画出的磁场强度分布图可以看出，均匀相同性材料的磁场强度分布是对称的，其最小值在复合材料横截面的中心位置。由于模拟的材料是导体，可以看出强烈的集肤效应，磁场强度 $H(x, y)$ 在 $z=z_0$ 平面内由材料表面向材料内部传播时，随传播距离迅速衰减。

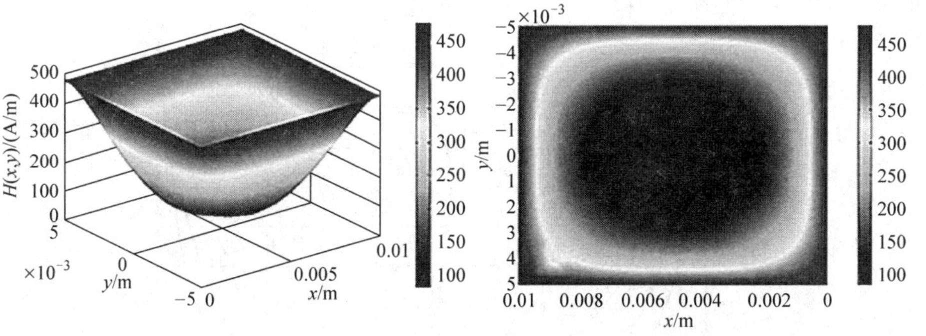

a) 3D视图　　b) 2D视图

图 3-25　均匀相同性材料中 $z=z_0$ 平面内的 $H(x, y)$ 分布图

图 3-26 所示为第二组模拟材料中 $z=z_0$ 平面内磁场强度的分布规律图。

第二组模拟材料是由两层不同的电磁性能材料复合而成，从模拟计算画出的磁场强度分布图可以看出，磁场强度分布在 y 方向是非对称的，与相同性材料相比，磁场强度最小值的位置将由复合材料截面的几何中心向高电导率材料截面的

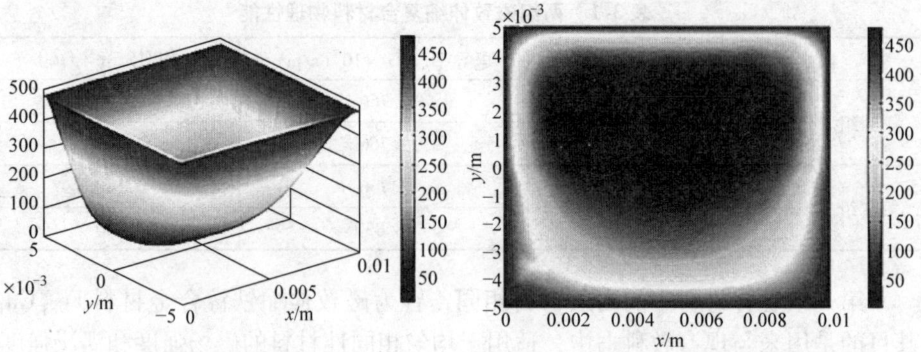

a) 3D视图　　b) 2D视图

图 3-26　磁致伸缩复合材料中 $z=z_0$ 平面内的 $H(x,\ y)$ 分布图

几何中心偏移。两层材料的电导率之比将影响偏移的距离，电导率之比越大，偏移距离就越大。同样，由于模拟的复合材料是导体，可以看出强烈的集肤效应，磁场强度 $H(x,\ y)$ 在 $z=z_0$ 平面内由材料表面向材料内部传播时，随传播距离迅速衰减，只是电导率越大，衰减的烈度就越大。

为了研究电导率对磁场强度分布的影响，我们选择了 3 个电导率比，即

$$R_1(\sigma)=\frac{\sigma_{B1}}{\sigma_{A1}}=1,R_2(\sigma)=\frac{\sigma_{B2}}{\sigma_{A1}}=5,R_3(\sigma)=\frac{\sigma_{B3}}{\sigma_{A1}}=10$$

式中，σ_{A1} 是 A 层磁致伸缩材料电导率；σ_{B1}、σ_{B2}、σ_{B3} 分别是 3 种非磁致伸缩材料的电导率。图 3-27 所示为三种磁致伸缩复合材料在 $z=z_0$ 平面内，沿 $y=0$ 轴方向，$H(x,\ y)$ 随 x 坐标而变化的分布图。

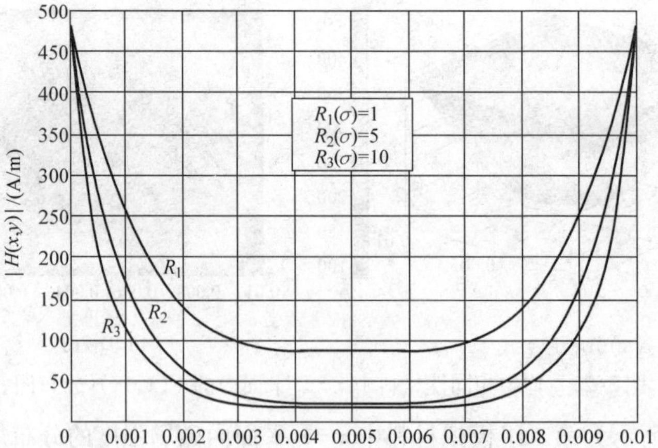

图 3-27　不同复合材料中磁场强度 $H(x,\ y)$

由图 3-27 可知，在 A 层和 B 层材料的界面上，即 x 轴方向上，磁场强度分布是对称的，即沿着 $y=0$ 轴，关于 $x=0.5a$ 轴对称。实际上，在所有的与 x 轴平行的轴线上，磁场强度分布都关于 $x=0.5a$ 轴对称。这是因为所有的与 x 轴平行的轴线上的材料都是同一种材料。从图中还可以看出，对三种不同的电导率比复合材料，都存在强烈的集肤效应，其烈度随着材料的电导率增大而增大。

尽管磁场强度分布在 x 方向上关于 $x=0.5a$ 轴对称，但是如图 3-28 所示，磁场强度分布在 y 轴方向上是非对称的。

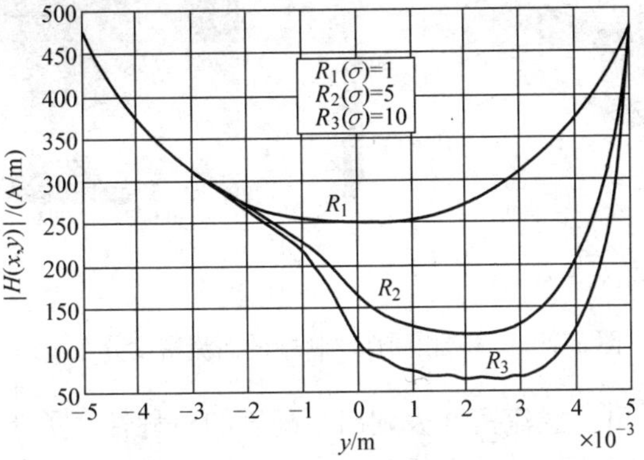

图 3-28　三种复合材料中磁场强度 $H(x,\ y)$

图 3-28 中的数据是沿着 $x=0.5a$ 轴，磁场强度 $H(x,\ y)$ 随 y 坐标而变化分布的。实际上，在所有的与 y 轴平行的轴线上，磁场强度分布都是不对称的。这是因为所有的与 y 轴平行的轴线上的材料都是由 A 层和 B 层不同的材料复合而成的。从图中可以看出，在复合而成的复合导电材料中，同样存在着强烈的集肤效应，在不同的导电材料中，有不同烈度的集肤效应，其烈度随着材料的电导率增大而增大，与相同性材料相比，在复合材料内部，磁场强度最小值的位置将由复合材料截面的几何中心向高电导率材料截面的几何中心偏移。两层材料的电导率之比将影响偏移的距离，电导率之比越大，偏移距离就越大，磁场强度的最小值也更小。

导体中的集肤深度 δ 为

$$\delta=\frac{1}{k_2}=\frac{1}{\sqrt{\pi f\mu\sigma}} \tag{3-306}$$

可见，集肤深度与频率 f、电导率 σ 和磁导率 μ 的乘积的平方根成反比。因此，对于电导率或磁导率大的材料，其集肤效应就比较显著。在式（3-306）中：

$$k_2=\sqrt{\pi f\mu\sigma} \tag{3-307}$$

表示电磁场强度的衰减因子。

2. 磁致伸缩换能器 $z=z_0$ 平面内涡流分布规律

根据式（3-305），画出了在均匀相同性材料中，在 $z=z_0$ 平面内的涡流密度分布规律，如图 3-29 所示。

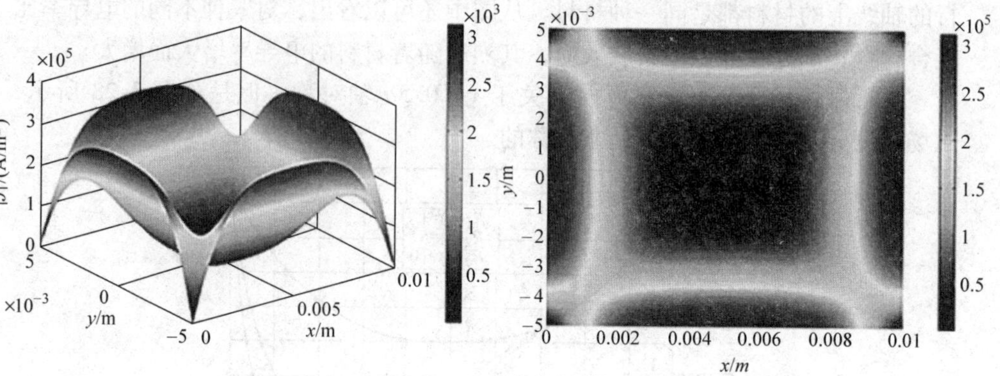

a) 3D视图　　b) 2D视图

图 3-29　均匀相同性材料中的涡流密度分布规律

从图中可以看出，涡流密度表现出了高度的对称性，关于材料横截面与坐标轴平行的中心轴成对称，其最大值分布在四个边界线的中间区域，并集中在材料的表面邻域，最小值分布在 $z=z_0$ 材料平面内的对称中心区域。同时，还呈现出高度的集肤效应，四个边界线中间区域的最大涡流密度随着沿各自边界线的法线方向离开距离的增大而迅速衰减。四个角点为奇点，该点的涡流密度为零。

同理，根据式（3-306），在图 3-30 中画出了磁致伸缩换能器复合材料结构中，在 $z=z_0$ 平面内的涡流密度分布规律。

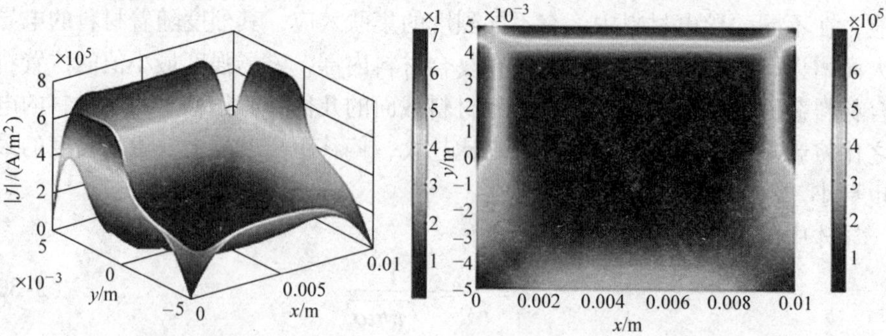

a) 3D视图　　b) 2D视图

图 3-30　磁致伸缩换能器复合材料结构中的涡流密度分布

从图中可以看出，涡流密度在 $z=z_0$ 材料平面内，关于 $x=0.5a$ 轴成对称，其最大值分布在具有高电导率 B 层材料的三个外边界线的中间区域，并集中在材料的表面邻域。在 A 层磁致伸缩材料中，涡流密度的最大值也分布在 A 层三个外边界线的中间区域，并集中在材料的表面邻域。显然，A 层的最大涡流密度明显小于 B 层的最大涡流密度。与相同性材料相比，最小值分布区域由原来的截面几何对称中心向 B 层高电导率材料的截面区域偏移。同时，在磁致伸缩复合材料中，涡流密度还呈现出了高度的集肤效应，最大涡流密度随着沿各自边界线的法线方向离开的距离的增大而迅速衰减。另外，还可以看出双层材料的电导率比值越大，在高电导率材料层的集肤效应烈度就越强。同样，四个角点为奇点，该点的涡流密度为零。

3. 精度检测

前述推导的方程普遍适用于双层复合材料结构，如果考虑一个由两个相同材料组成的双层结构，则成为特例，上述理论公式同样适用，即变成相同性材料内部涡流分析问题，这类研究已经有成熟的理论结果。为了验证上述推导方程的正确性，把相同性材料作为特例，进行了计算，并与教科书上 R. L. Stoll 方程的计算结果做对比。如图 3-31 所示，可以看出最大误差小于 0.5%，充分说明上述推导的方程是正确的。

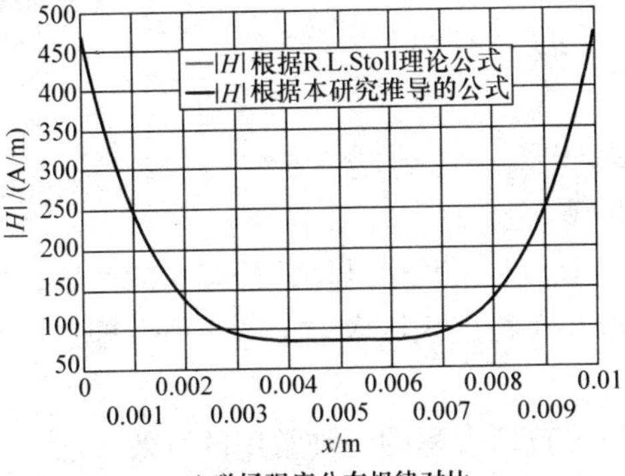

a) 磁场强度分布规律对比

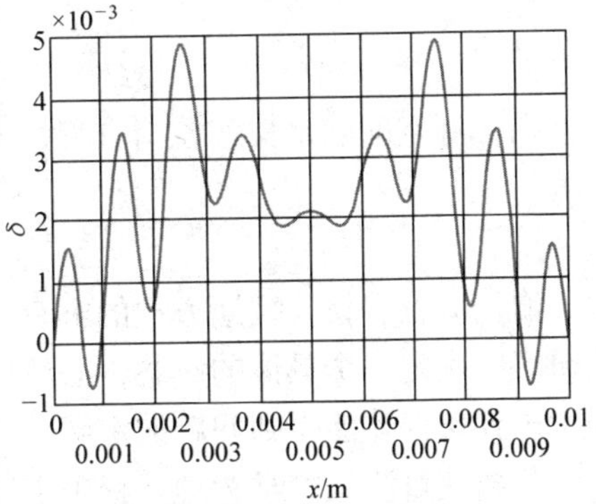

b) 计算结果的相对误差

图 3-31　与 R. L. Stoll 方程计算结果对比

最后强调，本节推导的公式，可适用于复杂的双层材料组成的复合材料内部涡流分布规律研究、电场强度和磁场强度分布规律研究，教科书上 R. L. Stoll 方程仅适用于相同性材料。

由以上介绍可知，一般对于磁致伸缩生物传感器内部电磁场传播规律进行理论研究的步骤，归结为

1）利用麦克斯韦方程建立电磁场传播控制方程。

2）提出合理的边界条件和初始条件。

3）求解电磁场传播控制方程。

4）分析结果，揭示规律，研究规律，利用规律。

因此，掌握电磁场传播控制方程的求解基本方法是十分必要的。下一节重点介绍几种对常见的电磁场传播控制方程的求解方法。

3.12 常见电磁场传播方程的求解

一般说来，电磁场的解是由麦克斯韦方程组和边界条件决定的。对于静态场，则可归结为在给定的边界条件下求解标量位或矢量位的泊松方程或拉普拉斯方程。通常，场的分布是二维的甚至三维的，它们的求解有解析法和近似计算法。在解析法中，分离变量法常用来求解具有规则边界形状的边值问题，而近似计算法（如有限差分法、有限元法等）则可以得到任意边界形状下场的近似结果。

3.12.1 直角坐标系的分离变量法

由电磁场理论可知，电位和矢量磁位函数满足泊松方程，即

$$\begin{aligned}\nabla^2\Phi &= -\frac{\rho}{\varepsilon}\\ \nabla^2 A &= -\mu J\end{aligned}\tag{3-308}$$

在无源空间满足拉普拉斯方程，即

$$\begin{aligned}\nabla^2\Phi &=0\\ \nabla^2 A &=0\end{aligned}\tag{3-309}$$

泊松方程和拉普拉斯方程的解有无数个，对于某个具体的静态场的问题，要从通解中确定一个具体的解答，必然要涉及在特定区域内给定的边值，即：需要利用边界条件才能得到问题的定解。

分离变量法是数学物理方程中求解拉普拉斯方程的一种常用的有效方法，它要求问题所给出的边界面与一个正交坐标系的坐标面相合。用分离变量法求解拉普拉斯方程分为三个步骤：

第一步是根据静场问题的边界形状，选择适当的坐标系，比如磁致伸缩板的问题就适合用直角坐标系，磁致伸缩柱的问题就适合用柱坐标系，而磁致伸缩球的问题就适合用球坐标系。写出在该坐标系下的拉普拉斯方程的表达式。

第二步是应用分离变量法将多元函数的微分方程，化简为求解几个互相独立的一元函数微分方程的问题，经过简单组合即可得到拉普拉斯方程的通解。

第三步则是根据问题所给定的边界条件，确定通解中的待定系数，从而求得拉普拉斯方程的特解。

二维直角坐标系下的分离变量法

很多磁致伸缩生物传感器的结构是长方体，在研究电磁场在长方体内分布规

律时，需要采用三维直角坐标，而作为分离变量法的基础，掌握二维直角坐标系下的分离变量法就十分必要。下面介绍矩形域内的拉普拉斯问题求解方法。

当给定问题是限定于矩形的区域时，则选择直角坐标系。在直角坐标系下拉普拉斯方程的定解问题为

$$\begin{aligned}&\frac{\partial^2 u}{\partial x^2}+\frac{\partial^2 u}{\partial y^2}=0, && 0<x<a, 0<y<b\\ &u(0,y)=u(a,y)=0, && 0<y<b\\ &u(x,0)=\phi(x), u(x,b)=\psi(x), && 0\leqslant x\leqslant a\end{aligned} \tag{3-310}$$

令未知位函数 u 等于两个一维坐标函数的乘积，即

$$u=X(x)Y(y) \tag{3-311}$$

将 u 代入式（3-310），并用 $X(x)Y(y)$除以方程两边，于是有

$$\begin{aligned}&\frac{X''(x)}{X(x)}=-\frac{Y''(x)}{Y(x)}=-\lambda\\ &u(0,y)=u(a,y)=0, && 0<y<b\\ &u(x,0)=\phi(x), u(x,b)=\psi(x), && 0\leqslant x\leqslant a\end{aligned} \tag{3-312}$$

上述第一个方程中等式两边分别是互相独立的坐标 x 和 y 的函数，对任何 x 和 y 的值，方程恒成立，只能等于常数 $-\lambda$，并令 $\lambda=k^2$。式（3-312）实际上就是两个带有定解条件的齐次常微分方程组。

$$\begin{aligned}&X''+\lambda X=0\\ &Y''-\lambda Y=0\\ &X(0)=0, X(a)=0\\ &u(x,0)=XY=\phi(x), u(x,b)=XY=\psi(x), 0\leqslant x\leqslant a\end{aligned} \tag{3-313}$$

式中，λ 为特征值；k 为分离常数，k 可以是一个实数，也可以是一个虚数，当然也可以是零。根据 k 的取值，式（3-313）的解分为以下三种情况。

当 k 为虚数时，式（3-313）的解为

$$\begin{aligned}&X(x)=Ae^{kx}+Be^{-kx}\\ &Y(x)=C\cos ky+D\sin ky\end{aligned} \tag{3-314}$$

式（3-310）的解为

$$u(x,y)=X(x)Y(x)=(Ae^{kx}+Be^{-kx})(C\cos ky+D\sin ky) \tag{3-315}$$

当 k 为实数时，式（3-313）的解为

$$\begin{aligned}&X(x)=A\cos kx+B\sin kx\\ &Y(x)=Ce^{ky}+De^{-ky}\end{aligned} \tag{3-316}$$

式（3-310）的解为

$$u(x,y)=X(x)Y(x)=(A\cos kx+B\sin kx)(Ce^{ky}+De^{-ky}) \tag{3-317}$$

当 k 为零时，式（3-313）的解为

$$X(x)=A_0+B_0x \\ Y(x)=C_0+D_0y \tag{3-318}$$

式（3-310）的解为

$$u(x,y)=X(x)Y(x)=(A_0+B_0x)(C_0+D_0y) \tag{3-319}$$

由于三角函数具有周期性，因此求解式（3-315）、式（3-317）中的分离变量 k 可以取一系列特定的值 k_n（$n=1$，2，3，…）。由于拉普拉斯方程是线性方程，因此，当 k 为虚数时，取式（3-315）和式（3-319）特解的线性组合就构成了式（3-313）的通解，即

$$\begin{aligned} u(x,y) &= X(x)Y(x) = (A_0+B_0x)(C_0+D_0y) \\ &+ \sum_{n=1}^{\infty}(A_n e^{k_n x}+B_n e^{-k_n x})[C_n\cos(k_n y)+D_n\sin(k_n y)] \end{aligned} \tag{3-320}$$

当 k 为实数时，取式（3-317）和式（3-319）特解的线性组合就构成了式（3-313）的通解：

$$\begin{aligned} u(x,y) &= X(x)Y(x) = (A_0+B_0x)(C_0+D_0y) \\ &+ \sum_{n=1}^{\infty}[A_n\cos(k_n x)+B_n\sin(k_n x)][(C_n e^{k_n y}+D_n e^{-k_n y})] \end{aligned} \tag{3-321}$$

把上式代入式（3-312）的边界条件求出特征根 λ_n，再由式（3-312）求出特征与特征根对应的特征向量 $X(x)$、$Y(x)$：

$$\begin{aligned} &\lambda_n=\left(\frac{n\pi}{a}\right)^2, n=1,2,3,\cdots \\ &X_n=B_n\sin\frac{n\pi}{a}x \\ &Y_n=C'_n e^{\frac{n\pi}{a}y}+D'_n e^{-\frac{n\pi}{a}y} \end{aligned} \tag{3-322}$$

于是得到一系列分离变量形式的特解为

$$\begin{aligned} u_n &= X_nY_n = B_n\sin\frac{n\pi}{a}x\left(C'_n e^{\frac{n\pi}{a}y}+D'_n e^{-\frac{n\pi}{a}y}\right) \\ &= \sum_{n=1}^{\infty}\left(C_n e^{\frac{n\pi}{a}y}+D_n e^{-\frac{n\pi}{a}y}\right)\sin\frac{n\pi}{a}x \end{aligned} \tag{3-323}$$

取这些特解的线性组合，就得到原拉普拉斯方程的通解，即

$$u = \sum_{n=1}^{\infty}u_n = \sum_{n=1}^{\infty}\left(C_n e^{\frac{n\pi}{a}y}+D_n e^{-\frac{n\pi}{a}y}\right)\sin\frac{n\pi}{a}x \tag{3-324}$$

注意，上式中仍然还有待定系数 C_n、D_n，这些系数需要继续利用式（3-312）中的边界条件，即

$$u(x,0)=XY=\phi(x), u(x,b)=XY=\psi(x), 0\leqslant x\leqslant a \tag{3-325}$$

来定出。

把式（3-324）代入式（3-325）可得

$$u(x,0)=\phi(x)=\sum_{n=1}^{\infty}(C_n+D_n)\sin\frac{n\pi}{a}x$$

$$u(x,b)=\psi(x)=\sum_{n=1}^{\infty}\left(C_n\mathrm{e}^{\frac{n\pi b}{a}}+D_n\mathrm{e}^{-\frac{n\pi b}{a}}\right)\sin\frac{n\pi}{a}x \tag{3-326}$$

将 $\phi(x)$、$\psi(x)$ 展成傅里叶级数，并代入上式，并比较级数的系数，可得到

$$\frac{2}{a}\int_0^a\phi(x)\sin\frac{n\pi}{a}x\mathrm{d}x=C_n+D_n$$

$$\frac{2}{a}\int_0^a\psi(x)\sin\frac{n\pi}{a}x\mathrm{d}x=C_n\mathrm{e}^{\frac{n\pi b}{a}}+D_n\mathrm{e}^{-\frac{n\pi b}{a}} \tag{3-327}$$

由上式解出待定系数为

$$C_n=\frac{\frac{2}{a}\int_0^a\left[\psi(x)\mathrm{e}^{\frac{n\pi b}{a}}-\phi(x)\right]\sin\frac{n\pi}{a}x\mathrm{d}x}{\mathrm{e}^{\frac{2n\pi b}{a}}-1}$$

$$D_n=\frac{\frac{2}{a}\int_0^a\left[\psi(x)\mathrm{e}^{-\frac{n\pi b}{a}}-\phi(x)\right]\sin\frac{n\pi}{a}x\mathrm{d}x}{\mathrm{e}^{-\frac{2n\pi b}{a}}-1} \tag{3-328}$$

代入式（3-324）就得到了拉普拉斯方程在 k 为实数时的完整通解，即

$$u=\sum_{n=1}^{\infty}u_n=\sum_{n=1}^{\infty}\left(C_n\mathrm{e}^{\frac{n\pi}{a}y}+D_n\mathrm{e}^{-\frac{n\pi}{a}y}\right)\sin\frac{n\pi}{a}x$$

$$=\sum_{n=1}^{\infty}\left(\begin{array}{c}\dfrac{\frac{2}{a}\int_0^a\left[\psi(x)\mathrm{e}^{\frac{n\pi b}{a}}-\phi(x)\right]\sin\frac{n\pi}{a}x\mathrm{d}x}{\mathrm{e}^{\frac{2n\pi b}{a}}-1}\mathrm{e}^{\frac{n\pi}{a}y}\\+\dfrac{\frac{2}{a}\int_0^a\left[\psi(x)\mathrm{e}^{-\frac{n\pi b}{a}}-\phi(x)\right]\sin\frac{n\pi}{a}x\mathrm{d}x}{\mathrm{e}^{-\frac{2n\pi b}{a}}-1}\mathrm{e}^{-\frac{n\pi}{a}y}\end{array}\right)\sin\frac{n\pi}{a}x \tag{3-329}$$

当 k 为虚数时，按照上述方法，很容易求出拉普拉斯方程在 k 为虚数时的完整通解，此处不再赘述。

3.12.2　极坐标系下的分离变量法

很多磁致伸缩生物传感器的结构是圆柱体，在研究电磁场在圆柱体内分布规律时，需要采用柱坐标，掌握极坐标系下的分离变量法就十分必要。下面介绍圆域内的拉普拉斯问题的求解方法。

在极坐标情况下，拉普拉斯方程的定阶问题为

$$\frac{1}{\rho}\frac{\partial}{\partial\rho}(\rho\frac{\partial u}{\partial\rho})+\frac{1}{\rho^2}\frac{\partial^2 u}{\partial\theta^2}=0 \tag{3-330}$$

$$u|_{\rho=a}=f(\theta),0\leqslant\theta\leqslant\pi$$

令方程有如下的分离变量解

$$\Phi=f(\rho)g(\theta) \tag{3-331}$$

式中，$f(\rho)$仅为坐标ρ的函数；$g(\theta)$仅为坐标θ的函数。将上式代入式(3-330)，并对方程两边除以$f(\rho)g(\theta)$，可得

$$\frac{\rho}{f(\rho)}\frac{\partial}{\partial\rho}(\rho\frac{\partial f(\rho)}{\partial\rho})+\frac{1}{g(\theta)}\frac{\partial^2 g(\theta)}{\partial\theta^2}=0 \tag{3-332}$$

显然，要使上述方程有解，其左边的两项必须均为常数。令该常数为λ，则上式转化为

$$\frac{1}{g(\theta)}\frac{\partial^2 g(\theta)}{\partial\theta^2}=-\lambda$$

即

$$\frac{d^2 g(\theta)}{d\theta^2}+\lambda g(\theta)=0 \tag{3-333}$$

$$g(\theta+2\pi)=g(\theta)$$

上式中补加一个所谓的自然边界条件，即所求解的函数$g(\theta)$代表的物理量具有周期性。对于$f(\rho)$函数，则有

$$\frac{\rho}{f(\rho)}\frac{\partial}{\partial\rho}[\rho\frac{\partial f(\rho)}{\partial\rho}]=\lambda$$

即

$$\rho^2\frac{d^2 f(\rho)}{d\rho^2}+\rho\frac{df(\rho)}{d\rho}-\lambda f(\rho)=0 \tag{3-334}$$

下面求解式（3-333），令

$$g(\theta)=e^{k\theta} \tag{3-335}$$

代入式（3-333）可得特征方程为

$$k^2+\lambda=0$$

1）当$\lambda<0$时，$k=\pm\sqrt{-\lambda}$，该方程的通解为

$$g(\theta)=Ae^{\sqrt{-\lambda}\theta}+Be^{-\sqrt{-\lambda}\theta} \tag{3-336}$$

2）当$\lambda=0$时，$k=0$，该方程的通解为

$$g(\theta)=A\theta+B$$

将该式代入周期性边界条件有

$$\begin{aligned}&g(\theta+2\pi)=g(\theta)\\&A(\theta+2\pi)+B=A\theta+B\\&A=0\\&g(\theta)=A\theta+B=B\end{aligned} \tag{3-337}$$

3）当 $\lambda>0$ 时，$k=\pm j\sqrt{\lambda}$，该方程的通解为

$$g(\theta)=A\cos(k\theta)+B\sin(k\theta) \tag{3-338}$$

将该式代入周期性边界条件可得

$$A\cos\sqrt{\lambda}(\theta+2\pi)+B\sin\sqrt{\lambda}(\theta+2\pi)=A\cos\sqrt{\lambda}\theta+B\sin\sqrt{\lambda}\theta \tag{3-339}$$

要使上式成立，特征值 λ 只有满足条件：

$$\sqrt{\lambda}=n\quad(n=1,2,\cdots) \tag{3-340}$$

即特征值为

$$\lambda=n^2\quad(n=0,1,2,\cdots) \tag{3-341}$$

上式中，把 $\lambda=0$ 的情况也并入，相应的特征函数为

$$g_n(\theta)=A_n\cos(n\theta)+B_n\sin(n\theta)\quad(n=0,1,2,\cdots) \tag{3-342}$$

接着，把 $\lambda_n=n^2$ 代入式（3-334）得

$$\rho^2\frac{d^2f(\rho)}{d\rho^2}+\rho\frac{df(\rho)}{d\rho}-n^2f(\rho)=0 \tag{3-343}$$

上式为欧拉方程，只要做代换 $\rho=e^t$，即可求解，解为

$$\begin{aligned}&f(\rho)=C_0+D_0\ln\rho,\ n=0\\&f_n(\rho)=C_n\rho^n+D_n\rho^{-n},\ n=1,2,3,\cdots\end{aligned} \tag{3-344}$$

考虑到解的有界性，$|u(\rho,\theta)|<M$，当 $\rho\to0$ 时，$\rho^{-n}\to\infty$，故取 $D_n=0$，因此，上式变为

$$\begin{aligned}&f(\rho)=C_0+D_0\ln\rho,\ n=0\\&f_n(\rho)=C_n\rho^n+D_n\rho^{-n}=C_n\rho^n,\ n=1,2,3,\cdots\end{aligned} \tag{3-345}$$

根据叠加原理有

$$u=\sum_{n=1}^{\infty}f_n(\rho)g_n(\theta)$$

式（3-330）的通解为

$$\begin{aligned}u(\rho,\theta)&=\sum_{n=1}^{\infty}f_n(\rho)g_n(\theta)\\&=2A_0C_0+\sum_{n=1}^{\infty}C_n\rho^n[A_n\sin(n\theta)+B_n\cos(n\theta)]\\&=\frac{a_0}{2}+\sum_{n=1}^{\infty}\rho^n(a_n\cos n\theta+b_n\sin n\theta)\end{aligned} \tag{3-346}$$

式中

$$a_0 = 2A_0 C_0, n = 0$$
$$a_n = A_n C_n, n = 1,2,3,\cdots \tag{3-347}$$
$$b_n = B_n C_n, n = 1,2,3,\cdots$$

下面使用边界条件，即可求出式（3-346）中的待定系数。把式（3-346）代入边界条件表达式（3-330），得

$$u|_{\rho=a} = f(\theta) = \frac{a_0}{2} + \sum_{n=1}^{\infty} a^n (a_n \cos n\phi + b_n \sin n\phi), 0 \leqslant \theta \leqslant \pi \tag{3-348}$$

注意$f(\theta)$是边界上已经给定的函数，所以把$f(\theta)$展成傅里叶级数，对比级数的系数，即可求出待定系数。

$$a_n = \frac{1}{\pi a^n}\int_0^{2\pi} f(\theta)\cos(n\theta)\mathrm{d}\theta, (n = 0,1,2,\cdots)$$
$$b_n = \frac{1}{\pi a^n}\int_0^{2\pi} f(\theta)\sin(n\theta)\mathrm{d}\theta, (n = 1,2,\cdots) \tag{3-349}$$

这样，式（3-346）和式（3-349）就给出了圆域内的拉普拉斯问题的通解。至此为止，就完成了对圆域内拉普拉斯问题求解方法的基本介绍。

3.12.3 球坐标系下的分离变量法

有些磁致伸缩生物传感器的结构是球体，在研究电磁场在球体内分布规律时，需要采用球坐标，掌握球坐标系下的分离变量法就十分必要。球域内的拉普拉斯问题求解的基本思路是通过分离变量法把复杂的偏微分方程分解成几个常微分方程，其中有的常微分方程带有一定的附加条件，如边界条件、自然边界条件等，从而构成了常微分方程的本征值问题，求解该问题并得到满足这些条件的特解族，然后再利用线性叠加原理，把这些特解族组合成级数，再利用给定的定解条件，确定这些级数中的待定系数，从而完成求解。

球坐标系下的拉普拉斯方程为

$$\nabla^2 u(r,\theta,\varphi) = \frac{1}{r^2}\frac{\partial}{\partial r}\left(r^2\frac{\partial u}{\partial r}\right) + \frac{1}{r^2\sin\theta}\frac{\partial}{\partial\theta}\left(\sin\theta\frac{\partial u}{\partial\theta}\right) + \frac{1}{r^2\sin\theta}\frac{\partial^2 u}{\partial\varphi^2} = 0$$
$$u|_{r=1} = F(r,\theta,\varphi), (0 \leqslant r \leqslant 1, 0 \leqslant \theta \leqslant \pi, 0 \leqslant \varphi \leqslant 2\pi), \text{第一类边界条件} \tag{3-350}$$

求解该方程需要用两次分离变量法，设待求函数$u(r,\theta,\varphi)$为

$$u = f(r)Y(\theta,\varphi) = f(r)g(\theta)h(\varphi) \tag{3-351}$$

式中

$$Y(\theta,\varphi) = g(\theta)h(\varphi) \tag{3-352}$$

将上式代入式（3-350），并经整理后得

$$\frac{1}{r^2}\frac{\partial}{\partial r}\left[r^2 Y\frac{\mathrm{d}f(r)}{\mathrm{d}r}\right]+\frac{1}{r^2\sin(\theta)}\frac{\partial}{\partial\theta}\left[\sin(\theta)f(r)\frac{\partial Y}{\partial\theta}\right]+\frac{1}{r^2\sin^2(\theta)}f(r)\frac{\partial^2 Y}{\partial\varphi^2}=0 \tag{3-353}$$

在等式两边同乘以$\frac{r^2}{f(r)Y}$，并令分离常数为 $l(l+1)$，分离常数写成这种形式是为了后面计算方便。其实，在量子力学中，在求解粒子在库伦场中运动的能量本征微分方程时，就要用球域内的分离变量法求解，而分离常数写成 $l(l+1)$，就与电子的轨道角动量有关，具有一定的物理意义。将上式分解成两个常微分方程，有

$$\frac{1}{f(r)}\frac{\mathrm{d}}{\mathrm{d}r}\left[r^2\frac{\mathrm{d}f(r)}{\mathrm{d}r}\right]=l(l+1) \tag{3-354}$$

$$\frac{1}{Y\sin(\theta)}\frac{\partial}{\partial\theta}\left[\sin(\theta)\frac{\partial Y}{\partial\theta}\right]+\frac{1}{Y\sin^2(\theta)}\frac{\partial^2 Y}{\partial\varphi^2}=-l(l+1) \tag{3-355}$$

对式（3-355）再用一次分离变量法，方程两边同乘以$\frac{\sin^2(\theta)}{g(\theta)h(\varphi)}$，并令该分离常数为 λ，从而又得到两个常微分方程：

$$\frac{\sin(\theta)}{g(\theta)}\frac{\mathrm{d}}{\mathrm{d}\theta}\left[\sin(\theta)\frac{\mathrm{d}g(\theta)}{\mathrm{d}\theta}\right]+l(l+1)\sin^2(\theta)=\lambda \tag{3-356}$$

$$\frac{1}{h(\varphi)}\frac{\mathrm{d}^2h(\varphi)}{\mathrm{d}\varphi^2}=-\lambda \tag{3-357}$$

把分离变量后得到的三个常微分方程式（3-354）、式（3-356）、式（3-357）整理后，简化为

$$r^2\frac{\mathrm{d}^2f(r)}{\mathrm{d}r^2}+2r\frac{\mathrm{d}f(r)}{\mathrm{d}r}-l(l+1)f(r)=0 \tag{3-358}$$

$$\frac{1}{\sin(\theta)}\frac{\mathrm{d}}{\mathrm{d}\theta}\left[\sin(\theta)\frac{\mathrm{d}g(\theta)}{\mathrm{d}\theta}\right]+\left[l(l+1)-\frac{\lambda}{\sin^2(\theta)}\right]g(\theta)=0 \tag{3-359}$$

$$\frac{\mathrm{d}^2h(\varphi)}{\mathrm{d}\varphi^2}+\lambda h(\varphi)=0 \tag{3-360}$$

下面对上述三个常微分方程求解，式（3-358）为欧拉方程，该方程的解为

$$f(r)=Cr^l+D\frac{1}{r^{l+1}} \tag{3-361}$$

利用函数 $f(r)$ 在 $r=0$ 时有界这个物理条件，得到 $D=0$，所以式（3-358）的解为

$$f(r)=Cr^l \tag{3-362}$$

式（3-360）与自然边界条件 $h(\varphi)=h(\varphi+2\pi)$ 一起构成本征值问题，参前节所述，得到本征函数为

$$h(\varphi)=A\cos(m\varphi)+B\sin(m\varphi) \tag{3-363}$$

其中，本征值 λ 由自然边界条件求出，即

$$\lambda = m^2 (m = 0, 1, 2, 3, \cdots) \tag{3-364}$$

求解式（3-359）比较难一些，需要做一个代换，即把该方程转换为勒让德方程。令：

$$x = \cos\theta \tag{3-365}$$

式中，x 并不代表直角坐标，只是一个变量代换，则有

$$\begin{aligned} &\frac{\mathrm{d}g(\theta)}{\mathrm{d}\theta} = \frac{\mathrm{d}g(\theta)}{\mathrm{d}x}\frac{\mathrm{d}x}{\mathrm{d}\theta} = -\sin(\theta)\frac{\mathrm{d}g(\theta)}{\mathrm{d}x} \\ &\sin^2(\theta) = 1 - x^2 \\ &P(x) = g(\theta), \text{其中 } \theta = \arccos x \end{aligned} \tag{3-366}$$

将式（3-365）、式（3-366）代入式（3-359）中，则式（3-359）变为

$$(1 - x^2)\frac{\mathrm{d}^2 P(x)}{\mathrm{d}x^2} - 2x\frac{\mathrm{d}P(x)}{\mathrm{d}x} + \left[l(l+1) - \frac{\lambda}{1 - x^2}\right]P(x) = 0 \tag{3-367}$$

把式（3-364）求出的本征值代入上式，最后就得到了所谓的 l 次连带勒让德方程：

$$(1 - x^2)\frac{\mathrm{d}^2 P(x)}{\mathrm{d}x^2} - 2x\frac{\mathrm{d}P(x)}{\mathrm{d}x} + \left[l(l+1) - \frac{m^2}{1 - x^2}\right]P(x) = 0 \tag{3-368}$$

该方程求解比较复杂，我们需要先研究一个相对简单，但又比较常见的情况，即边界条件与 φ 无关。此时 $m = 0$，问题转换为球内轴对称问题，式（3-350）变化为二维问题：

$$\nabla^2 u(r,\theta) = \frac{1}{r^2}\frac{\partial}{\partial r}\left(r^2\frac{\partial u}{\partial r}\right) + \frac{1}{r^2\sin\theta}\frac{\partial}{\partial\theta}\left(\sin\theta\frac{\partial u}{\partial\theta}\right) = 0 \tag{3-369}$$

$$u\big|_{r=1} = F(r,\theta), (0 \leqslant r \leqslant 1, 0 \leqslant \theta \leqslant \pi), \text{第一类边界条件}$$

该方程只是式（3-350）的特例，所以上述讨论的所有结果皆可应用，只需令 $m = 0$ 即可。此时，l 次连带勒让德方程［即式（3-368）］就变成勒让德方程，即

$$(1 - x^2)\frac{\mathrm{d}^2 P(x)}{\mathrm{d}x^2} - 2x\frac{\mathrm{d}P(x)}{\mathrm{d}x} + l(l+1)P(x) = 0 \tag{3-370}$$

下式所表示的勒让德多项式，也称为第一类勒让德函数，即勒让德方程［式（3-370）］的特解：

$$\begin{aligned} P_l(x) &= \sum_{k=0}^{\left[\frac{l}{2}\right]} (-1)^k \frac{(2l - 2k)!}{2^l k!(l - k)!(l - 2k)!} x^{l-2k} \\ &= \frac{1}{2^l l!}\frac{\mathrm{d}^l}{\mathrm{d}x^l}(x^2 - 1)^l \end{aligned} \tag{3-371}$$

式中，$\left[\frac{l}{2}\right]$表示不大于$\frac{l}{2}$的最大整数：

$$\left[\frac{l}{2}\right]=\begin{cases}\frac{l}{2}, l=2n, n=0,1,2,3,\cdots \text{正偶数} \\ \frac{l-1}{2}, l=2n+1\ n=0,1,2,3,\cdots \text{正奇数}\end{cases} \tag{3-372}$$

以及：

$$P_l(x)=\frac{1}{2^l l!}\frac{\mathrm{d}^l}{\mathrm{d}x^l}(x^2-1)^l \tag{3-373}$$

根据线性叠加原理，式（3-369）的解可表示为

$$u(r,\theta)=\sum_{l=0}^{\infty}C_l r^l P_l(\cos\theta),(l=0,1,2,3,\cdots) \tag{3-374}$$

为了确定上式中的待定系数，可以把式（3-374）代入边界条件表达式（3-369），并把边界条件表达式中给出的函数 $F(r,\ \theta)$ 展成勒让德多项式的级数，然后比较系数，即可确定上式中所有的待定系数。为了便于把函数 $F(r,\ \theta)$ 展成勒让德多项式的级数，需要了解勒让德多项式的几个重要性质。

1）勒让德多项式具有正交性，即

$$\int_{-1}^{1}P_l(x)P_n(x)\mathrm{d}x=\int_0^{x}P_l(\cos\theta)P_n(\cos\theta)\sin\theta\mathrm{d}\theta=0,l\neq n$$

$$\int_{-1}^{1}P_l(x)P_n(x)\mathrm{d}x=\int_0^{x}P_l(\cos\theta)P_n(\cos\theta)\sin\theta\mathrm{d}\theta=\frac{2}{2l+1},l=n \tag{3-375}$$

2）勒让德多项式的奇偶性，即

$$P_l(-x)=(-1)^l P_l(x),(l=0,1,2,3,\cdots) \tag{3-376}$$

勒让德多项式的图像，如图 3-32 所示为 $P_l(x)$ 的前几项图像。

3）勒让德多项式具有递推性，即

$$\begin{aligned}&P_{l+1}(x)=\frac{2l+1}{l+1}xP_l(x)-\frac{l}{l+1}P_{l-1}(x)\\&x\frac{\mathrm{d}P_l(x)}{\mathrm{d}x}-\frac{\mathrm{d}P_{l-1}(x)}{\mathrm{d}x}=lP_l(x)\\&\frac{\mathrm{d}P_l(x)}{\mathrm{d}x}-x\frac{\mathrm{d}P_{l-1}(x)}{\mathrm{d}x}=lP_{l-1}(x)\end{aligned} \tag{3-377}$$

4）勒让德多项式具有归一性，即

$$\int_{-1}^{1}P_l^2(x)\mathrm{d}x=\frac{2}{2l+1} \tag{3-378}$$

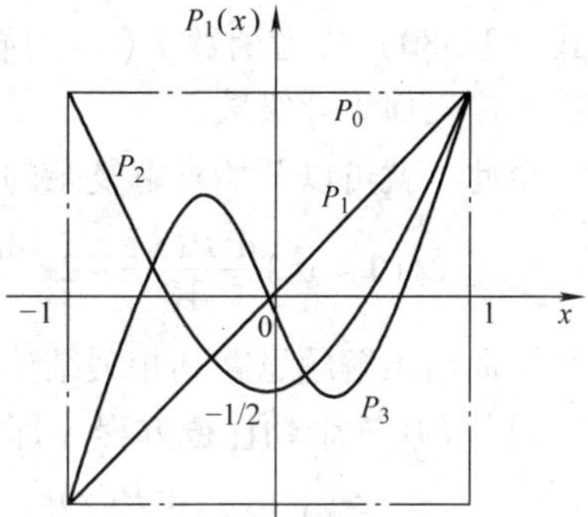

图 3-32　勒让德多项式前几项对应的图像

勒让德多项式前几项的表达式为

$$P_0(x)=1$$

$$P_1(x)=x=\cos\theta$$

$$P_2(x)=\frac{1}{2}(3x^2-1)=\frac{1}{4}(3\cos2\theta+1)$$

$$P_3(x)=\frac{1}{2}(5x^3-3x)=\frac{1}{8}(5\cos3\theta+3\cos\theta)$$

$$P_4(x)=\frac{1}{8}(35x^4-30x^2+3)=\frac{1}{64}(35\cos4\theta+20\cos2\theta+9)$$

$$P_5(x)=\frac{1}{8}(63x^5-70x^3+15x)=\frac{1}{128}(63\cos5\theta+35\cos3\theta+30\cos\theta)$$

(3-379)

满足一定条件的函数可以在区间（-1，1）展成勒让德多项式的级数。根据数学物理方程理论，如果定义在（-1，1）内的函数 $F(x)$ 是分段光滑的实函数，同时满足积分 $\int_{-1}^{1}F(x)\mathrm{d}x$ 的值有界，则 $F(x)$ 在连续点 x 处，可以展成勒让德多项式的级数：

$$F(x)=\sum_{l=0}^{\infty}C_lP_l(x),(-1<x<1) \tag{3-380}$$

式中，展开系数为

$$C_l=\frac{2l+1}{2}\int_{-1}^{1}F(x)P_l(x)\mathrm{d}x,\ (l=0,1,2,3,\cdots) \tag{3-381}$$

在间断点 x_0 处，式（3-380）右端的级数收敛于：

$$\sum_{l=0}^{\infty}C_lP_l(x_0)=\frac{1}{2}[F(x_0-0)+F(x_0+0)],x_0\text{ 为间断点坐标} \tag{3-382}$$

把式（3-380）称为函数 $F(x)$ 的勒让德级数，也可称为傅里叶－勒让德级数，或称为广义傅里叶级数。

至此，就可以开始求解复杂的 l 次连带勒让德方程［即式（3-368）］：

$$(1-x^2)\frac{\mathrm{d}^2P(x)}{\mathrm{d}x}-2x\frac{\mathrm{d}P(x)}{\mathrm{d}x}+\left[l(l+1)-\frac{m^2}{1-x^2}\right]P(x)=0 \tag{3-383}$$

下面给出解题思路和相关结论：

设与 l 次连带勒让德方程［即式（3-383），$m=0$］，相伴的勒让德方程为

$$(1-x^2)\frac{\mathrm{d}^2P(x)}{\mathrm{d}x^2}-2x\frac{\mathrm{d}P(x)}{\mathrm{d}x}+[l(l+1)]P(x)=0 \tag{3-384}$$

已知式（3-384）的解为 $P_l(x)$，即式（3-371），则根据数学物理方程理论有

$$P_l^m(x)=(1-x^2)^{\frac{m}{2}}\frac{\mathrm{d}^m}{\mathrm{d}x^m}P_l(x),(0\leqslant m\leqslant l,|x|\leqslant 1) \tag{3-385}$$

必是 l 次连带勒让德方程在 [-1, 1] 的解，并把 $P_l^m(x)$ 称为 l 次 m 阶连带勒让德多项式。

至此，球坐标系下三维拉普拉斯方程的求解就比较容易了。定解问题为

$$\begin{aligned}&\nabla^2 u(r,\theta,\varphi)=\frac{1}{r^2}\frac{\partial}{\partial r}\left(r^2\frac{\partial u}{\partial r}\right)+\frac{1}{r^2\sin\theta}\frac{\partial}{\partial\theta}\left(\sin\theta\frac{\partial u}{\partial\theta}\right)+\frac{1}{r^2\sin\theta}\frac{\partial^2 u}{\partial\varphi^2}=0\\&u\,|_{r=1}=F(r,\theta,\varphi),(0\leqslant r\leqslant 1,0\leqslant\theta\leqslant\pi,0\leqslant\varphi\leqslant 2\pi),\text{第一类边界条件}\end{aligned} \tag{3-386}$$

根据线性叠加原理，将式（3-362）、式（3-363）、式（3-385）的本征函数叠加，构成式（3-386）的通解为

$$\begin{aligned}u(r,\theta,\varphi)&=\sum_{m=0}^{\infty}\sum_{l=0}^{\infty}C_l^m r^l[A_l^m\cos(m\varphi)+B_l^m\sin(m\varphi)]P_l^m(\cos\theta)\\&=\sum_{m=0}^{\infty}\sum_{l=0}^{\infty}r^l[D_l^m\cos(m\varphi)+E_l^m\sin(m\varphi)]P_l^m(\cos\theta)\end{aligned} \tag{3-387}$$

式中，待定系数可将边界条件给定的函数 $F(r, \theta, \varphi)$ 展成傅里叶 - 勒让德级数，比较系数，即可得出。

本节重点介绍了在各类磁致伸缩生物传感器系统理论研究中所面对的电磁场理论问题，这些基础理论在传感器的系统优化设计中起着重要指导作用。

第 4 章　磁致伸缩弹性体振动

磁致伸缩生物传感器的工作原理是基于磁致伸缩弹性体的共振模态分析的，在动力学的概念上，有些传感器设计成弹性杆，有些是弹性悬臂梁，还有些是弹性板、弹性薄膜等。不同的弹性体在外磁场激励下的振动模态分析本身就比较复杂。在实际应用中，还有更复杂的边界条件和加载条件，比如待检测的细菌等微小质量在传感器表面的位置变化、质量变化、检测环境如液体的黏度变化、牛顿液体还是非牛顿液体等因素均会对传感器振动模态产生影响。磁致伸缩弹性体的振动模态理论在磁致伸缩生物传感器的系统设计中十分重要，为了优化传感器的稳定性和灵敏度，就必须掌握弹性体的振动理论，这也是研究开发磁致伸缩生物传感器的基础。由于很多情况下传感器是在液体中应用，所以其理论基础就是弹性体的含阻尼振动。本章将首先介绍在含阻尼情况下，单自由度系统的自由振动、受迫振动理论，然后再介绍无限自由度系统（即含阻尼磁致伸缩弹性杆，磁致伸缩弹性悬臂梁）的自由振动、受迫振动理论。这里要强调的是，对于多自由度系统的受迫振动问题求解，会通过模态变换等方法把 N 个互相关联的微分方程组经过解耦，简化成 N 个独立的单自由度系统的振动问题。因此，熟练掌握单自由度系统的振动理论非常重要。

4.1　有阻尼单自由度系统的自由振动

单自由度系统是指用一个独立参量便可确定系统位置坐标的振动系统。系统的自由度则是指确定系统位置所必需的独立参数个数，这种参量在力学上称为广义坐标。广义坐标可以是线位移、角位移等物理量。在磁致伸缩生物传感器的振动分析中，磁弹性杆则用杆的轴向位移作为广义坐标，磁悬臂梁则用挠度作为广义坐标。单自由度系统的振动理论是弹性体振动理论的基础，尽管磁致伸缩生物传感器的振动属于多自由度系统的振动，然而为了要掌握多自由度系统的振动理论，就必须掌握单自由度系统的振动理论。

首先介绍含阻尼单自由度系统的振动理论分析，这是因为生物传感器在液体中振动，会受到液体阻尼的作用。常见的是在牛顿液体中的黏性阻尼。所谓牛顿液体是指在受力后极易变形，且切应力与变形速率成正比的低黏性流体。传感器在牛顿液体中运动时受到阻尼力，该阻尼力与物体相对速度大小成正比，方向与速度方向相反，阻尼系数是一个常数。这种阻尼系数为常数的阻尼称为线性阻尼。由于阻尼的存在，使得振动系统的机械能不断转化为其他形式的能量，造成振幅衰减，以致最后自由振动完全停止。其力学模型如图 4-1 所示。

图中，c 为黏性阻尼系数，v 为物体的运动速度，m 为质量。阻尼力的大小为

$$F_R = cv \tag{4-1}$$

单自由度黏性阻尼系统的振动微分方程为

$$m\ddot{u} + c\dot{u} + ku = 0 \tag{4-2}$$

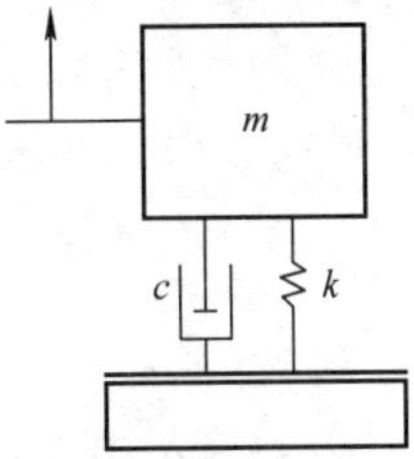

图 4-1　有阻尼单自由度系统的自由振动

边界和初始条件为

$$\begin{aligned} u(0) &= u_0 \\ \dot{u}(0) &= \dot{u}_0 \end{aligned} \tag{4-3}$$

为了便于分析，引入一量纲为 1 的参数 ζ，并把该参数称为阻尼比，即

$$\zeta = \frac{c}{2m}\Big/\sqrt{\frac{k}{m}} = \frac{c}{2\sqrt{mk}} = \frac{c}{2m\omega_n} = \frac{c}{c_c} \tag{4-4}$$

式中，ω_n为系统的固有频率，即

$$\omega_n = \sqrt{\frac{k}{m}} \tag{4-5}$$

引入以上参数后，振动式（4-2）变换为

$$\ddot{u}^2 + 2\zeta\omega_n\dot{u} + \omega_n^2 u = 0 \tag{4-6}$$

根据常微分方程理论，式（4-6）的解有如下形式：

$$u(t) = a\mathrm{e}^{\lambda t} \tag{4-7}$$

代入式（4-6），得到式（4-6）的特征方程：

$$\lambda^2 + 2\zeta\omega_n\lambda + \omega_n^2 = 0 \tag{4-8}$$

求解特征方程（4-8），得到一对特征根，即

$$\lambda_{1,2} = \omega_n(-\zeta \pm \sqrt{\zeta^2 - 1}) \tag{4-9}$$

根据阻尼比 $\zeta > 0$、$\zeta < 0$、$\zeta = 0$ 三种情况，式（4-8）得出的根可以为实数或复数，从而微分方程式（4-6）的通解都不一样，这也说明阻尼比的大小对系统振动模态的影响是很大的。

4.1.1　过阻尼状态（$\zeta > 1$）

将式（4-9）代入（4-7），得到微分方程式（4-6）的通解：

$$u = a_1\mathrm{e}^{(-\zeta + \sqrt{\zeta^2-1})\omega_n t} + a_2\mathrm{e}^{(-\zeta - \sqrt{\zeta^2-1})\omega_n t} \tag{4-10}$$

利用初始条件式（4-3），可以确定常数 a_1 与 a_2 为

$$a_1=\frac{\dot{u}_0+(\zeta+\sqrt{\zeta^2-1})\omega_n u_0}{2\omega_n\sqrt{\zeta^2-1}}$$
$$a_2=\frac{-\dot{u}_0-(\zeta-\sqrt{\zeta^2-1})\omega_n u_0}{2\omega_n\sqrt{\zeta^2-1}} \tag{4-11}$$

将 a_1 与 a_2 带入式（4-10），即可得到系统的位移响应，位移响应呈现的方式如图 4-2 所示。其共同点是此类运动没有振动性质，表示两条指数曲线之和，仍按指数衰减到平衡位置，根据初始位移和初始速度的不同，位移响应曲线略有不同，最多过平衡位置一次，然后逐步衰减到平衡位置。由于磁致伸缩生物传感器在液体中的应用比较复杂，为了对传感器进行优化设计，需要深入了解阻尼对传感器谐振模态的影响规律。

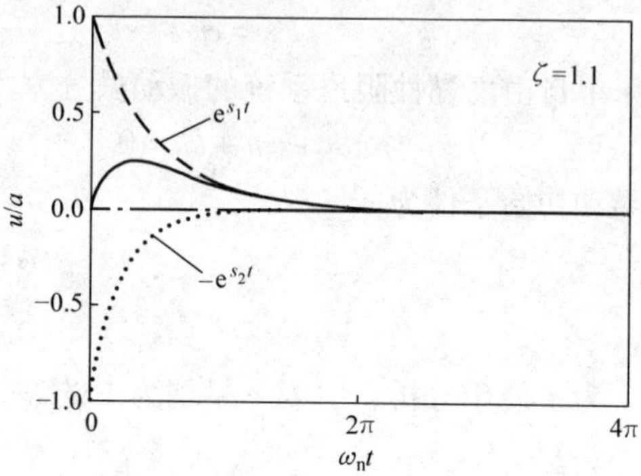

图 4-2　过阻尼状态位移响应

4.1.2　欠阻尼状态（$\zeta<1$）

为了研究欠阻尼状态，令

$$\omega_d=\omega_n(\sqrt{1-\zeta^2}) \tag{4-12}$$

式中，ω_d为阻尼系统的阻尼频率，注意区别阻尼系统的固有频率是 ω_n。求解特征方程式（4-8），得到一对特征根：

$$\lambda_{1,2}=\omega_n(-\zeta\pm j\sqrt{1-\zeta^2}) \tag{4-13}$$

将式（4-13）代入（4-7），得到微分方程式（4-6）的通解：

$$u=a_1e^{\lambda_1 t}+a_2e^{\lambda_2 t} \tag{4-14}$$

由初始条求出待定常数 a_1 与 a_2 为

$$a_1=u_0$$
$$a_2=\frac{\dot{u}_0+\zeta\omega_n u_0}{\omega_d} \tag{4-15}$$

将式（4-15）带入式（4-14）并化简即可得到欠阻尼状态系统下，系统的位移响应：

$$u=a_1e^{\lambda_1 t}+a_2e^{\lambda_2 t}=ae^{-\zeta\omega_n t}\sin(\omega_d t+\varphi) \tag{4-16}$$

式中

$$a = \sqrt{u_0^2 + \left(\frac{\dot{u}_0 + \zeta\omega_n u_0}{\omega_d}\right)^2} \tag{4-17}$$

$$\varphi = \arctan \frac{u_0 \omega_d}{\dot{u}_0 + \zeta\omega_n u_0} \tag{4-18}$$

由式（4-16）可知，系统振动已不再是等幅的简谐振动，而是振幅被限制在曲线 $U = \pm a e^{-\zeta\omega_n t}$ 之内随时间不断衰减的振动，如图 4-3 所示。

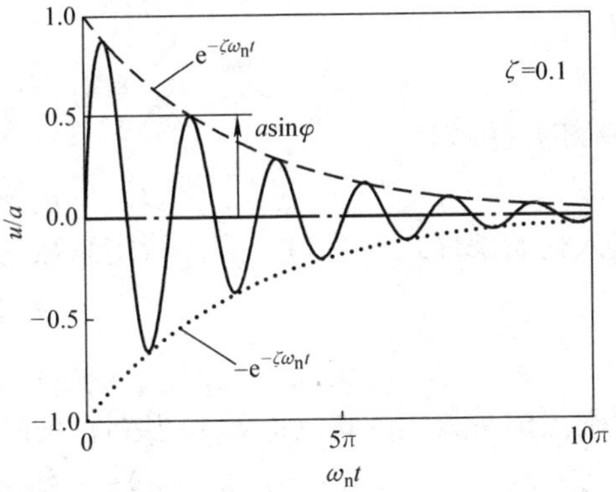

图 4-3　欠阻尼系统的衰减振动曲线

实际中，大多数系统工作在欠阻尼状态，因此通常所说的阻尼系统自由振动，都是指欠阻尼情况。根据以上对微分方程的求解，通过对式（4-16）的分析可以得到欠阻尼系统的衰减振动特性如下：

从周期性上来看，阻尼系统的自由振动是非周期振动，但具有等时性，即其相邻两次沿同一方向经过平衡位置的时间间隔相等，且均为

$$T_d = \frac{2\pi}{\omega_d} = \frac{2\pi}{\omega_n \sqrt{1 - \zeta^2}} = \frac{T_n}{\sqrt{1 - \zeta^2}} \tag{4-19}$$

这种性质称为等时性。T_d 为阻尼振动周期或自然周期。显然它大于无阻尼自由振动的周期 T_n，但振幅是衰减的，不具备周期性。所以强调指出，衰减振动的周期只是说明它具有等时性，并不意味着具有周期性，因为周期性还包括了振幅。

1）阻尼系统的自由振动振幅按指数规律 $Ae^{-\zeta\omega_n t}$ 衰减。

2）阻尼振动频率 ω_d 和阻尼振动周期 T_d 是阻尼系统自由振动的两个重要参数。当阻尼比 $\zeta < 1$ 时，它们与系统的固有频率 ω_n、固有周期 T_n 差别很小，在某些情况下可忽略其间的差别。

为了描述振幅衰减的快慢，引入振幅对数衰减率。把它定义为经过一个自然周期相邻两个振幅之比的自然对数，即

$$\delta = \ln \frac{e^{-\zeta\omega_n t}}{e^{-\zeta\omega_n (t + T_d)}} = \zeta\omega_n T_d = \frac{2\pi\zeta}{\sqrt{1 - \zeta^2}} \tag{4-20}$$

由此可见，振幅对数衰减率仅取决于阻尼比。当 $\zeta < 1$ 时，式（4-20）可近似为

$$\delta = 2\pi\zeta \tag{4-21}$$

有些测量液体黏度的传感器，工作原理就是利用特殊设计的小球，在液体中

做阻尼振动，通过测量振幅对数衰减率来测算黏度。

4.1.3 临界阻尼状态（$\zeta=1$）

对于临界阻尼状态（$\zeta=1$）的情况，特征根方程式（4-9）是一对相等的实根

$$\lambda_{1,2} = -\omega_n \tag{4-22}$$

方程的通解为

$$u(t) = (a_1 + a_2 t)\mathrm{e}^{-\omega_n t} \tag{4-23}$$

代入初始条件式（4-3），解出待定系数为

$$\begin{aligned} c_1 &= u_0 \\ c_2 &= \dot{u}_0 + \omega_n u_0 \end{aligned} \tag{4-24}$$

把确定的系数代入式（4-23）得到系统的位移响应为

$$u(t) = (a_1 + a_2 t)\mathrm{e}^{-\omega_n t} = (u_0 + \dot{u}_0 t + \omega_n u_0 t)\mathrm{e}^{-\omega_n t} \tag{4-25}$$

这种运动类似于过阻尼的振荡图像。如图4-4所示，这是一个至多只过平衡位置一次并逐渐衰减到平衡位置的非周期运动。

把$\zeta=1$的情况称为临界阻尼，即阻尼的大小刚好使系统做非周期运动。与欠阻尼和过阻尼相比，在临界阻尼情况下，系统从运动趋近平衡所需的时间最短。

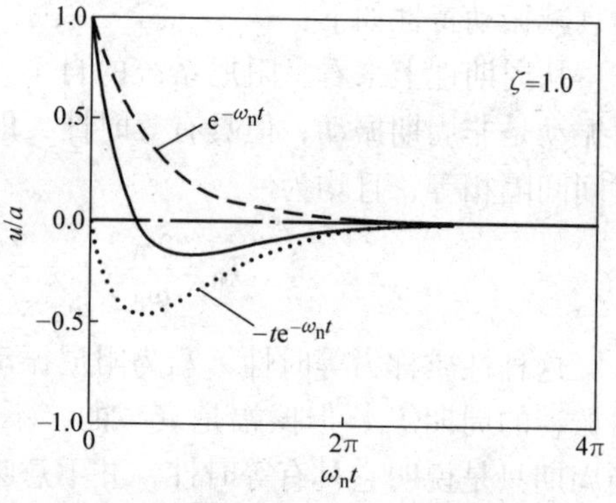

图4-4 临界阻尼的自由衰减运动

4.2 简谐激励下有阻尼单自由度系统的受迫振动

4.2.1 简谐激励下受迫振动的解

磁致伸缩生物传感器工作时，在外激励磁场作用下做受迫振动，对单自由度黏性阻尼系统受迫振动问题的研究就十分必要。从广泛的角度出发，系统的外激励可以是来自于外界的激励力，也可以是运动部件的惯性力或支承的运动等。激励的变化规律可以是时间的简谐函数、周期函数或非周期函数。

简谐激励下的受迫振动力学模型如图4-5所示。

设系统受的激励力为

$$F(t) = F_0 \sin\omega t \tag{4-26}$$

受简谐力作用的单自由度系统运动方程为

$$m\ddot{u}+c\dot{u}+ku=F_0\sin\omega t \tag{4-27}$$

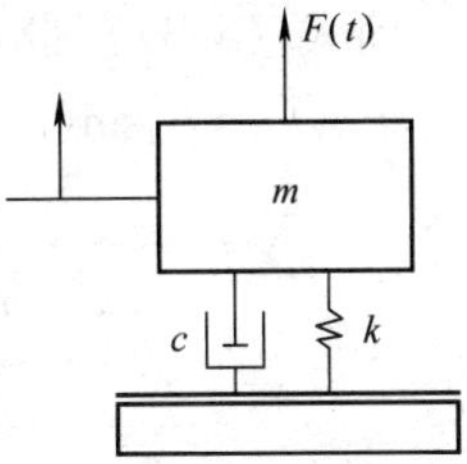

图 4-5　简谐激励下的受迫振动力学模型

边界和初始条件为

$$\begin{aligned}u(0)&=u_0\\ \dot{u}(0)&=\dot{u}_0\end{aligned} \tag{4-28}$$

这是一个二阶线性非齐次常微分方程。根据微分方程理论，该方程的解由两部分组成，即齐次方程的通解和非齐次方程任意一个特解。

$$u(t)=u_1(t)+u^*(t) \tag{4-29}$$

式中，$u_1(t)$和$u^*(t)$分别满足下列方程：

$$m\ddot{u}_1+c\dot{u}_1+ku_1=0 \tag{4-30}$$

$$m\ddot{u}^*(t)+c\dot{u}^*(t)+ku^*(t)=F_0\sin\omega t \tag{4-31}$$

在欠阻尼情况下，可得式（4-30）的通解为

$$u_1(t)=\mathrm{e}^{-\zeta\omega_{\mathrm{n}}t}(a_1\cos\omega_{\mathrm{d}}t+a_2\sin\omega_{\mathrm{d}}t) \tag{4-32}$$

式中，a_1 与 a_2 为待定常数，由初始条件和特解 $u^*(t)$的选择来确定。$u^*(t)$是任意一个满足式（4-31）的解，设 $u^*(t)$为

$$u^*(t)=B_{\mathrm{d}}\sin(\omega t+\Psi_{\mathrm{d}}) \tag{4-33}$$

式中，B_{d}和 Ψ_{d}是待定系数。为了确定这两个系数，将式（4-33）代入（4-31）中得

$$-(m\omega^2+k)B_{\mathrm{d}}\sin(\omega t+\Psi_{\mathrm{d}})+c\omega B_{\mathrm{d}}\cos(\omega t+\Psi_{\mathrm{d}})=F_0\sin\omega t \tag{4-34}$$

作为一个技巧，将上式右端改写为

$$\begin{aligned}F_0\sin\omega t&=F_0\sin(\omega t+\Psi_{\mathrm{d}}-\Psi_{\mathrm{d}})\\&=F_0\sin(\omega t+\Psi_{\mathrm{d}})\cos\Psi_{\mathrm{d}}-F_0\cos(\omega t+\Psi_{\mathrm{d}})\sin\Psi_{\mathrm{d}}\end{aligned} \tag{4-35}$$

将式（4-35）代入式（4-34），并令 $\sin(\omega t+\Psi_{\mathrm{d}})$和 $\cos(\omega t+\Psi_{\mathrm{d}})$前的系数相等，得到

$$\begin{aligned}(-m\omega^2+k)B_{\mathrm{d}}&=F_0\cos\Psi_{\mathrm{d}}\\ c\omega B_{\mathrm{d}}&=-F_0\sin\Psi_{\mathrm{d}}\end{aligned} \tag{4-36}$$

从而就确定了待定系数为

$$\begin{aligned}B_{\mathrm{d}}&=\frac{F_0}{\sqrt{(k-m\omega^2)^2+(c\omega)^2}}=\frac{B_0}{\sqrt{(1-\lambda^2)^2+(2\zeta\lambda)^2}}\\ \Psi_{\mathrm{d}}&=\arctan\left(-\frac{c\omega}{k-m\omega^2}\right)=\arctan\left(-\frac{2\zeta\lambda}{1-\lambda^2}\right)\end{aligned} \tag{4-37}$$

式中，$B_0=\dfrac{F_0}{k}$表示激振力振幅 F_0静止作用在弹性系统上产生的静位移；

$\zeta=\dfrac{c}{2m}\bigg/\sqrt{\dfrac{k}{m}}=\dfrac{c}{2\sqrt{mk}}=\dfrac{c}{2m\omega_{\mathrm{n}}}=\dfrac{c}{c_{\mathrm{c}}}$为阻尼比；$\lambda=\dfrac{\omega}{\omega_{\mathrm{n}}}=\omega\bigg/\sqrt{\dfrac{k}{m}}$为频率比。

将式（4-37）带入式（4-33），即可求出特解 $u^*(t)$：

$$
\begin{aligned}
u^*(t) &= B_d\sin(\omega t+\Psi_d) \\
&= \frac{F_0}{\sqrt{(k-m\omega^2)^2+(c\omega)^2}}\sin\left(\omega t+\arctan\left(-\frac{c\omega}{k-m\omega^2}\right)\right) \\
&= \frac{B_0}{\sqrt{(1-\lambda^2)^2+(2\zeta\lambda)^2}}\sin\left(\omega t+\arctan\left(-\frac{2\zeta\lambda}{1-\lambda^2}\right)\right)
\end{aligned}
\tag{4-38}
$$

把含有两个待定常数 a_1 与 a_2 的通解 $u_1(t)$［即式（4-32）］和已完全确定的特解 $u^*(t)$，［即式（4-38）］代入单自由度系统运动方程式（4-27）和初始条件式（4-28），即可确定式（4-32）中的待定常数 a_1 与 a_2。

$$
\begin{aligned}
a_1 &= u_0+\frac{2\zeta\omega_n^3\omega B_0}{(\omega_n^2-\omega^2)^2+(2\zeta\omega_n\omega)^2} \\
a_2 &= \frac{\dot{u}_0+\zeta\omega_n u_0}{\omega_d}-\frac{\omega\omega_n^2 B_0[(\omega_n^2-\omega^2)-2\zeta^2\omega_n^2]}{\omega_d[(\omega_n^2-\omega^2)^2+(2\zeta\omega_n\omega)^2]}
\end{aligned}
\tag{4-39}
$$

式中，$B_0=\dfrac{F_0}{k}$表示激振力振幅 F_0 静止作用在弹性系统上产生的静位移。需要强调的是，这两个常数 a_1 与 a_2 与自由振动情形下式（4-18）是不同的，因为特解的影响也参与了其中。另外，注意式中 ω 是外部激励角频率，ω_n是系统的固有角频率，ω_d是系统的阻尼频率。至此，含阻尼受迫振动系统的完全解确定如下：

$$
\begin{aligned}
u(t) &= \tilde{u}(t)+u^*(t) \\
&= e^{-\zeta\omega_n t}(a_1\cos\omega_d t+a_2\sin\omega_d t)+B_d\sin(\omega t+\Psi_d)
\end{aligned}
\tag{4-40}
$$

式中，4 个系数分别由式（4-37）、式（4-39）定出。其解的构成如图 4-6 所示。

从图中可以看到，在简谐力作用下受迫振动响应具有以下特征：

1）总振动响应可分解为一个自由阻尼振动响应的通解 $u_1(t)$（即图 4-6 中虚线部分）和一个含阻尼简谐受迫振动的特解 $u^*(t)$［即图 4-6 中的带圈细实线（稳态振动）］的叠加。

2）随着时间增加，通解部分 $u_1(t)$的幅值逐渐衰减，短暂时间之后，以致可以忽略不计，故称其为瞬态振动；而特解部分 $u^*(t)$的振幅不随时间变化，它是标准的简谐振动，故称其为稳态振动。频率等于激励频率，稳态振动的振幅值和相位取决于激励幅值和系统的物理材料常数，与初始条件无关，参见式(4-38)。

3）由时间 $t=0$ 开始的暂短期间，系统的振动响应由指数衰减振动规律的通解部分 $u_1(t)$和简谐振动规律的特解部分 $u^*(t)$相叠加，其合成的振动响应波形比较复杂（即图 4-6 中的细实线）。随着时间增长，瞬态振动的通解部分 $u_1(t)$趋于零，而简谐振动的特解部分 $u^*(t)$成为主要成分。这个阶段称为过渡过程。

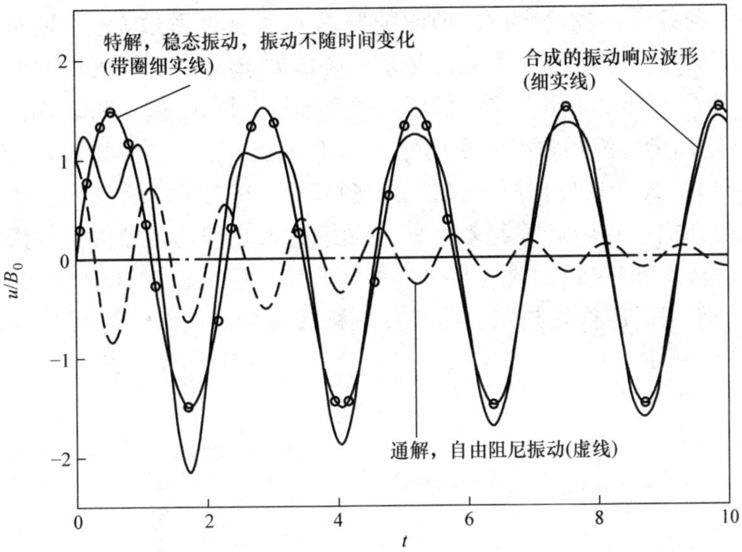

图 4-6　简谐受迫振动解的构成

过渡过程只经历一个不长的时间，阻尼越大，过渡过程持续的时间越短。经过一段时间后，受迫振动响应将以简谐振动 $u^*(t)$ 为主，这一阶段称为稳态过程。只要有简谐激振力存在，稳态振动将一直持续下去。在液体中的磁致伸缩生物传感器就是在稳态过程中完成检测的，而在稳态过程之前不能进行检测。

4.2.2　简谐激励下稳态振动响应的特点

由于系统的过渡过程比较短暂，磁致伸缩生物传感器必须在稳态过程中进行检测，所以应关心系统的稳态响应。首先引入两个比较重要的无量纲参数：频率比 λ 和位移振幅放大因子 β_d，并定义

$$\lambda = \frac{\omega}{\omega_n} \tag{4-41}$$

$$\beta_d = \frac{B_d}{B_0} = \frac{B_d}{(F_0/k)} \tag{4-42}$$

式中，B_d 为稳态振动振幅；$B_0 = F_0/k$ 是系统静态位移。

式（4-37）代入式（4-42），可得到位移放大因子 β_d 为

$$\beta_d = \frac{1}{\sqrt{(1-\lambda^2)^2 + (2\zeta\lambda)^2}} \tag{4-43}$$

式（4-41）代入（4-37），得到相位角 Ψ_d 为

$$\Psi_d = \arctan\left(-\frac{2\zeta\lambda}{1-\lambda^2}\right) \tag{4-44}$$

当系统的各项参数给定后，即激励振幅 F_0、弹性系数 k、质量 m，静位移 B_0以及固有频率 ω_n为常量，则稳态振动的幅值 B_d随外激励频率 ω 的变化可通过位移放大因子 β_d与频率比 λ 之间的函数关系描述，即式（4-43）；同样，稳态振动的初相位 Ψ_d随外激励频率的变化可通过 Ψ_d与频率比 λ 之间的函数关系描述，即式（4-44）。式（4-43）所定义的 β_d与频率比 λ 之间的函数关系称为位移幅频响应曲线，式（4-44）所定义的 Ψ_d与频率比 λ 之间的函数关系称为位移相频响应曲线。从式（4-43）、式（4-44）可以看出，阻尼比对 β_d和 Ψ_d的影响比较大。系统的阻尼对位移幅频响应曲线和位移相频响应曲线产生影响的规律如图 4-7 和图 4-8 所示。

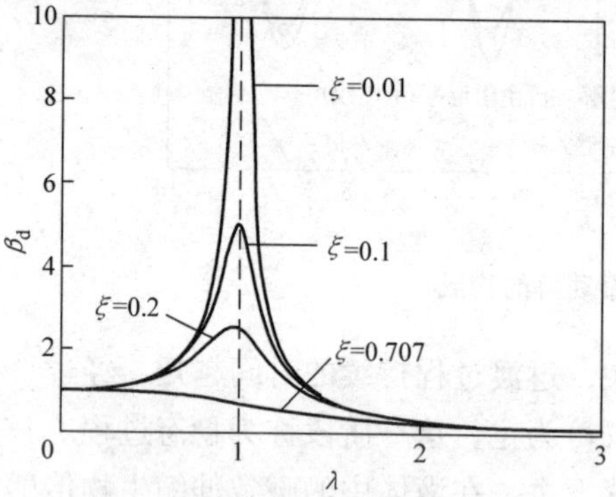

图 4-7　位移幅频响应曲线

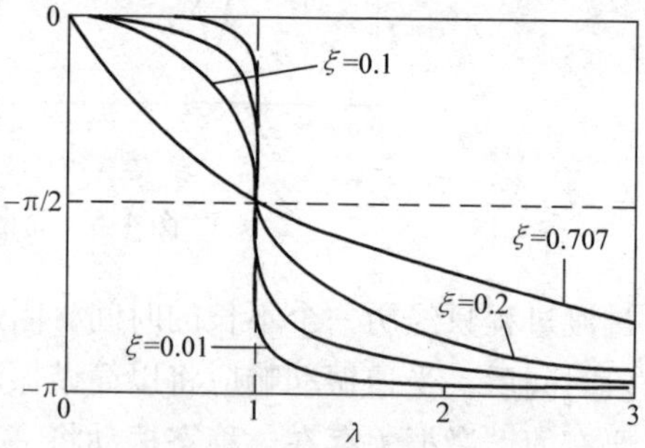

图 4-8　位移相频响应曲线

1. 阻尼对位移幅频响应的影响

1）从图 4-7 可见，在有阻尼的情况下，在频率比 $\lambda=1$，（$\omega=\omega_n$）左侧附近，位移幅频响应曲线出现峰值，阻尼比越小峰值越高，与峰值对应的频率比距离 $\lambda=1$ 越近，即发生位移共振的频率在固有频率的左侧附近。

2）在激励频率 ω 相对系统固有频率 ω_n很小时，即当 $\lambda \ll 1$ 时，$\beta_d \approx 1$，此时稳态振动的振幅 B_d与静态位移 $B_0=\dfrac{F_0}{k}$接近。

3）在激励频率 ω 相对系统固有频率 ω_n很大时，即当 $\lambda \gg 1$ 时，$\beta_d \approx 0$，此时稳态振动的振幅 $B_d \approx 0$，系统在稳态时几乎静止不动。

磁致伸缩生物传感器在液体中工作时，液体的阻尼比不能大于 0.707，否则即使在频率比 $\lambda=1$ 处也不会发生位移共振，致使传感器无法工作。

2. 阻尼对相频响应的影响

从图 4-8 可见，交变力作用到弹性体上，会产生交变加速度，交变加速度经过一段时间产生交变速度，交变速度经过一段时间才能产生交变位移，相位角就体现了这种系统的内在本构关系、包括阻尼影响的时间效应。在频率比 $\lambda=1$

上，不管阻尼比如何变化，位移在相位上总是落后于激励力 π/2。

当阻尼比 ζ 很小时，在 $\lambda=1$ 左右两侧 Ψ_d 相位差接近 π，所以称 $\lambda=1$ 为"反相点"；当 $\zeta=0.707$ 时，Ψ_d 与频率比 λ 之间的关系曲线在 $\lambda=1$ 附近接近为直线。注意阻尼比 $\zeta=0.707$ 是一个临界点，磁致伸缩生物传感器在液体中工作时，液体的阻尼比不能大于 0.707，否则即使在频率比 $\lambda=1$ 处，也不会发生位移共振，致使传感器无法工作。

3. 阻尼对速度幅频响应的影响

对稳态响应解式（4-38）对时间求导，可以得到稳态响应的速度响应为

$$\begin{aligned}V^{*}&=\frac{\mathrm{d}u^{*}(t)}{\mathrm{d}t}\\&=\omega B_{\mathrm{d}}\cos(\omega t+\Psi_{\mathrm{d}})\\&=B_{\mathrm{V}}\sin\left(\omega t+\Psi_{\mathrm{d}}+\frac{\pi}{2}\right)\\&=B_{\mathrm{V}}\sin(\omega t+\Psi_{\mathrm{V}})\end{aligned}\tag{4-45}$$

式中，速度振幅 $B_V=\omega B_d$ 和速度相位 Ψ_V 分别为

$$B_{\mathrm{V}}=\omega B_{\mathrm{d}}=\frac{\omega\omega_{\mathrm{n}}^{2}B_{0}}{\sqrt{(\omega_{\mathrm{n}}^{2}-\omega^{2})^{2}+(2\zeta\omega_{\mathrm{n}}\omega)^{2}}}\tag{4-46}$$

$$\Psi_{\mathrm{V}}=\Psi_{\mathrm{d}}+\frac{\pi}{2}\tag{4-47}$$

同理，定义速度振幅放大因子

$$\beta_{\mathrm{V}}=\frac{B_{\mathrm{V}}}{\omega_{\mathrm{n}}B_{0}}=\frac{\omega B_{\mathrm{d}}}{\omega_{\mathrm{n}}B_{0}}=\lambda\beta_{\mathrm{d}}=\frac{\lambda}{\sqrt{(1-\lambda^{2})^{2}+(2\zeta\lambda)^{2}}}\tag{4-48}$$

分析式（4-48）可以发现速度幅频响应有如图 4-9 所示的特征。

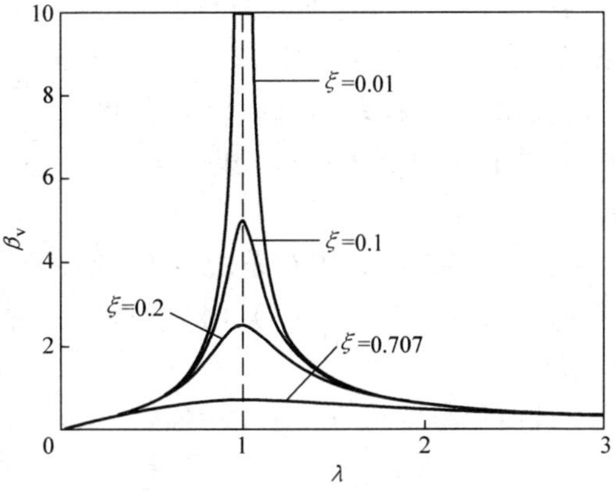

图 4-9　速度幅频响应曲线

从图 4-9 可见，在有阻尼的情况下，在频率比 $\lambda=1$（$\omega=\omega_n$）时，速度幅频响应曲线出现峰值，阻尼比越小峰值越高，发生速度共振的频率正好是系统的固有频率。在激励频率 ω 相对系统固有频率 ω_n 很小（即当 $\lambda\ll 1$）时，$\beta_V\approx 0$；在激励频率 ω 相对系统固有频率 ω_n 很大（即当 $\lambda\gg 1$）时，$\beta_V\approx 0$，此时稳态振动的振幅 $B_d\approx 0$，系统在稳态时几乎静止不动。

磁致伸缩生物传感器在液体中工作时，注意速度共振频率与固有共振频率相同，而位移共振频率却在固有共振频率的左侧附近发生。

4. 阻尼对加速度幅频响应的影响

对稳态响应解式（4-38）对时间求二阶导，可以得到稳态响应的加速度响应为

$$
\begin{aligned}
a^* &= \frac{\mathrm{d}^2 u^*(t)}{\mathrm{d}t^2} \\
&= -\omega^2 B_{\mathrm{d}} \sin(\omega t + \Psi_{\mathrm{d}}) \\
&= \omega^2 B_{\mathrm{d}} \sin(\omega t + \Psi_{\mathrm{d}} + \pi) \\
&= B_{\mathrm{a}} \sin(\omega t + \Psi_{\mathrm{a}})
\end{aligned} \tag{4-49}
$$

式中，加速度振幅 $B_{\mathrm{d}} = \omega^2 B_{\mathrm{d}}$和加速度相位 Ψ_{a}分别是

$$B_{\mathrm{a}} = \omega^2 B_{\mathrm{d}} = \frac{\omega^2 \omega_{\mathrm{n}}^2 B_0}{\sqrt{(\omega_{\mathrm{n}}^2 - \omega^2)^2 + (2\zeta\omega_{\mathrm{n}}\omega)^2}} \tag{4-50}$$

$$\Psi_{\mathrm{a}} = \Psi_{\mathrm{d}} + \pi \tag{4-51}$$

同理，定义加速度振幅放大因子为

$$\beta_{\mathrm{a}} = \frac{B_{\mathrm{a}}}{\omega_{\mathrm{n}}^2 B_0} = \frac{\omega^2 B_{\mathrm{d}}}{\omega_{\mathrm{n}}^2 B_0} = \lambda^2 \beta_{\mathrm{d}} = \frac{\lambda^2}{\sqrt{(1-\lambda^2)^2 + (2\zeta\lambda)^2}} \tag{4-52}$$

分析式（4-52）可以发现，加速度幅频响应有如图 4-10 所示的特征。

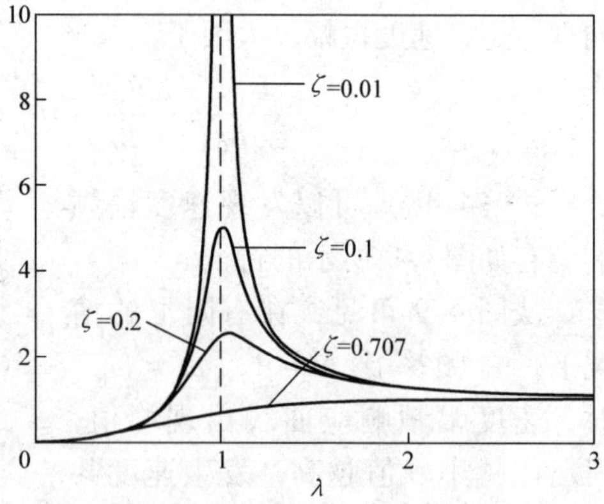

图 4-10　加速度幅频响应曲线

从图 4-10 中可见，在有阻尼的情况下，在频率比 $\lambda \approx 1$ 时，加速度幅频响应曲线出现峰值，阻尼比越小峰值越高，发生加速度共振的频率在系统固有频率的右侧附近。

在激励频率 ω 相对系统固有频率 ω_{n}很小（即当 $\lambda \ll 1$）时，$\beta_{\mathrm{a}} \approx 0$。

在激励频率 ω 相对系统固有频率 ω_{n}很大（即当 $\lambda \gg 1$）时，$\beta_{\mathrm{a}} \approx 1$，

此时稳态振动的加速度振幅为

$$B_{\mathrm{a}} = \beta_{\mathrm{a}} \omega_{\mathrm{n}}^2 B_0 \approx \omega_{\mathrm{n}}^2 B_0 = \frac{\omega_{\mathrm{n}}^2 F_0}{k} = \frac{F_0}{m}$$

磁致伸缩生物传感器在液体中工作时，注意加速度共振频率在固有共振频率右侧附近。

5. 共振频率的确定

对于欠阻尼振动系统，若阻尼比满足条件 $0<\zeta<\dfrac{1}{\sqrt{2}}$，当激励力的频率由低向高缓慢增加时，受迫振动系统的位移、速度和加速度在 $\lambda\approx1$ 时出现极大值，系统发生强烈振动，该现象称为共振。下面求解系统的位移共振频率、速度共振频率和加速度共振频率。

（1）位移共振频率的确定

已知位移放大因子 β_{d} 为

$$\beta_{\mathrm{d}}=\frac{1}{\sqrt{(1-\lambda^2)^2+(2\zeta\lambda)^2}} \tag{4-53}$$

把上式对 λ 求导，令其等于 0，得到

$$\frac{\mathrm{d}\beta_{\mathrm{d}}}{\mathrm{d}\lambda}=\frac{\mathrm{d}\left(\dfrac{1}{\sqrt{(1-\lambda^2)^2+(2\zeta\lambda)^2}}\right)}{\mathrm{d}\lambda}=0 \tag{4-54}$$

求极值得到极值点为

$$\lambda_{\mathrm{d}}=\sqrt{1-2\zeta^2} \tag{4-55}$$

位移共振频率为

$$\omega_{\mathrm{d}}=\lambda_{\mathrm{d}}\omega_{\mathrm{n}}=\sqrt{1-2\zeta^2}\,\omega_{\mathrm{n}} \tag{4-56}$$

即激励频率 $\omega=\omega_{\mathrm{d}}$ 时，发生位移共振。

（2）速度共振频率的确定

已知速度放大因子 β_{V} 为

$$\beta_{\mathrm{V}}=\frac{B_{\mathrm{V}}}{\omega_{\mathrm{n}}B_0}=\frac{\omega B_{\mathrm{d}}}{\omega_{\mathrm{n}}B_0}=\lambda\beta_{\mathrm{d}}=\frac{\lambda}{\sqrt{(1-\lambda^2)^2+(2\zeta\lambda)^2}} \tag{4-57}$$

把上式对 λ 求导，令其等于 0，得到

$$\frac{\mathrm{d}\beta_{\mathrm{V}}}{\mathrm{d}\lambda}=\frac{\mathrm{d}\left[\dfrac{\lambda}{\sqrt{(1-\lambda^2)^2+(2\zeta\lambda)^2}}\right]}{\mathrm{d}\lambda}=0 \tag{4-58}$$

求极值得到极值点为

$$\lambda_{\mathrm{V}}=1 \tag{4-59}$$

位移共振频率为

$$\omega_{\mathrm{V}}=\lambda_{\mathrm{V}}\omega_{\mathrm{n}}=\omega_{\mathrm{n}} \tag{4-60}$$

即激励频率 $\omega=\omega_{\mathrm{V}}=\omega_{\mathrm{n}}$ 时，发生速度共振。

（3）加速度共振频率的确定

已知加速度放大因子 β_{a} 为

$$\beta_a=\frac{B_a}{\omega_n^2B_0}=\frac{\omega^2B_d}{\omega_n^2B_0}=\lambda^2\beta_d=\frac{\lambda^2}{\sqrt{(1-\lambda^2)^2+(2\zeta\lambda)^2}} \tag{4-61}$$

把上式对 λ 求导，令其等于0，得到

$$\frac{d\beta_a}{d\lambda}=\frac{d\left[\frac{\lambda^2}{\sqrt{(1-\lambda^2)^2+(2\zeta\lambda)^2}}\right]}{d\lambda}=0 \tag{4-62}$$

求极值得到极值点为

$$\lambda_a=\frac{1}{\sqrt{1-2\zeta^2}} \tag{4-63}$$

加速度共振频率为

$$\omega_a=\lambda_a\omega_n=\frac{\omega_n}{\sqrt{1-2\zeta^2}} \tag{4-64}$$

即激励频率 $\omega=\omega_a$时，发生加速度共振。

综上所述，含线性阻尼受迫振动稳态响应的规律见表4-1。

表4-1 含线性阻尼受迫振动稳态响应规律

频率比 λ	位移振幅放大因子 及位移相位角	速度振幅放大因子 及速度相位角	加速度振幅放大因子 及加速度相位角
低频段 $0\leqslant\lambda\ll1$	$\beta_d\approx1$ $\Psi_d\approx0$	$\beta_V\approx0$ $\Psi_V\approx\frac{\pi}{2}$	$\beta_a\approx0$ $\Psi_a\approx\pi$
高频段 $\lambda\gg1$	$\beta_d\approx0$ $\Psi_d\approx-\pi$	$\beta_V\approx0$ $\Psi_V\approx-\frac{\pi}{2}$	$\beta_a\approx1$ $\Psi_a\approx0$
位移共振态 $\lambda_d=\sqrt{1-2\zeta^2}$	β_d 达到最大峰值 位移达到最大峰值	临近速度最大峰值	临近加速度最大 峰值
速度共振态 $\lambda_V=1$	临近位移最大峰值 $\beta_d=\frac{1}{2\zeta}$ $\Psi_d\approx-\frac{\pi}{2}$	β_V 达到最大峰值 速度达到最大峰值 $\beta_V=\frac{1}{2\zeta}$ $\Psi_V\approx0$	临近加速度最大 峰值 $\beta_a=\frac{1}{2\zeta}$ $\Psi_a\approx\frac{\pi}{2}$

注：以上规律适用于在欠阻尼系统，即 $0<\zeta<\frac{1}{\sqrt{2}}$的含线性阻尼受迫振动系统。

6. 品质因数 Q

从以上分析可以看出，系统的剧烈振动不仅在共振频率处出现，而且在其附近的一个频段内都比较显著。通常，把速度放大因子 β_V 下降到其峰值的$\frac{\sqrt{2}}{2}$倍所

对应的频段定义为共振区。无线电学中品质因数 Q 的概念，是一个电学和磁学的量，表示一个储能器件（如电感线圈、电容等）、谐振电路中所储能量同每周期损耗能量之比的一种质量指标，比如串联谐振回路中电抗元件的 Q 值等于它的电抗与其等效串联电阻的比值，元件的 Q 值越大，用该元件组成的电路或网络的选择性越好。在振动理论中，品质因数 Q 是一个无量纲参数，表示振子的共振频率相对于带宽的大小，高 Q 值表示振子能量损失的速率较慢，振动可持续较长的时间，例如一个磁致伸缩传感器在空气中运动，其 Q 值较高，而在有阻尼的液体中振动时，则传感器的 Q 值就较低。品质因数定义为

$$Q=\frac{1}{2\zeta}=\beta_{\mathrm{d}}\big|_{\lambda_{\mathrm{V}}=1}=\beta_{\mathrm{V}}\big|_{\lambda_{\mathrm{V}}=1}=\beta_{\mathrm{a}}\big|_{\lambda_{\mathrm{V}}=1} \tag{4-65}$$

如图 4-11 所示，共振区的定义是两个端点 A（$\boldsymbol{\lambda}_{\mathrm{A}}$）和 B（$\boldsymbol{\lambda}_{\mathrm{B}}$）包含的区间，$\boldsymbol{\lambda}_{\mathrm{A}}$和 $\boldsymbol{\lambda}_{\mathrm{B}}$分别对应着速度放大系数最大值的$\frac{\sqrt{2}}{2}$。

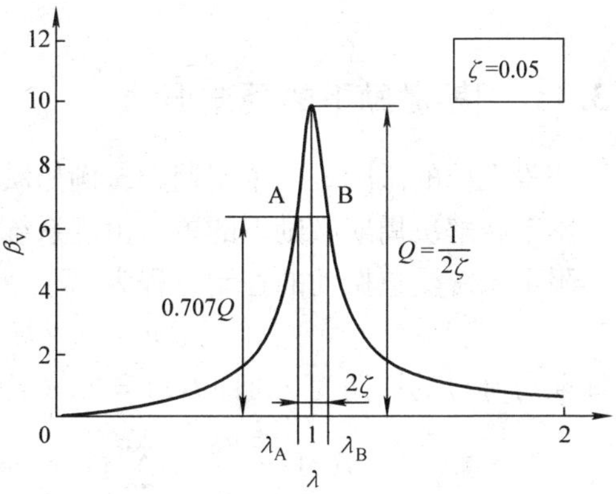

图 4-11　共振区和品质因数

由于速度共振时，速度放大系数最大值为 $\beta_{\mathrm{V}}=\frac{1}{2\zeta}=Q$，那么 $\boldsymbol{\lambda}_{\mathrm{A}}$和 $\boldsymbol{\lambda}_{\mathrm{B}}$分别对应着的速度放大系数为$\frac{Q}{\sqrt{2}}$，考虑到功率与振幅的二次方成正比，那么点 A（$\boldsymbol{\lambda}_{\mathrm{A}}$）和 B（$\boldsymbol{\lambda}_{\mathrm{B}}$）对应的系统功率恰好是共振频率对应功率的一半，故称点 A 和 B 为半功率点。

半功率点处速度振幅放大系数的二次方为

$$\beta_{\mathrm{V}}^{2}=\frac{1}{(1-\lambda^{2})^{2}+(2\zeta\lambda)^{2}}=\frac{Q^{2}}{2}=\frac{1}{8\zeta^{2}} \tag{4-66}$$

可解出两个半功率点所对应的频率比为

$$\begin{aligned}\boldsymbol{\lambda}_{\mathrm{A}}&=\sqrt{1+\zeta^{2}}-\zeta\\ \boldsymbol{\lambda}_{\mathrm{B}}&=\sqrt{1+\zeta^{2}}+\zeta\end{aligned} \tag{4-67}$$

于是，共振区的带宽也称为半功率带宽为

$$\Delta\lambda=\boldsymbol{\lambda}_{\mathrm{B}}-\boldsymbol{\lambda}_{\mathrm{A}}=2\zeta=\frac{1}{Q} \tag{4-68}$$

这表明，阻尼比小，共振区窄，则品质因数高，共振峰陡峭；反之，阻尼比大，共振区宽，品质因数低，共振峰平坦。在无线电通信中，要求电子系统的品

质因数 Q 大小适中，从而保证通信系统有较好的选择性和频带。对于在液体中工作的磁致伸缩生物传感系统，由于品质因数与阻尼具有函数关系式（4-65），半功率带宽与阻尼有函数关系式（4-68），因此可利用这两个公式，测取幅频特性曲线，然后在幅频特性曲线上确定半功率带宽 $\Delta\lambda$。由式（4-68）确定阻尼比 ζ，最后算出液体的黏性系数 c。

$$\zeta = \frac{c}{2m\omega_{\mathrm{n}}} = \frac{\Delta\lambda}{2} \tag{4-69}$$

$$c = 2m\omega_{\mathrm{n}}\zeta \tag{4-70}$$

4.3 任意周期激励下有阻尼单自由度系统的受迫振动

4.3.1 周期激励下的受迫振动

假设系统的激励是一个周期力，例如激励的波形是矩形波、锯齿波等周期函数，本节将解决周期激励下的单自由度系统受迫振动问题。

阻尼系统受迫振动的控制方程为

$$m\ddot{u} + c\dot{u} + ku = f(t) \tag{4-71}$$

设周期力 $f(t)$ 的周期为 T，即 $f(t) = f(t+T)$。将 $f(t)$ 展开为傅里叶级数有

$$\begin{aligned} f(t) &= \frac{a_0}{2} + \sum_{n=1}^{+\infty}(a_n\cos n\omega_1 t + b_n\sin n\omega_1 t) \\ &= \frac{a_0}{2} + \sum_{n=1}^{+\infty} c_n\sin(n\omega_1 t + \phi_n) \\ &= c_0 + \sum_{n=1}^{+\infty} c_n\sin(n\omega_1 t + \phi_n) \end{aligned} \tag{4-72}$$

式中，ω_1 是周期激励的基频；a_n是 n 的偶函数；b_n是 n 的奇函数；以及：

$$\begin{aligned} \omega_1 &= \frac{2\pi}{T} \\ a_n &= \frac{2}{T}\int_0^T f(t)\cos n\omega_1 t\mathrm{d}t \\ b_n &= \frac{2}{T}\int_0^T f(t)\sin n\omega_1 t\mathrm{d}t \\ c_n &= \sqrt{a_n^2 + b_n^2}, \phi_n = \arctan\frac{a_n}{b_n} \\ c_0 &= \frac{a_0}{2} = \frac{1}{T}\int_0^T f(t)\mathrm{d}t \\ n &= 1,2,\cdots,n \end{aligned} \tag{4-73}$$

将式（4-72）代入式（4-71），那么，阻尼系统受迫振动的控制方程变换为

$$m\ddot{u}(t)+c\dot{u}(t)+ku(t)=c_0+\sum_{n=1}^{+\infty}c_n\sin(n\omega_0 t+\phi_n) \tag{4-74}$$

该方程的解由其特解和对应齐次方程的通解相加而成，通常关注的是系统稳态振动的特解。根据线性微分方程解的叠加原理［参见式（4-40）］，分别求出式（4-74）中右端各个力分别作用下的特解，然后将其叠加到一起，则可得到方程总的特解为

$$u^*(t)=B_0+\sum_{n=1}^{+\infty}B_n\sin(n\omega_1 t+\phi_n+\psi_n) \tag{4-75}$$

式中

$$B_n=\frac{c_{\text{n}}}{k\sqrt{(1-n^2\lambda_1^2)^2+(2\zeta n\lambda_1)^2}} \tag{4-76}$$

$$n=0,1,2,3,\cdots$$

$$\psi_n=\arctan\left(-\frac{2\zeta n\lambda_1}{1-n^2\lambda_1^2}\right) \tag{4-77}$$

$$n=0,1,2,3,\cdots$$

式中，$\lambda_1=\dfrac{\omega_1}{\omega_n}$（频率比）；$\omega_n=\sqrt{\dfrac{k}{m}}$（固有频率）；$\zeta=\dfrac{c}{2\sqrt{mk}}$（阻尼比）。

由上述推导可见，周期力作用下系统的稳态响应具有以下特性：

1）系统的稳态响应是周期振动，其周期等于激振力的周期 T。

2）系统的稳态响应由激振力各次谐波分量分别作用下的稳态响应叠加而成。

3）在系统稳态响应中，频率最靠近固有频率的谐波振幅最大，在响应中占主要成分；频率远离固有频率的谐波振幅很小，在响应中占次要成分。

4）周期激励通过傅里叶变换，被表示成了一系列频率为基频整数倍的简谐激励的叠加，这种对系统响应的分析被称为谐波分析法。

4.3.2　非周期激励下的受迫振动

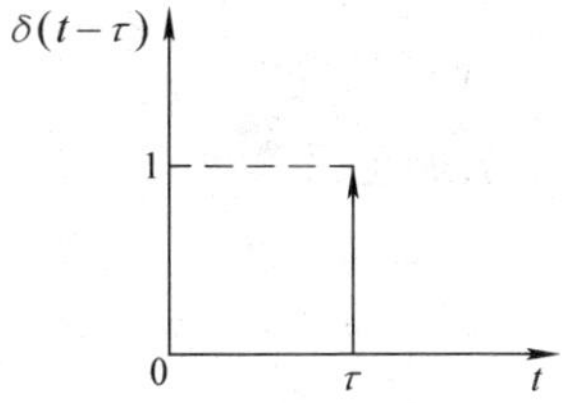

图 4-12　δ（t−τ）（单位脉冲函数）

脉冲激励是非周期激励的一种特例，系统对脉冲激励的响应是暂短的，不存在稳态响应。通过对脉冲激励问题的研究，掌握狄拉克 $\delta(t)$ 函数的性质和应用是十分必要的。如图 4-12 所示，$\delta(t)$ 函数也称为单位脉冲函数，在磁致伸缩生物传感器振动理论研究中，在处理集中载荷问题（比如处理病菌集中加载等问题）时，通过用

$\delta(t)$函数表示，可带来数学推导和运算上的极大便利。用位于时刻τ、长度为1的有向线段来表示$\delta(t-\tau)$函数，$\delta(t-\tau)$是一个广义函数。

1. δ 函数及性质

δ 函数定义为

$$\delta(t-\tau)=\begin{cases}\infty\ (t=\tau)\\ 0\ (t\neq\tau)\end{cases} \tag{4-78}$$

并且有

$$\int_{-\infty}^{+\infty}\delta(t-\tau)\mathrm{d}t=1 \tag{4-79}$$

为更好地理解δ函数，现考察函数δ_ε，如图4-13所示。该函数可以看作矩形脉冲、脉冲面积为1，而脉冲宽度趋于0时的极限，即

$$\delta_\varepsilon(t-\tau)=\begin{cases}\dfrac{1}{\varepsilon}\quad(\tau\leqslant t\leqslant\tau+\varepsilon)\\ 0\quad t\text{ 为其他值}\end{cases} \tag{4-80}$$

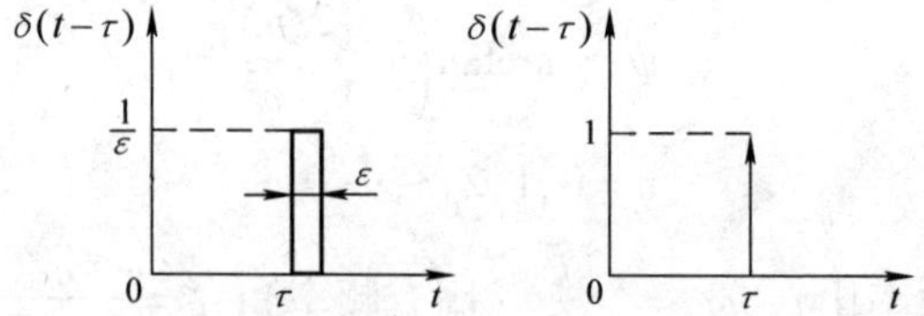

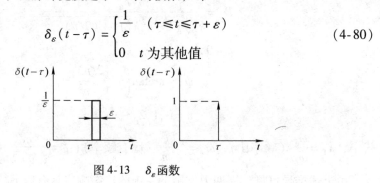

图4-13　δ_ε函数

易知

$$\int_{-\infty}^{+\infty}\delta_\varepsilon(t-\tau)\mathrm{d}t=\int_\tau^{\tau+\varepsilon}\frac{1}{\varepsilon}\mathrm{d}t=\varepsilon\cdot\frac{1}{\varepsilon}=1 \tag{4-81}$$

由此可得

$$\lim_{\varepsilon\to 0}\delta_\varepsilon(t-\tau)=\delta(t-\tau) \tag{4-82}$$

δ_ε函数的单位是为1/s。$\delta_\varepsilon(t-\tau)$也可定义为其他形状的面积为1的脉冲。有以上可知，$\delta(t-\tau)$具有如下重要性质和功能：

(1) 筛选性

根据定义，推出：

$$\begin{aligned}\int_{-\infty}^{+\infty}f(t)\delta(t-\tau)\mathrm{d}t&=\lim_{\varepsilon\to 0}\int_\tau^{\tau+\varepsilon}\frac{1}{\varepsilon}f(t)\mathrm{d}t\\&=\lim_{\varepsilon\to 0}\varepsilon\cdot\frac{1}{\varepsilon}\cdot f(\tau+\theta\varepsilon)\\&=f(\tau)\end{aligned} \tag{4-83}$$

由此，得到δ_ε函数的筛选性为

$$\int_0^t f(t)\delta(t-\tau)\mathrm{d}t = f(\tau) \quad (0<\tau<t) \tag{4-84}$$

注意上式中参数 τ 和 t 的关系，必须要求 $0<\tau<t$，δ 函数的筛选性非常重要，在很多学科中，包括在弹性力学、量子力学、固体物理等，面对解决复杂的集中加载问题时，都能见到 δ 函数。

（2）可将集中载荷化为分布载荷

如果在磁弹体上作用一个时间很短、冲量有限的冲力。假设该冲力由 $t=\tau$ 时刻开始作用，至 $t=\tau+\varepsilon$ 停止，产生的冲量为一常数 I_ε，则该冲力的平均值为

$$f_\varepsilon = I_\varepsilon/\varepsilon = I_\varepsilon\delta_\varepsilon(t-\tau) \tag{4-85}$$

对上式取 $\varepsilon\to0$ 的极限，得到：

$$f = I\delta(t-\tau) \tag{4-86}$$

其物理意义是：冲量 I 乘以 δ 函数后，得到其在时间上的分布量，即冲力。将该概念进一步推广，一个物理量，如 x_0 点作用的质量 m，则质量 m 与 δ 函数相乘后，代表该集中质量的平均分布量，那么质量线密度 ρ 为

$$\rho = m\delta(x-x_0) \tag{4-87}$$

如果是 x_0 点作用的集中力载荷 f，则 f 与 δ 函数相乘后，代表将该集中力转变为均布载荷 p。

$$p = f\delta(x-x_0)$$

该技术在研究磁致伸缩生物传感器病菌加载时，要经常用到。

2. 零初始条件下系统对单位脉冲力的响应

考虑零初始条件下，单自由度系统在 $t=0$ 时刻受到单位冲量 $I=1$ 时的响应问题。此时系统的运动方程为

$$m\ddot{u} + c\dot{u} + ku = I\delta(t) \tag{4-88}$$

因冲量在无限短时间内施加到系统上，考虑到位移的发生需要时间，故可认为该瞬时系统位移保持不变，而只是获得了一个速度，冲击结束后，系统为自由振动。因此研究无限短时间结束后的系统响应问题，就等价为研究以下问题：

$$\begin{gathered} m\ddot{u} + c\dot{u} + ku = 0 \\ u(0^+) = 0, \dot{u}(0^+) = \frac{I}{m} \end{gathered} \tag{4-89}$$

研究欠阻尼的情况，参考式（4-16），该自由振动的解为

$$u = a_1 \mathrm{e}^{\lambda_1 t} + a_2 \mathrm{e}^{\lambda_2 t} = a\mathrm{e}^{-\zeta\omega_\mathrm{n} t}\sin(\omega_\mathrm{d} t + \varphi)$$

式中

$$a = \sqrt{u_0^2 + \left(\frac{\dot{u}_0 + \zeta\omega_\mathrm{n} u_0}{\omega_\mathrm{d}}\right)^2} = \frac{\dot{u}_0}{\omega_\mathrm{d}} = \frac{1}{m\omega_\mathrm{d}}, \varphi = \arctan\frac{u_0\omega_\mathrm{d}}{\dot{u}_0 + \zeta\omega_\mathrm{n} u_0} = 0$$

至此，得到零初始条件下系统对单位脉冲力的响应为

$$u(t)=\frac{1}{m\omega_d}e^{-\zeta\omega_n t}\sin\omega_d t, t\geqslant 0 \tag{4-90}$$

在振动理论中常用符号 $h(t)$ 代替上式，称为单位脉冲响应函数，即

$$h(t)=\frac{1}{m\omega_d}e^{-\zeta\omega_n t}\sin\omega_d t, t\geqslant 0 \tag{4-91}$$

若单位冲量不是作用在时刻 $t=0$，而是在 $t=\tau$，则冲击响应也将滞后时间 τ，即

$$h(t-\tau)=\frac{1}{m\omega_d}e^{-\zeta\omega_n(t-\tau)}\sin\omega_d(t-\tau), t\geqslant\tau \tag{4-92}$$

如果系统在 $t=\tau$ 时刻，受到冲量为 A 的任意脉冲力作用，则系统暂态响应很容易地用单位脉冲响应函数表示为

$$u(t)=Ah(t-\tau)=\frac{A}{m\omega_d}e^{-\zeta\omega_n(t-\tau)}\sin\omega_d(t-\tau), t>\tau \tag{4-93}$$

3. 杜哈梅（Duhamel）积分和零初始条件下系统对任意非周期激励的响应

下面求解单自由度系统在瞬态激励下的响应问题。如图 4-14 所示，$f(t)$ 表示一个系统从 0 到 t 受到的瞬态激励，曲线下部的面积是 $f(t)$ 产生的总冲量。

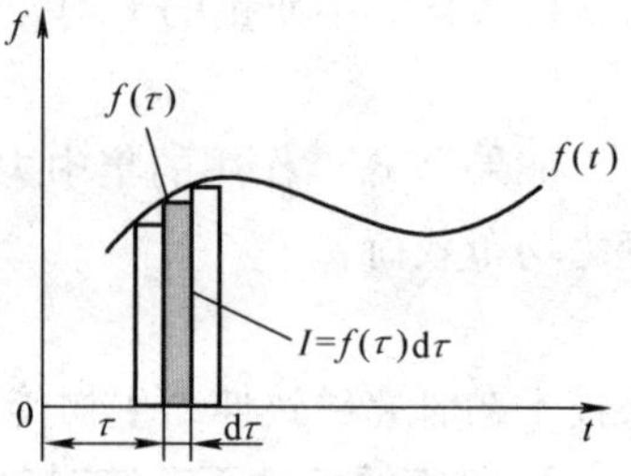

图 4-14　非周期激励等价于 N 个脉冲之和

利用定积分的几何解释，可以将该面积分解成 n 个微间距为 $d\tau$ 的小曲边梯形，当微间距 $d\tau$ 无限小时，$n\to\infty$，微矩形的面积趋同相应微曲边梯形的面积。考察 $t=\tau$ 时刻的微矩形元，其面积为 $I_n=f(\tau)d\tau$ 的冲量，设 τ 从 $t=0$ 开始，到 $t=\tau_s$ 结束，该冲量引起的系统响应为

$$u_n(t)=I_n h(t-\tau)=f(\tau)h(t-\tau)d\tau=\frac{f(\tau)}{m\omega_d}e^{-\zeta\omega_n(t-\tau)}\sin\omega_d(t-\tau)d\tau$$

$$t\geqslant\tau_s$$

由此，任意激振力 $f(t)$ 引起的响应，根据线性系统的叠加原理，则是无限多个微矩形元代表的冲量所产生的响应的叠加，即

$$\begin{aligned}u(t)&=\lim_{n\to\infty}\sum_{n=1}^{n}u_n(t)\\&=\int_0^{t_s}h(t-\tau)f(\tau)d\tau\\&=\int_0^{t_s}\frac{1}{m\omega_d}e^{-\zeta\omega_n(t-\tau)}\sin\omega_d(t-\tau)f(\tau)d\tau\quad 0\leqslant\tau\leqslant t_s\end{aligned} \tag{4-94}$$

该积分称为杜哈梅积分。利用上式可求得任意时刻之后系统由瞬态激励引起的响

应。杜哈梅积分是在系统为零初始条件下得到的，一般情况下，系统的完整响应还应包含由初始条件引起的响应部分，即

$$
\begin{aligned}
u(t) &= e^{-\zeta\omega_n t}\left(u_0\cos\omega_d t + \frac{\dot{u}_0 + \zeta\omega_n u_0}{\omega_d}\sin\omega_d t\right) \\
&\quad + \int_0^{t_s} h(t-\tau)f(\tau)\,d\tau \\
&= e^{-\zeta\omega_n t}\left(u_0\cos\omega_d t + \frac{\dot{u}_0 + \zeta\omega_n u_0}{\omega_d}\sin\omega_d t\right) \\
&\quad + \int_0^{t_s} \frac{1}{m\omega_d} e^{-\zeta\omega_n(t-\tau)}\sin\omega_d(t-\tau)f(\tau)\,d\tau
\end{aligned}
\tag{4-95}
$$

式中，$t \geqslant t_s$。当阻尼为零时，含有初始条件影响的杜哈梅积分简化为

$$
u(t) = \left(u_0\cos\omega_d t + \frac{\dot{u}_0}{\omega_d}\sin\omega_d t\right) + \frac{1}{m\omega_d}\int_0^{t_s} F(\tau)\sin\omega_d(t-\tau)\,d\tau \tag{4-96}
$$

4.3.3　积分变换法求解非周期激励下的受迫振动

瞬态激励是一种非周期函数，不能展开为傅里叶级数，但是可以做积分变换，然后求解非周期激励下的受迫振动问题。所谓积分变换，就是通过特殊的积分运算，把一个函数变成另外一个函数的变换，是数学理论和工程应用中非常有用的工具。最常见的积分变换有两种：傅里叶变换和拉普拉斯变换，其他的还有梅林变换和汉克尔变换等。

1. 傅里叶变换

设有瞬态激励 $f(t)$ 作用在系统上，定义该激励函数 $f(t)$ 的傅里叶正变换为

$$
F(\omega) = \mathcal{F}\left[f(t)\right] = \int_{-\infty}^{+\infty} f(t)e^{-j\omega t}dt \tag{4-97}
$$

而把下述变换称为傅里叶逆变换：

$$
f(t) = \mathcal{F}^{-1}\left[F(\omega)\right] = \frac{1}{2\pi}\int_{-\infty}^{+\infty} F(\omega)e^{j\omega t}d\omega \tag{4-98}
$$

激励函数 $f(t)$ 也可称为原函数，自变量是时间 t，是时域里的函数；在振动理论中，$f(t)$ 经过傅里叶正变换后，得到一个新函数 $F(\omega)$，称为像函数，自变量是角频率 ω，是频域里的函数。像函数 $F(\omega)$ 经过傅里叶逆变换，就得到了原函数 $f(t)$。傅里叶变换的性质及一些常用函数的变换结果可以查数学手册，运用傅里叶变换的性，可以求解零初始条件下瞬态激励的响应问题。

零初始条件下瞬态激励的响应问题如下：

$$
m\ddot{u} + c\dot{u} + ku = f(t) \tag{4-99}
$$

根据傅里叶变换性质，式（4-99）经傅里叶正变换后可得到

$$
(k - m\omega^2 + jc\omega)U(\omega) = F(\omega) \tag{4-100}
$$

值得指出的是，一个微分方程经过傅里叶正变换后，变换成对代数方程的求解。由此解出位移函数 $u(t)$ 的像函数 $U(\omega)$ 为

$$U(\omega)=\frac{F(\omega)}{k-m\omega^2+\mathrm{j}c\omega}=H(\omega)F(\omega) \tag{4-101}$$

式中，$H(\omega)$ 有特殊的物理意义，称为频响函数。

$$H(\omega)=\frac{1}{k-m\omega^2+\mathrm{j}c\omega} \tag{4-102}$$

式（4-102）反映了频域内系统激励的像函数 $F(\omega)$ 与位移函数 $u(t)$ 的像函数 $U(\omega)$ 之间的关系，即频响函数 $H(\omega)$ 与激励力函数的像函数相乘，就得到位移函数 $u(t)$ 的像函数 $U(\omega)$，其中 $U(\omega)$ 代表着系统位移对应于频率 ω 的基底谐波成分的大小和分布，如图 4-15 所示。

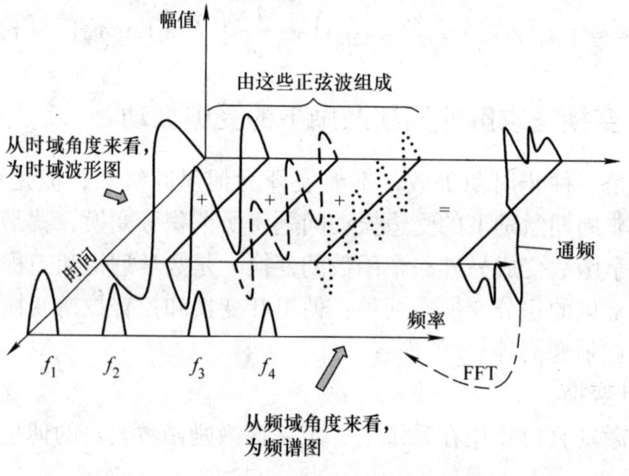

图 4-15　傅里叶变换与时域和频域的关系

对像函数 $U(\omega)$ 作傅里叶逆变换，得到全部简谐成分相叠加的结果，即可得到所要求解的位移函数：

$$\begin{aligned} u(t) &= \frac{1}{2\pi}\int_{-\infty}^{+\infty} U(\omega)\mathrm{e}^{\mathrm{j}\omega t}\mathrm{d}\omega = \frac{1}{2\pi}\int_{-\infty}^{+\infty} H(\omega)F(\omega)\mathrm{e}^{\mathrm{j}\omega t}\mathrm{d}\omega \\ &= \frac{1}{2\pi}\int_{-\infty}^{+\infty} \frac{F(\omega)}{k-m\omega^2+\mathrm{j}c\omega}\mathrm{e}^{\mathrm{j}\omega t}\mathrm{d}\omega \end{aligned} \tag{4-103}$$

注意，该解不包括初始条件产生的响应。

（1）频响函数 $H(\omega)$ 的物理意义

我们知道 $H(\omega)=\dfrac{1}{k-m\omega^2+\mathrm{j}c\omega}$ 称为系统的位移频响函数。由以上分析位移频响函数具有以下特性：

1）位移频响函数的模为

$$|H(\omega)| = \frac{1}{\sqrt{(k-m\omega^2)^2+(c\omega)^2}} = \frac{1}{k\sqrt{(1-\lambda^2)^2+(2\zeta\lambda)^2}} = \frac{\beta_d}{k} \quad (4\text{-}104)$$

由此可见，位移频响函数的模反映的是响应的幅频特性。

2）位移频响函数的幅角为

$$\arg H(\omega) = \arctan\left(-\frac{c\omega}{k-m\omega^2}\right) = \arctan\left(-\frac{2\zeta\lambda}{1-\lambda^2}\right) = \Psi_d \quad (4\text{-}105)$$

可知，位移频响函数的辐角反映的是响应的相频特性。

（2）位移频响函数的傅里叶逆变换的意义

由式（4-105）可知：

$$H(\omega) = \frac{U(\omega)}{F(\omega)} \quad (4\text{-}106)$$

也就是说，频响函数 $H(\omega)$ 是系统输出 $u(t)$ 与输入 $f(t)$ 的像函数 $U(\omega)$ 和 $F(\omega)$ 之比，对于一个线性系统，它与激励的大小无关。由于频响函数内含有系统参数 m、k 和阻尼 c，完整地包含了系统的信息，人们常常通过实测的系统频响函数来求取系统参数。

利用数学手册，可知频响函数 $H(\omega)$ 的傅里叶逆变换就是单位脉冲响应函数，即

$$\begin{aligned}\mathcal{F}^{-1}[H(\omega)] &= \frac{1}{2\pi}\int_{-\infty}^{+\infty} H(\omega)\mathrm{e}^{\mathrm{j}\omega t}\mathrm{d}\omega \\ &= \frac{1}{2\pi}\int_{-\infty}^{+\infty} \frac{\mathrm{e}^{\mathrm{j}\omega t}}{k-m\omega^2+\mathrm{j}c\omega}\mathrm{d}\omega \\ &= h(t)\end{aligned} \quad (4\text{-}107)$$

可见 $H(\omega)$ 和 $h(t)$ 一对傅里叶变换对。利用傅里叶变换的卷积性质，式（4-103）可化为

$$\begin{aligned}u(t) &= \frac{1}{2\pi}\int_{-\infty}^{+\infty} H(\omega)F(\omega)\mathrm{e}^{\mathrm{j}\omega t}\mathrm{d}\omega \\ &= \frac{1}{2\pi}\int_{-\infty}^{+\infty} H(\omega)F(\omega)\mathrm{e}^{\mathrm{j}\omega t}\mathrm{d}\omega \\ &= \int_0^t h(t-\tau)f(\tau)\mathrm{d}\tau\end{aligned} \quad (4\text{-}108)$$

由此可见，与杜哈梅积分一样，用傅氏变换法得到的响应解没有包含初始条件引起的响应部分。

2. 拉普拉斯变换

拉普拉斯变换也是工程数学中常用的一种积分变换，又名拉氏变换。拉氏变换是一个线性变换，可将一个有实数参数 t（$t\geqslant 0$）的函数转换为一个参数为复数 s 的函数。拉普拉斯变换在许多工程技术和科学研究领域中有着广泛的应用，

特别是在力学系统、电学系统等科学中都起着重要作用。

设有瞬态激励$f(t)$作用在系统上，定义该激励函数$f(t)$的拉氏变换为

$$F(s) = \mathcal{L}[f(t)] = \int_0^{+\infty} f(t)\mathrm{e}^{-st}\mathrm{d}t \tag{4-109}$$

而把下述变换称为拉氏逆变换：

$$f(t) = \mathcal{L}^{-1}[F(s)] = \frac{1}{2\pi\mathrm{j}}\int_{\sigma-\mathrm{j}\omega}^{\sigma+\mathrm{j}\omega} F(s)\mathrm{e}^{st}\mathrm{d}s \tag{4-110}$$

式中，$s=\sigma \pm \mathrm{j}\omega$ 为复变量，它对应复平面上的点。该复平面上的区域称为拉氏域或简称为 s 域。拉氏变换变换的性质及常用公式见工程数学手册。

激励函数$f(t)$也可称为原函数，自变量是时间 t，是时域里的函数；在振动理论中，$f(t)$经过拉氏变换后，得到一个新函数 $F(s)$，也可称为$f(t)$的像函数，自变量是复数 S，即将一个函数从时域上，转换为复频域（S 域）上来表示。有些情形下，一个实变量函数在实数域中进行一些运算并不容易，但若将实变量函数作拉普拉斯变换，并在复数域中作各种运算，再将运算结果作拉普拉斯逆变换来求得实数域中的相应结果［即把像函数 $F(s)$经过拉氏逆变换后］，就得到了原函数$f(t)$。拉氏变换的另外一个优势，是可以求解含有初始条件的微分方程。利用拉氏变换的性质及一些常用函数的变换结果，通过查工程数学手册，可以求解很多实数域内不容易求解的工程科学问题。

下面应用拉氏变换求解非零初始条件下的响应问题。该问题的微分方程是

$$\begin{gathered} m\ddot{u} + c\dot{u} + ku = f(t) \\ u(0) = u_0, \dot{u}(0) = \dot{u}_0 \end{gathered} \tag{4-111}$$

对式（4-111）作拉氏变换，并运用拉氏变换性质可得

$$\begin{gathered} \mathcal{L}[m\ddot{u}(t) + c\dot{u}(t) + ku(t)] = \mathcal{L}[f(t)] \\ m[s^2U(s) - su_0 - \dot{u}_0] + c[sU(s) - u_0] + kU(s) = F(s) \end{gathered} \tag{4-112}$$

解出

$$\begin{aligned} U(s) &= \frac{ms+c}{ms^2+cs+k}u_0 + \frac{m}{ms^2+cs+k}\dot{u}_0 + \frac{F(s)}{ms^2+cs+k} \\ &= \frac{(s+\zeta\omega_\mathrm{n})\dot{u}_0}{(s+\zeta\omega_\mathrm{n})^2+\omega_\mathrm{d}^2} + \frac{\dot{u}_0+\zeta\omega_\mathrm{n}u_0}{(s+\zeta\omega_\mathrm{n})^2+\omega_\mathrm{d}^2} + \frac{F(s)}{m(s^2+2\zeta\omega_\mathrm{n}s+\omega_\mathrm{n}^2)} \end{aligned} \tag{4-113}$$

拉氏逆变换为

$$\begin{aligned} u(t) &= \mathcal{L}^{-1}[U(s)] \\ &= \mathrm{e}^{-\zeta\omega_\mathrm{n}t}\left(u_0\cos\omega_\mathrm{d}t + \frac{\dot{u}_0+\zeta\omega_\mathrm{n}u_0}{\omega_\mathrm{d}}\sin\omega_\mathrm{d}t\right) \\ &\quad + \frac{1}{m\omega_\mathrm{d}}\int_0^t \mathrm{e}^{-\zeta\omega_\mathrm{n}(t-\tau)}\sin\omega_\mathrm{d}(t-\tau)f(\tau)\mathrm{d}\tau \end{aligned} \tag{4-114}$$

比较式（4-95），方法不一样，但结果是相同的。

（1）传递函数

如果系统的初始条件为零，则式（4-113）可简化成

$$U(s)=\frac{F(s)}{ms^2+cs+k} \tag{4-115}$$

定义系统位移输出量 $u(t)$ 的拉普拉斯变换 $U(s)$，与输入量 $f(t)$ 的拉普拉斯变换 $F(s)$ 之间的比为传递函数 $H(s)$，即

$$H(s)=\frac{U(s)}{F(s)}=\frac{1}{ms^2+cs+k} \tag{4-116}$$

传递函数反映着系统的内在特征，仅与系统参数 m、k 和阻尼 c 有关，从而在复数 s 域中完整地描述了系统的动态特性。实际上，传递函数与单位脉冲响应函数 $h(t)$ 是一个拉普拉斯变换对，即

$$\begin{aligned}\mathcal{L}^{-1}[H(s)] &= \frac{1}{2\pi\mathrm{j}}\int_{\sigma-\mathrm{j}\omega}^{\sigma+\mathrm{j}\omega}\frac{1}{ms^2+cs+k}\mathrm{e}^{st}\mathrm{d}s \\ &= \frac{1}{m\omega_{\mathrm{d}}}\mathrm{e}^{-\zeta\omega_{\mathrm{n}}t}\sin\omega_{\mathrm{d}}t = h(t)\end{aligned} \tag{4-117}$$

（2）传递函数和频响函数的关系

如果令复变量 $s=\mathrm{j}\omega$，则传递函数变成频响函数

$$H(s)\Big|_{s=\mathrm{j}\omega}=\frac{1}{k-m\omega^2+\mathrm{j}c\omega}=H(\omega) \tag{4-118}$$

综上所述，系统的受迫振动分析可在时域、频域或拉氏域（复频域）内进行。时域分析方法是杜哈梅积分法，描述系统动力学特性的是单位脉冲响应函数 $h(t)$；频域分析方法是傅里叶变换法，描述系统动力学特性的是频响函数 $H(\omega)$；拉氏域（复频域）分析方法是拉普拉斯变换法，描述系统动力学特性的是传递函数 $H(s)$。三种分析方法各有特点，应根据具体情况而选定。

4.4　简谐激励下有阻尼多自由度系统的受迫振动

上一节中介绍的单自由度系统，其运动可用一个独立坐标描述。对磁致伸缩生物传感器来讲，在动力学模型上，一般是弹性杆、悬臂梁等。这些都是无限自由度的振动问题，而无限自由度的振动问题都能简化为多自由度的振动问题。因此，本节先从最简单的二自由度系统讲起，然后再介绍多自由度系统的振动。一般来讲，一个物理系统自由度由一维增加到二维后，会引起系统从量变到质变的转变，带来一系列新的物理概念和性质上的变化，研究这些新变化，可以满足把握规律服务生产的需求。二自由度系统是多自由度系统振动的重要基础部分，掌握好这部分内容的基本概念、性质和分析方法，就能推广到具有更多自由度的系统，乃至于无限维自由度的系统。

4.4.1 二自由度系统的受迫振动

二自由度系统的运动用微分方程来描述，此时为二元微分方程组。基于牛顿第二定律，对分离体进行受力分析可以建立系统的运动微分方程，后面还有更好的方法，即拉格朗日方法建立微分方程组。

如图 4-16 所示，图中质量体 m_1 和 m_2 沿水平方向运动，其定位坐标分别为 u_1 和 u_2，外激振力分别为 $f_1(t)$ 和 $f_2(t)$，线性阻尼分别作用在两个质量体上。

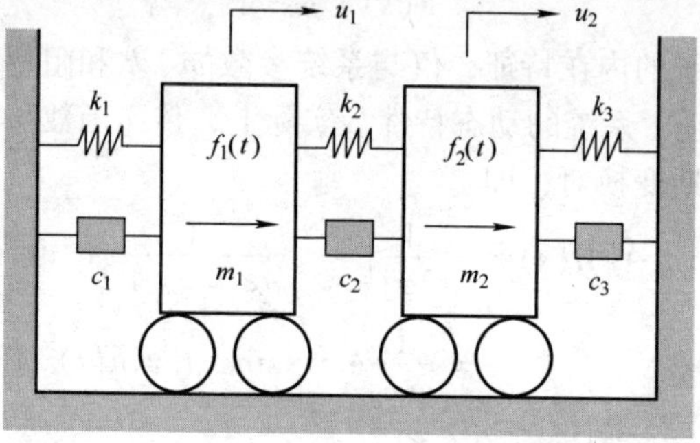

图 4-16 含阻尼二自由度系统

对两质量块分别取隔离体，如图 4-17 所示。根据牛顿第二定律，可列出质量体 m_1 和 m_2 的动力学运动微分方程为

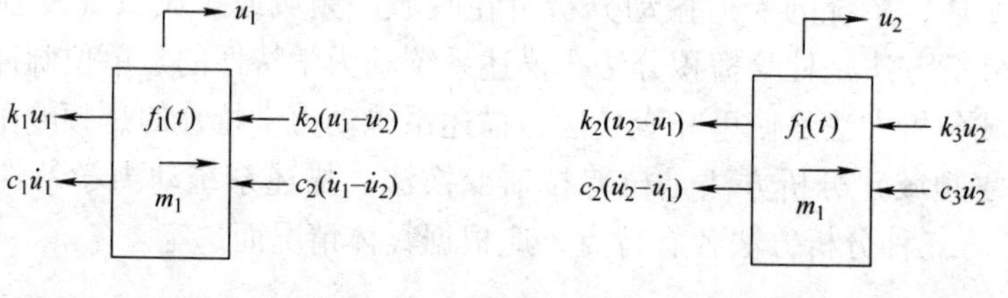

图 4-17 含阻尼二自由度系统各质量受力图

$$
\begin{aligned}
m_1\ddot{u}_1 &= -k_1u_1 - k_2(u_1-u_2) - c_1\dot{u}_1 - c_2(\dot{u}_1-\dot{u}_2) + f_1(t)\\
m_2\ddot{u}_2 &= -k_3u_2 - k_2(u_2-u_1) - c_3\dot{u}_2 - c_2(\dot{u}_2-\dot{u}_1) + f_2(t)
\end{aligned} \tag{4-119}
$$

将式（4-119）改写为

$$
\begin{aligned}
m_1\ddot{u}_1 + (c_1+c_2)\dot{u}_1 - c_2\dot{u}_2 + (k_1+k_2)u_1 - k_2u_2 &= f_1(t)\\
m_2\ddot{u}_2 - c_2\dot{u}_1 + (c_2+c_3)\dot{u}_2 - k_2u_1 + (k_2+k_3)u_2 &= f_2(t)
\end{aligned} \tag{4-120}
$$

设系统的初始条件为

$$
u_1(0)=u_{10},\dot{u}_1(0)=\dot{u}_{10},u_2(0)=u_{20},\dot{u}_2(0)=\dot{u}_{20} \tag{4-121}
$$

式（4-120）加上初始条件式（4-121）就是两个质量体振动问题的控制方程。该控制方程的特点是一组联立的、含两个未知变量的二阶常系数线性微分方程组，系统的运动由它在初始条件式（4-121）下的解来确定。

为了便于求解，将控制式（4-120）用矩阵和向量表示为

$$\begin{pmatrix} m_1 & 0 \\ 0 & m_2 \end{pmatrix}\begin{bmatrix} \ddot{u}_1 \\ \ddot{u}_2 \end{bmatrix} + \begin{pmatrix} c_1+c_2 & -c_2 \\ -c_2 & c_2+c_3 \end{pmatrix}\begin{bmatrix} \dot{u}_1 \\ \dot{u}_2 \end{bmatrix} + \begin{pmatrix} k_1+k_2 & -k_2 \\ -k_2 & k_2+k_3 \end{pmatrix}\begin{bmatrix} u_1 \\ u_2 \end{bmatrix} = \begin{bmatrix} f_1 \\ f_2 \end{bmatrix} \tag{4-122}$$

系统的初始条件为

$$\begin{bmatrix} u_1(0) \\ u_2(0) \end{bmatrix} = \begin{bmatrix} u_{10} \\ u_{20} \end{bmatrix}, \begin{bmatrix} \dot{u}_1(0) \\ \dot{u}_2(0) \end{bmatrix} = \begin{bmatrix} \dot{u}_{10} \\ \dot{u}_{20} \end{bmatrix} \tag{4-123}$$

4.4.2　三自由度系统的受迫振动

为了寻找更广泛的规律，下面研究一个三自由度系统的运动问题。如图4-18所示力学模型，根据牛顿第二定律，可列出质量体 m_1、m_2 和 m_3 的动力学运动微分方程为

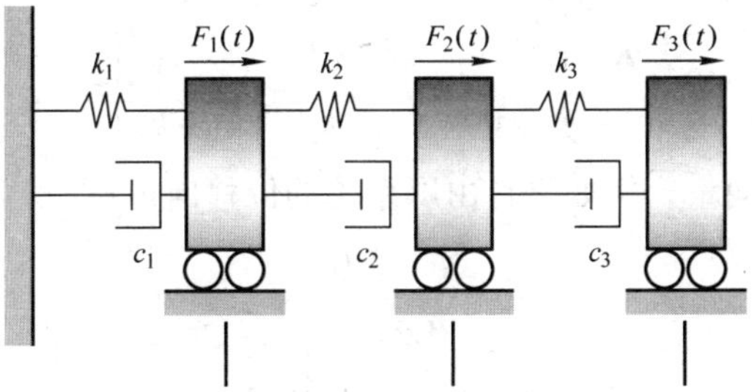

图 4-18　含阻尼三自由度系统

该系统的动力学运动微分方程和初始条件亦可表示成类似的矩阵形式，即

$$\begin{bmatrix} m_1 & 0 & 0 \\ 0 & m_2 & 0 \\ 0 & 0 & m_3 \end{bmatrix}\begin{bmatrix} \ddot{u}_1 \\ \ddot{u}_2 \\ \ddot{u}_3 \end{bmatrix} + \begin{bmatrix} c_1+c_2 & -c_2 & 0 \\ -c_2 & c_2+c_3 & -c_3 \\ 0 & -c_3 & c_3+c_4 \end{bmatrix}\begin{bmatrix} \dot{u}_1 \\ \dot{u}_2 \\ \dot{u}_3 \end{bmatrix} +$$

$$\begin{bmatrix} k_1+k_2 & -k_2 & 0 \\ -k_2 & k_2+k_3 & -k_3 \\ 0 & -k_3 & k_3+k_4 \end{bmatrix}\begin{bmatrix} u_1 \\ u_2 \\ u_3 \end{bmatrix} = \begin{bmatrix} f_1 \\ f_2 \\ f_3 \end{bmatrix}$$

$$\begin{bmatrix} u_1(0) \\ u_2(0) \\ u_3(0) \end{bmatrix} = \begin{bmatrix} u_{10} \\ u_{20} \\ u_{30} \end{bmatrix}, \begin{bmatrix} \dot{u}_1(0) \\ \dot{u}_2(0) \\ \dot{u}_3(0) \end{bmatrix} = \begin{bmatrix} \dot{u}_{10} \\ \dot{u}_{20} \\ \dot{u}_{30} \end{bmatrix} \tag{4-124}$$

上述两个例子说明，二自由度和三自由度的运动控制方程具有类似形式。

事实上，对于多自由度系统，其控制方程也是相似的，从二自由度系统到多自由度系统的运动控制方程皆可简写为

$$\begin{aligned} &\boldsymbol{M}\ddot{\boldsymbol{u}}(t)+\boldsymbol{C}\dot{\boldsymbol{u}}(t)+\boldsymbol{K}\boldsymbol{u}(t)=\boldsymbol{f}(t) \\ &\boldsymbol{u}(0)=\boldsymbol{u}_0,\dot{\boldsymbol{u}}(0)=\dot{\boldsymbol{u}}_0 \end{aligned} \tag{4-125}$$

式中，$\boldsymbol{M}$ 称为系统的质量矩阵，例如三自由度系统的质量矩阵为

$$\boldsymbol{M}=\begin{bmatrix} m_1 & 0 & 0 \\ 0 & m_2 & 0 \\ 0 & 0 & m_3 \end{bmatrix} \tag{4-126}$$

$\boldsymbol{C}$ 称为系统的阻尼矩阵，例如三自由度系统的阻尼矩阵：

$$\boldsymbol{C}=\begin{bmatrix} c_1+c_2 & -c_2 & 0 \\ -c_2 & c_2+c_3 & -c_3 \\ 0 & -c_3 & c_3+c_4 \end{bmatrix} \tag{4-127}$$

$\boldsymbol{K}$ 称为系统的刚度矩阵，例如三自由度系统的刚度矩阵：

$$\boldsymbol{K}=\begin{bmatrix} k_1+k_2 & -k_2 & 0 \\ -k_2 & k_2+k_3 & -k_3 \\ 0 & -k_3 & k_3+k_4 \end{bmatrix} \tag{4-128}$$

$\boldsymbol{u}$ 称为系统的位移向量，例如三自由度系统的位移向量：

$$\boldsymbol{u}=\begin{bmatrix} u_1 \\ u_2 \\ u_3 \end{bmatrix} \tag{4-129}$$

$\boldsymbol{f}(t)$ 称为系统的激振力向量，例如三自由度系统的激振力向量：

$$\boldsymbol{f}(t)=\begin{bmatrix} f_1(t) \\ f_2(t) \\ f_3(t) \end{bmatrix} \tag{4-130}$$

初始条件中 $\boldsymbol{u}_0$ 和 $\dot{\boldsymbol{u}}_0$ 分别是系统的初始位移向量和初始速度向量。如果一个系统有 N 个质量体，全部做一维运动，则该系统有 N 个自由度，那么其控制方程中的质量矩阵、阻尼矩阵、刚度矩阵都是 $N\times N$ 维的矩阵。如果一个系统有 N 个质量体，全部做二维运动，则该系统有 $2N$ 个自由度，那么其控制方程中的质量矩阵、阻尼矩阵、刚度矩阵都是 $2N\times 2N$ 维的矩阵。总之，控制方程中的矩阵和向量的阶次，取决于系统的自由度数。

从控制方程式（4-124）可以看到，它在形式上与单自由度系统受迫振动的运动微分方程相同。只因系统有多个自由度，描述系统特性的 $\boldsymbol{M}$、$\boldsymbol{C}$ 和 $\boldsymbol{K}$ 不再是三个常数，而是三个 $N\times N$ 维的常数矩阵。从式（4-122）和式（4-124）可以看出，系统中各质量体的运动是相互关联的，该特性反映在式（4-127）和式（4-128）中矩阵 $\boldsymbol{C}$ 和 $\boldsymbol{K}$ 的非对角元素不为零。通常，将这种系统运动的相互关

联称作耦合，这就是多自由度系统有别于单自由度系统的基本特征。磁致伸缩生物传感器运动的控制方程，一般来讲是无限维的，但实际求解中，大都简化为 N 维相互关联的微分方程组，然后，再通过模态变换方法，把 N 维相互关联的微分方程组解耦成 N 个互不关联的独立微分方程，从而实现对 N 维相互关联的微分方程组求解，后面的章节将会介绍。

4.5　拉格朗日方程

拉格朗日方程是基于系统的能量来建立运动微分方程，其功能相等于牛顿力学中的牛顿第二定律，属于分析力学范畴，在建立磁致伸缩生物传感器在阻尼力和生物加载复杂条件下的系统运动控制方程时，有独特优势。本节简单介绍拉格朗日方程的推导，以及如何用拉格朗日方程方法导出多自由度系统运动微分方程。

为了导出拉格朗日方程，首先需要导出系统的广义力、系统的动能、势能、耗散能。

1. 系统广义力

设系统为定常理想约束的质点系，有 N 个质点，K 个约束方程，S 个自由度，则 $S=3N-K$。设系统的广义坐标为 $q=(q_1,\ q_2,\ q_3,\ \cdots q_S)$，则系统质点的位置矢量 $\boldsymbol{r}_i$ 可以表示成广义坐标 q 和时间的函数，即

$$\boldsymbol{r}_i = r_i(q_1,q_2,q_3,\cdots,q_s,t) = r_i(q,t) \tag{4-131}$$

由于虚位移与时间无关，则有位置矢量 $\boldsymbol{r}_i$ 的变分为

$$\delta r_i = \sum_{j=1}^{S} \frac{\partial r_i}{\partial q_j}\delta q_j, i = 1,2,3,\cdots,N \tag{4-132}$$

根据达朗贝尔原理，所有作用在系统质点 i 上的主动力 F_i 和惯性力 I_i，经过符合条件的虚位移，所做的虚功总和为零，即

$$\delta W = \sum_{i=1}^{N} (F_i + I_i) \cdot \delta r_i = 0 \tag{4-133}$$

式中，惯性力 $I_i = -m_i a_i$；a_i 为系统质点 i 的加速度。式（4-132）代入式（4-133）可得

$$\begin{aligned}\delta W &= \sum_{i=1}^{N} (F_i - m_i a_i)\delta r_i = \sum_{i=1}^{N} (F - m_i a_i)_i \sum_{j=1}^{S} \frac{\partial r_i}{\partial q_j}\delta q_j \\ &= \sum_{j=1}^{S} \left(\sum_{i=1}^{N} (F_i - m_i a_i) \frac{\partial r_i}{\partial q_j} \right)\delta q_j = \sum_{j=1}^{S} (Q_j + \widetilde{Q}_j)\delta q_j = 0\end{aligned} \tag{4-134}$$

式中

$$
\begin{aligned}
Q_j &= \sum_{i=1}^{N} F_i \frac{\partial r_i}{\partial q_j} = \sum_{i=1}^{N} (F'_i + F''_i) \frac{\partial r_i}{\partial q_j} \\
&= \sum_{i=1}^{N} F'_i \frac{\partial r_i}{\partial q_j} + \sum_{i=1}^{N} F''_i \frac{\partial r_i}{\partial q_j} \quad j = 1,2,3,\cdots,S \\
&= Q'_j + Q''_j
\end{aligned} \tag{4-135}
$$

这称为与主动力对应的广义力。从式（4-135）看出，与主动力对应的广义力由两部分组成：一部分是有势力引起的广义力；另一部分是非有势力引起的广义力。系统势能引起的有势广义力为

$$Q'_j = \sum_{i=1}^{N} F'_i \frac{\partial r_i}{\partial q_j} \tag{4-136}$$

系统主动力中非有势力引起的广义力为

$$Q''_j = \sum_{i=1}^{N} F''_i \frac{\partial r_i}{\partial q_j} \tag{4-137}$$

而广义惯性力则为

$$\widetilde{Q}_j = -\sum_{i=1}^{N} m_i a_i \cdot \frac{\partial r_i}{\partial q_j} \tag{4-138}$$

2. 系统动能

系统的速度 $V=\dot{r}_i$ 可以表示成广义坐标 q、广义速度 $\dot{q}$ 和时间 t 的函数，即

$$\dot{r}_i = \sum_{j=1}^{S} \frac{\partial r_i}{\partial q_j}\dot{q}_j + \frac{\partial r_i}{\partial t} \tag{4-139}$$

对于一个由 N 个质点组成的质点系，系统的动能是 N 个质点动能之和，所以有

$$
\begin{aligned}
T &= \frac{1}{2}\sum_{i=1}^{N} m_i(\dot{r}_i \cdot \dot{r}_i) = \frac{1}{2}\sum_{i=1}^{N} m_i\Big(\sum_{j=1}^{S} \frac{\partial r_i}{\partial q_j}\dot{q}_j\Big) \cdot \Big(\sum_{k=1}^{S} \frac{\partial r_i}{\partial q_k}\dot{q}_k\Big) \\
&= \frac{1}{2}\sum_{j=1}^{S}\sum_{k=1}^{S}\Big(\sum_{i=1}^{N} m_i \frac{\partial r_i}{\partial q_j} \cdot \frac{\partial r_i}{\partial q_k}\Big)\dot{q}_j\dot{q}_k = \frac{1}{2}\sum_{j=1}^{S}\sum_{k=1}^{S} m_{jk}\dot{q}_j\dot{q}_k = \frac{1}{2}\dot{q}^{\mathrm{T}} M \dot{q}
\end{aligned} \tag{4-140}
$$

式中质量矩阵定义为

$$m_{jk} = \sum_{i=1}^{N} m_i \frac{\partial r_i}{\partial q_j} \cdot \frac{\partial r_i}{\partial q_k}, j = 1,\cdots,S; k = 1,\cdots,S; \tag{4-141}$$

称为广义位移 q_j的质量矩阵元。至此，系统的动能则可表示为广义位移 q_j的二次函数：

$$T = \frac{1}{2}\dot{q}^{\mathrm{T}} M \dot{q} \tag{4-142}$$

式中，质量矩阵 $\boldsymbol{M}$ 由质量矩阵元 m_{jk} 组成，为 $S \times S$ 阶矩阵。从式（4-141）可

知，质量矩阵 $\boldsymbol{M}$ 是对称矩阵。对于弹性系统各质量点的任意运动 $\boldsymbol{u}(t)$，动能恒正，故质量矩阵 $\boldsymbol{M}$ 总是正定矩阵。

3. 系统势能

对于一个有 N 个质点的系统，作用在系统上的广义力为 Q_1，Q_2，Q_3，…，Q_S，把广义力分为两部分：一部分与是保守力 Q'_j（比如弹性力、重力等）对应；另一部分与非保守力 Q''_j（比如系统外加激励等）对应。

$$Q_j(q,t)=Q'_j(q,t)+Q''_j(q,t) \tag{4-143}$$

根据理论力学，保守力对应的广义力与势能 V 的关系为

$$Q'_j(q,t)=-\frac{\partial V(r,t)}{\partial q_j} \tag{4-144}$$

与保守力对应的广义势能（比如弹性结构的弹性势能）为

$$V_j=\frac{1}{2}Q'_j q_j \tag{4-145}$$

那么，系统的总势能为

$$V=\sum_{j=1}^{S}V_j=\frac{1}{2}\sum_{i=1}^{S}Q'_j q_j \tag{4-146}$$

根据弹性力学，力 Q'_j 可表示成位移和刚度矩阵元素乘积的线性组合，即

$$Q'_j=\sum_{m=1}^{S}k_{jm}q_m \tag{4-147}$$

式中，k_{jm}是弹性体刚度矩阵 K 的元素。把式（4-147）代入式（4-145）得到系统的势能公式：

$$V=\sum_{j=1}^{S}V_j=\frac{1}{2}\sum_{j=1}^{S}Q'_j q_j=\frac{1}{2}\sum_{j=1}^{S}\sum_{m=1}^{S}k_{jm}q_m q_j \tag{4-148}$$

写成矩阵形式有

$$V=\frac{1}{2}\sum_{j=1}^{S}\sum_{m=1}^{S}k_{jm}q_m q_j=\frac{1}{2}q^{\mathrm{T}}Kq \tag{4-149}$$

刚度矩阵 $\boldsymbol{K}$ 的元素为式（4-147）中的 k_{jm}，为 $S\times S$ 阶矩阵，由弹性体的弹性模量、泊松比、几何尺寸等参数来确定。具体对磁致伸缩生物传感器刚度矩阵 $\boldsymbol{K}$ 的求解方法，将在第 5 章中介绍。对于相同性材料和正交异性材料，刚度矩阵 $\boldsymbol{K}$ 是对称的。如果系统没有刚体运动，只有弹性变形，则势能恒正，从而刚度矩阵 $\boldsymbol{K}$ 正定。但若系统具有刚体运动则刚度矩阵是半正定的。

4. 拉格朗日方程

式（4-138）已导出系统的广义惯性力，对其再进行数学运算，广义惯性力可表示成

$$
\begin{aligned}
\widetilde{Q}_j &= -\sum_{i=1}^{N} m_i a_i \cdot \frac{\partial r_i}{\partial q_j} = -\frac{\mathrm{d}}{\mathrm{d}t}\Big(\sum_{i=1}^{N} m_i v_i \cdot \frac{\partial r_i}{\partial q_j}\Big) + \sum_{i=1}^{N} m_i v_i \cdot \frac{\mathrm{d}}{\mathrm{d}t}\Big(\frac{\partial r_i}{\partial q_j}\Big) \\
&= -\frac{\mathrm{d}}{\mathrm{d}t}\Big(\sum_{i=1}^{N} m_i v_i \cdot \frac{\partial v_i}{\partial \dot{q}_j}\Big) + \sum_{i=1}^{N} m_i v_i \cdot \Big(\frac{\partial v_i}{\partial q_j}\Big) \\
&= -\frac{\mathrm{d}}{\mathrm{d}t}\frac{\partial}{\partial \dot{q}_j}\Big(\sum_{i=1}^{N} \frac{1}{2} m_i v_i^2\Big) + \frac{\partial}{\partial q_j}\sum_{i=1}^{N} \frac{1}{2} m_i v_i^2 \\
&= -\frac{\mathrm{d}}{\mathrm{d}t}\frac{\partial T}{\partial \dot{q}_j} + \frac{\partial T}{\partial q_j}
\end{aligned} \tag{4-150}
$$

式（4-137）、式（4-143）、式（4-144）给出了系统的主动力广义力，即

$$
\begin{aligned}
Q_j(q,t) &= Q'_j(q,t) + Q''_j(q,t) \\
&= -\frac{\partial V(r,t)}{\partial q_j} + Q''_j(q,t) = -\frac{\partial V(r,t)}{\partial q_j} + \sum_{i=1}^{N} F''_i \frac{\partial r_i}{\partial q_j}
\end{aligned} \tag{4-151}
$$

式（4-134）根据达朗贝尔原理推出：

$$
\sum_{j=1}^{S} (Q_j + \widetilde{Q}_j)\delta q_j = 0 \tag{4-152}
$$

由于变分 δq_j 是任意的，所以从上式得到：

$$
Q_j + \widetilde{Q}_j = 0 \tag{4-153}
$$

把式（4-150）、式（4-151）代入（4-153）导出拉格朗日方程：

$$
\frac{\mathrm{d}}{\mathrm{d}t}\frac{\partial T}{\partial \dot{q}_j} - \frac{\partial T}{\partial q_j} + \frac{\partial V}{\partial q_j} = Q''_j, j = 1,2,3,\cdots,S \tag{4-154}
$$

式中，$Q''_j(q,t) = \sum_{i=1}^{N} F''_i \frac{\partial r_i}{\partial q_j}$ 是与非保守主动力对应的广义力，在磁致伸缩生物传感器振动时，$Q''_j(q,t)$ 就是与外激励力对应的广义力。

设拉氏函数 $L = T - V$，代入式（4-154），得到拉格朗日方程的另外一种形式：

$$
\frac{\mathrm{d}}{\mathrm{d}t}\frac{\partial L}{\partial \dot{q}_j} - \frac{\partial L}{\partial q_j} = Q''_j \tag{4-155}
$$

上式表明，建立系统运动微分方程时，写出能量表达式即可得到系统的运动微分方程，是建立复杂的磁致伸缩生物传感器振动控制方程的有力工具。

5. 含耗散函数的拉格朗日方程

工作在液体中的磁致伸缩生物传感器，其换能器振动时，会受到黏滞阻尼的作用，当受到的黏滞阻尼是线性阻尼时，阻尼力 R_i 与速度 v_i 成正比：

$$
R_i = -c_i v_i \tag{4-156}
$$

式中，c_i 为阻尼系数。

定义系统的耗散函数 Ψ 为

$$\psi = \frac{1}{2}\sum_{i=1}^{N} c_i v_i^2 = \frac{1}{2}\sum_{i=1}^{N} c_i\left(\sum_{j=1}^{S} \frac{\partial r_i}{\partial q_j}\dot{q}_j\right)\cdot\left(\sum_{k=1}^{S} \frac{\partial r_i}{\partial q_k}\dot{q}_k\right)$$
$$= \frac{1}{2}\sum_{k=1}^{S}\sum_{j=1}^{S} \gamma_{kj}\dot{q}_k\dot{q}_j \tag{4-157}$$

式中

$$\gamma_{kj} = \sum_{i=1}^{N} c_i \frac{\partial r_i}{\partial q_k}\frac{\partial r_i}{\partial q_j} \tag{4-158}$$

是广义坐标的函数，称为广义阻力系数。对应于广义坐标 q_j 的广义耗散力 Q_{rj} 则为

$$Q_{rj} = -\frac{\partial\psi}{\partial\dot{q}_j} \tag{4-159}$$

在考虑广义耗散力 Q_{rj}的情况下，把广义耗散力 Q_{rj}加入式（4-155），经过推导，得到含耗散力的拉格朗日方程为：

$$\frac{\mathrm{d}}{\mathrm{d}t}\frac{\partial L}{\partial\dot{q}_j} + \frac{\partial\psi}{\partial\dot{q}_j} - \frac{\partial L}{\partial q_j} = Q''_j \tag{4-160}$$

该方程在研究磁致伸缩生物传感器在液体中的振动模态、结构优化设计中有很重要的作用。

4.6　模态叠加法对运动解耦

本节介绍的模态叠加法用来求解 N 自由度系统振动微分方程组。该方法将把物理空间中相互耦合的 N 元 2 阶微分方程组，解耦为主模态空间中的 N 个相互独立的 2 阶微分方程，其关键是利用了 N 个线性无关的固有振型 φ_r 所具有的正交性。

对于一个 N 自由度系统，其自由振动微分方程组为

$$\boldsymbol{M}\ddot{\boldsymbol{u}}(t) + \boldsymbol{K}\boldsymbol{u}(t) = 0 \tag{4-161}$$

在没有平动的情况下，求解可得

$$u_i = \phi_i a_i \sin(\omega_i t + \varphi_i), \qquad i = 1,2,3,\cdots,N \tag{4-162}$$

将常数 a_i 并入到 φ_i 中，上式简写成

$$\boldsymbol{u} = \boldsymbol{\Phi}\sin(\omega t + \boldsymbol{\varphi}) \tag{4-163}$$

代入振动微分方程组得到

$$(\boldsymbol{K} - \omega^2\boldsymbol{M})\boldsymbol{\Phi} = 0 \tag{4-164}$$

$\boldsymbol{\Phi}$ 有非零解的充分必要条件是系数行列式等于零，从而得到特征方程：

$$|\boldsymbol{K} - \omega^2\boldsymbol{M}| = 0 \tag{4-165}$$

展开得到频率方程

$$\omega^{2n}+a_1\omega^{2(n-1)}+a_2\omega^{2(n-1)}+\cdots+a_{n-1}\omega^2+a_n=0 \tag{4-166}$$

解出 N 个不同的固有频率为

$$\omega=(\omega_1,\omega_2,\omega_3,\cdots,\omega_N) \tag{4-167}$$

这些固有频率是系统本身刚度、质量、等物理参数的函数，对于磁致伸缩生物传感器的固有频率，还与传感器的边界条件有关。将求出的固有频率代入式（4-164），解出振型函数 $\boldsymbol{\Phi}$，并且每一个固有频率 ω_i 对应一个振型 ϕ_i。固有振型矩阵 $\boldsymbol{\Phi}$ 定义为

$$\boldsymbol{\Phi}=(\phi_1,\phi_2,\phi_3,\cdots,\phi_N) \tag{4-168}$$

我们把系统振动的固有频率和振型称作振动模态。模态是系统的固有振动特性，每一个模态具有特定的固有频率、阻尼比和模态振型。对于磁致伸缩生物传感器进行模态分析，可以通过理论或有限元计算的方法取得，也可以通过试验将采集的系统输入与输出信号经过参数识别获得模态参数，从而深入了解磁弹体结构的固有的、整体的振动特性，并在理论上预测结构在某频段内在外部激励和生物加载作用下的实际振动响应。

1. 振型的正交性、主质量和主刚度

对于 N 自由度系统求出的固有频率 ω 和固有振型矩阵 $\boldsymbol{\Phi}$，用线性代数的术语来讲，每一个不同的固有频率就是广义矩阵（$\boldsymbol{K}-\omega^2\boldsymbol{M}$）的一个特征根，与固有频率对应的振型就是一个特征向量。下面证明，N 个不同特征根 ω 所对应的特征向量 ϕ 关于质量具有正交性。

设 ω_i，ω_j 对应的振型分别为 ϕ_i，ϕ_j 代入式（4-164）得到

$$\boldsymbol{K}\phi_i=\omega_i^2\boldsymbol{M}\phi_i \tag{4-169}$$

$$\boldsymbol{K}\phi_j=\omega_j^2\boldsymbol{M}\phi_j \tag{4-170}$$

将式（4-169）两边转置后，右乘 ϕ_j 得到

$$\phi_i^{\mathrm{T}}\boldsymbol{K}\phi_j=\omega_i^2\phi_i^{\mathrm{T}}\boldsymbol{M}\phi_j \tag{4-171}$$

用 ϕ_i^{T} 左乘（4-170）得到

$$\phi_i^{\mathrm{T}}\boldsymbol{K}\phi_j=\omega_j^2\phi_i^{\mathrm{T}}\boldsymbol{M}\phi_j \tag{4-172}$$

用式（4-171）减去式（4-172）得到

$$(\omega_i^2-\omega_j^2)\phi_i^{\mathrm{T}}\boldsymbol{M}\phi_j=0 \tag{4-173}$$

当 $i\neq j$ 时，$\omega_i\neq\omega_j$，式（4-173）给出重要结论：

$$\phi_i^{\mathrm{T}}\boldsymbol{M}\phi_j=M_{ij}=0 \tag{4-174}$$

即振型关于质量矩阵是正交的。将式（4-174）代入式（4-171）得

$$\phi_i^{\mathrm{T}}\boldsymbol{K}\phi_j=K_{ij}=\omega_i^2\phi_i^{\mathrm{T}}\boldsymbol{M}\phi_j=0 \tag{4-175}$$

即振型关于刚度矩阵是正交的，把振型的这两个正交性称为模态的正交性。

当 $i=j$ 时，有

$$\phi_i^{\mathrm{T}} \boldsymbol{M} \phi_i = M_{ii} \neq 0,\ \phi_i^{\mathrm{T}} \boldsymbol{K} \phi_i = K_{ii} \neq 0 \tag{4-176}$$

令：

$$M_{ii} = \phi_i^{\mathrm{T}} \boldsymbol{M} \phi_i \tag{4-177}$$

称为主质量，而

$$K_{ii} = \phi_i^{\mathrm{T}} \boldsymbol{K} \phi_i \tag{4-178}$$

称其为主刚度。

对于 i，$j=1$，2，3，…，N 的值，利用 Kronecker 符号，可得到主质量矩阵 $\boldsymbol{M}_{\mathrm{P}}$ 为

$$\boldsymbol{M}_{\mathrm{P}} = \phi_i^{\mathrm{T}} \boldsymbol{M} \phi_j = \mathrm{diag}(\delta_{ij} M_{ij}) \tag{4-179}$$

和主刚度矩阵 $\boldsymbol{K}_{\mathrm{p}}$，它也是对角矩阵：

$$\boldsymbol{K}_{\mathrm{p}} = \phi_i^{\mathrm{T}} \boldsymbol{K} \phi_j = \mathrm{diag}(\delta_{ij} k_{ij}) \tag{4-180}$$

将式（4-179）、式（4-180）代入式（4-171）得到固有频率与主质量矩阵和主刚度矩阵的关系，即

$$\omega_i = \sqrt{\frac{k_{ii}}{M_{ii}}},\ i=1,\ 2,\ 3,\ \cdots,\ N \tag{4-181}$$

把上述固有频率 ω_i，以及所对应的特征向量 ϕ_i 称为第 i 阶主模态，$\boldsymbol{M}_{ii}$称为第 i 阶主质量，$\boldsymbol{K}_{ii}$称为第 i 阶主刚度。

下面介绍正则模态，用符号 $\phi_N^{(i)}$ 表示第 i 阶正则模态。定义能使全部主质量皆为 1 的主模态为正则模态，即

$$m_{ii} = \phi_N^{(i)} \boldsymbol{M} \phi_N^{(i)} = 1 \tag{4-182}$$

下面导出正则模态与主模态的关系。

令 $\phi_N^{(i)} = b_i \phi_i$，代入（4-182）得到

$$(\phi_N^{(i)})^{\mathrm{T}} \boldsymbol{M} \phi_N^{(i)} = (b_i \phi_i)^{\mathrm{T}} \boldsymbol{M} b_i \phi_i = b_i^2 \phi_i^{\mathrm{T}} \boldsymbol{M} \phi_i = b_i^2 m_{ii} = 1 \tag{4-183}$$

推出系数为

$$b_i = \frac{1}{\sqrt{m_{ii}}} \tag{4-184}$$

所以，正则模态与主模态的关系为

$$\phi_N^{(i)} = \frac{1}{\sqrt{m_{ii}}} \phi_i \tag{4-185}$$

下面将说明与正则模态对应的主刚度正好等于固有频率的二次方。

$$\begin{aligned}(\phi_N^{(i)})^{\mathrm{T}} \boldsymbol{K} \phi_N^{(i)} &= \frac{1}{\sqrt{m_{ii}}} \phi_i^{\mathrm{T}} \boldsymbol{K} \frac{1}{\sqrt{m_{ii}}} \phi_i \\ &= \frac{1}{m_{ii}} \phi_i^{\mathrm{T}} \boldsymbol{K} \phi_i = \frac{K_{ii}}{m_{ii}} = \omega_i^2 \end{aligned} \tag{4-186}$$

由以上而知，模态变换方法是求解多自由系统微分方程组的有力工具，下面

予以详述。

2. 模态叠加法求解无阻尼系统的自由振动问题

对于一个不含阻尼的 N 自由度系统，其自由振动微分方程组为

$$\begin{gathered}\boldsymbol{M}\ddot{\boldsymbol{u}}(t)+\boldsymbol{K}\boldsymbol{u}(t)=0\\ \boldsymbol{u}(0)=\boldsymbol{u}_0,\dot{\boldsymbol{u}}(0)=\dot{\boldsymbol{u}}_0\end{gathered} \tag{4-187}$$

为求解该微分方程组，采用模态叠加法。为此，引入坐标变换：

$$\boldsymbol{u}=\boldsymbol{\phi}\boldsymbol{q} \tag{4-188}$$

式中，$\boldsymbol{\phi}$ 是固有振型矩阵；N 维列向量 $\boldsymbol{q}$ 称作模态坐标向量。

把式（4-188）代入式（4-187），系统在物理坐标下的运动微分方程和初始条件式（4-187）将转换为模态坐标下的形式：

$$\begin{gathered}\boldsymbol{M}\boldsymbol{\phi}\ddot{\boldsymbol{q}}(t)+\boldsymbol{K}\boldsymbol{\phi}\boldsymbol{q}(t)=0\\ \boldsymbol{q}(0)=\boldsymbol{\phi}^{-1}\boldsymbol{u}(0),\dot{\boldsymbol{q}}(0)=\boldsymbol{\phi}^{-1}\dot{\boldsymbol{u}}(0)\end{gathered} \tag{4-189}$$

用主模态 $\boldsymbol{\phi}^{\mathrm{T}}$ 左乘式（4-189），得到

$$\boldsymbol{\phi}^{\mathrm{T}}\boldsymbol{M}\boldsymbol{\phi}\ddot{\boldsymbol{q}}(t)+\boldsymbol{\phi}^{\mathrm{T}}\boldsymbol{K}\boldsymbol{q}(t)=\boldsymbol{M}_P\ddot{\boldsymbol{q}}(t)+\boldsymbol{K}_P\boldsymbol{q}(t)=0 \tag{4-190}$$

在主模态坐标下的质量矩阵、刚度矩阵是对角阵，因此式（4-190）已是独立的 N 个标量函数 $q_i(t)$ 的微分方程

$$m_{ii}\ddot{q}_i(t)+k_{ii}q_i(t)=0 \quad i=1,\cdots,N \tag{4-191}$$

这说明在主模态坐标下系统的运动是解耦的。解耦的系统运动正是它的 N 个固有振动。

$$q_i(t)=a_i\cos\omega_i t+b_i\sin\omega_i t \quad r=1,\cdots,N \tag{4-192}$$

式中，待定系数 a_i，b_i 由式（4-189）中初始条件定出。最后，把式（4-192）代入（4-188）得到自由振动微分方程组（4-187）的解：

$$\boldsymbol{u}=\boldsymbol{\phi}\boldsymbol{q}=(\boldsymbol{\phi}_1 \quad \boldsymbol{\phi}_2 \quad \cdots \quad \boldsymbol{\phi}_n)\begin{pmatrix}a_1\cos\omega_1 t+b_1\sin\omega_1 t\\ a_2\cos\omega_2 t+b_2\sin\omega_2 t\\ \vdots\\ a_n\cos\omega_n t+b_n\sin\omega_n t\end{pmatrix} \tag{4-193}$$

3. 模态叠加法求解含线性阻尼系统的受迫振动问题

磁致伸缩生物传感器在工作时，所受的激励大都为简谐力 $F(t)$，为此应研究如何用模态叠加法求解如下常微分方程组的初值问题：

$$\begin{gathered}\boldsymbol{M}\ddot{\boldsymbol{u}}(t)+\boldsymbol{c}\dot{\boldsymbol{u}}(t)+\boldsymbol{K}\boldsymbol{u}(t)=\boldsymbol{F}_0\sin\omega t\\ \boldsymbol{u}(0)=\boldsymbol{u}_0,\dot{\boldsymbol{u}}(0)=\dot{\boldsymbol{u}}_0\end{gathered} \tag{4-194}$$

为求解该微分方程组，采用模态叠加法。为此，引入坐标变换：

$$u = \phi q \tag{4-195}$$

式中，$\boldsymbol{\phi}$ 是固有振型矩阵；N 维列向量 $\boldsymbol{q}$ 称作模态坐标向量。

把式（4-195）代入式（4-196），系统在物理坐标下的运动微分方程和初始条件将转换为模态坐标下的形式：

$$\begin{gathered} \boldsymbol{M\phi}\ddot{\boldsymbol{q}}(t) + \boldsymbol{c\phi}\dot{\boldsymbol{q}}(t) + \boldsymbol{K\phi q}(t) = \boldsymbol{F}_0 \sin\omega t \\ \boldsymbol{q}(0) = \boldsymbol{\phi}^{-1}\boldsymbol{u}(0), \dot{\boldsymbol{q}}(0) = \boldsymbol{\phi}^{-1}\dot{\boldsymbol{u}}(0) \end{gathered} \tag{4-196}$$

用主模态 $\boldsymbol{\phi}^{\mathrm{T}}$ 左乘式（4-196），得到

$$\boldsymbol{\phi}^{\mathrm{T}}\boldsymbol{M\phi}\ddot{\boldsymbol{q}}(t) + \boldsymbol{\phi}^{\mathrm{T}}\boldsymbol{c\phi}\dot{\boldsymbol{q}}(t) + \boldsymbol{\phi}^{\mathrm{T}}\boldsymbol{Kq}(t) = \boldsymbol{\phi}^{\mathrm{T}}F_0 \sin\omega t \tag{4-197}$$

即

$$\boldsymbol{M}_{\mathrm{P}}\ddot{\boldsymbol{q}}(t) + \boldsymbol{C}_{\mathrm{p}}\dot{\boldsymbol{q}}(t) + \boldsymbol{K}_{\mathrm{P}}\boldsymbol{q}(t) = \boldsymbol{\phi}^{\mathrm{T}}F_0 \sin\omega t \tag{4-198}$$

在主模态坐标下的质量矩阵 $\boldsymbol{M}_{\mathrm{P}}$、刚度矩阵 $\boldsymbol{K}_{\mathrm{P}}$是对角阵。关于阻尼矩阵比较复杂，一般来讲主模态坐标下的阻尼矩阵 $\boldsymbol{C}_{\mathrm{p}} = \boldsymbol{\phi}^{\mathrm{T}}c\boldsymbol{\phi}\dot{\boldsymbol{q}}(t)$不是对角矩阵，但是如果是比例阻尼（或叫作 Rayleigh 阻尼），则主模态坐标下的阻尼矩阵 $\boldsymbol{C}_{\mathrm{p}} = \boldsymbol{\phi}^{\mathrm{T}}c\boldsymbol{\phi}\dot{\boldsymbol{q}}(t)$就是对角矩阵。Rayleigh 最先指出能够在主模态坐标下阻尼矩阵对角化的条件是存在常数 α 和 β 使得下式成立：

$$\boldsymbol{C}_{\mathrm{p}} = \alpha\boldsymbol{M} + \beta\boldsymbol{K} \tag{4-199}$$

后来其他学者提出了更复杂的可对角化阻尼矩阵的条件：

$$\begin{gathered} \boldsymbol{MK}^{-1}\boldsymbol{C}_{\mathrm{p}} = \boldsymbol{C}_{\mathrm{p}}\boldsymbol{K}^{-1}\boldsymbol{M} \\ \boldsymbol{C}_{\mathrm{p}}\boldsymbol{M}^{-1}\boldsymbol{K} = \boldsymbol{KM}^{-1}\boldsymbol{C}_{\mathrm{p}} \\ \boldsymbol{MC}_{\mathrm{p}}^{-1}\boldsymbol{K} = \boldsymbol{KC}_{\mathrm{p}}^{-1}\boldsymbol{M} \end{gathered} \tag{4-200}$$

在这里仅研究线性阻尼的受迫振动问题，所以式（4-198）中的阻尼矩阵 $\boldsymbol{C}_{\mathrm{p}}$ 在主模态坐标下已经对角化了。因此，式（4-198）是独立的 N 个标量函数 $q_i(t)$ 的受迫振动微分方程，即

$$m_{jj}\ddot{q}_i(t) + C_{jj}\dot{q}_j(t) + k_{jj}q_j(t) = (\boldsymbol{\phi}^{\mathrm{T}})_j F_0 \sin\omega t \quad j = 1, \cdots, N \tag{4-201}$$

这说明在主模态坐标下线性阻尼多自由度系统的受迫振动是可以解耦的。参考式（4-176），可知式（4-201）的解为

$$\begin{aligned} q_j(t) &= \widetilde{q}_j(t) + q_j^*(t) \\ &= \mathrm{e}^{-\zeta_j(\omega_n)_j t}(a_{j1}\cos\omega_{j\mathrm{d}}t + a_{j2}\sin\omega_{j\mathrm{d}}t) + B_{j\mathrm{d}}\sin(\omega t + \varPsi_{j\mathrm{d}}) \end{aligned} \tag{4-202}$$

式中，$\widetilde{q}_j(t) = \mathrm{e}^{-\zeta_j(\omega_n)_j t}(a_{j1}\cos\omega_{j\mathrm{d}}t + a_{j2}\sin\omega_{j\mathrm{d}}t)$是通解部分；待定系数 a_{j1} 和 a_{j2} 由初始条件式（4-196）给出；$q_j^*(t) = B_{j\mathrm{d}}\sin(\omega t + \varPsi_{j\mathrm{d}})$是稳定解部分；位移振幅比 $B_{j\mathrm{d}}$和相位角 $\psi_{j\mathrm{d}}$可由式（4-37）和式（4-38）得到，即

$$B_{j\mathrm{d}} = \frac{F_0}{\sqrt{(k_{jj} - m_{jj}\omega^2)^2 + (C_{jj}\omega)^2}} \tag{4-203}$$

$$\Psi_{jd}=\arctan\left(-\frac{C_{jj}\omega}{k_{jj}-m_{jj}\omega^2}\right) \tag{4-204}$$

最后，把式（4-202）代入式（4-195）可得到含线性阻尼多自由度系统的受迫振动微分方程组的解为

$$\boldsymbol{u}=\boldsymbol{\phi q}=(\boldsymbol{\phi}_1 \quad \boldsymbol{\phi}_2 \quad \cdots \quad \boldsymbol{\phi}_n)\begin{pmatrix} \mathrm{e}^{-\zeta_j(\omega_n)_j t}(a_{11}\cos\boldsymbol{\omega}_{1d}t+a_{12}\sin\boldsymbol{\omega}_{1d}t)+B_{1d}\sin(\boldsymbol{\omega}t+\boldsymbol{\Psi}_{1d}) \\ \mathrm{e}^{-\zeta_j(\omega_n)_j t}(a_{21}\cos\boldsymbol{\omega}_{2d}t+a_{22}\sin\boldsymbol{\omega}_{2d}t)+B_{2d}\sin(\boldsymbol{\omega}t+\boldsymbol{\Psi}_{2d}) \\ \vdots \\ \mathrm{e}^{-\zeta_n(\omega_n)_n t}(a_{n1}\cos\boldsymbol{\omega}_{nd}t+a_{n2}\sin\boldsymbol{\omega}_{nd}t)+B_{nd}\sin(\boldsymbol{\omega}t+\boldsymbol{\Psi}_{nd}) \end{pmatrix} \tag{4-205}$$

对于非线性黏性阻尼系统的响应，阻尼矩阵在主模态坐标下不是对角矩阵时，上述方法不成立。若要研究磁致伸缩生物传感器在非牛顿液体中的振动模态和响应问题时，就需要用复模态进行求解，有兴趣的读者可以参阅相关文献。

4.7 简谐激励下连续系统的受迫振动

常用的磁致伸缩生物传感器在力学模型上有磁致伸缩微型杆和磁致伸缩悬臂梁。它们都属于连续系统的受迫振动问题。连续磁弹体系统的特点是：具有连续分布的质量和弹性，确定连续体上无数质点的位置需要无限多个坐标，即连续体是具有无限多个自由度的弹性系统。确定连续磁弹体系统的振动要用时间和空间坐标的函数来描述，其运动方程不再像有限多自由度系统那样是二阶常微分方程组，是偏微分方程。实际上，在对磁致伸缩生物传感器的研究中，往往解不出偏微分方程的完整解，在这种情况下，常常使用模态叠加法，把无限自由度系统的磁弹体振动问题，简化为有限多自由度系统的振动问题。在物理本质上来讲，连续磁弹体系统和多自由度系统的受迫振动是相同的，连续体振动的基本概念与分析方法与有限多自由度系统的受迫振动是完全类似的。

4.7.1 磁致伸缩弹性杆的纵向自由振动

磁致伸缩弹性杆的力学模型如图 4-19 所示。

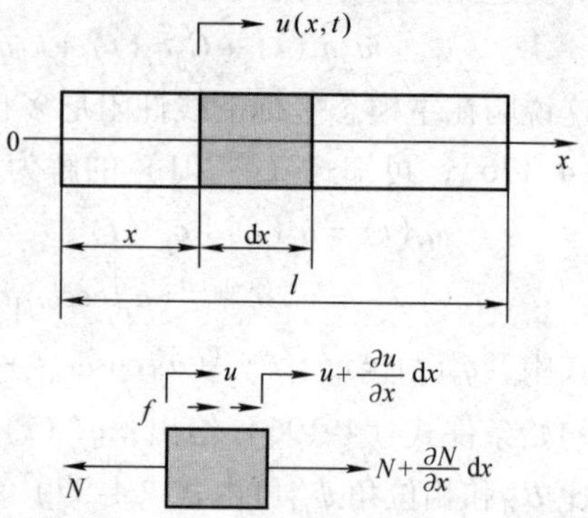

图 4-19 磁致伸缩弹性杆的纵向自由振动

设 $u(x,t)$ 为杆上距原点 x 处截面在时

刻 t 的纵向位移，微单元 $\mathrm{d}x$ 的正应变为

$$\varepsilon = \frac{\left(u + \frac{\partial u}{\partial x}\mathrm{d}x\right) - u}{\mathrm{d}x} = \frac{\partial u}{\partial x} \tag{4-206}$$

横截面上的内力为

$$F = EA\varepsilon = EA\frac{\partial u}{\partial x} \tag{4-207}$$

式中，E 为杆的弹性模量；A 为杆横截面积。由达朗贝尔原理可得

$$\rho A\mathrm{d}x\frac{\partial^2 u}{\partial t^2} = \left(F + \frac{\partial F}{\partial x}\mathrm{d}x\right) - F \tag{4-208}$$

将式（4-206）代入式（4-207）得到磁致伸缩弹性杆的纵向自由振动方程为

$$\rho A\frac{\partial^2 u}{\partial t^2} = \frac{\partial}{\partial x}\left(EA\frac{\partial u}{\partial x}\right) \tag{4-209}$$

对于向同性材料等直杆 EA 是常数，所以磁致伸缩弹性杆的纵向自由振动方程简化为

$$\frac{\partial^2 u}{\partial t^2} = a_0^2\frac{\partial^2 u}{\partial x^2} \tag{4-210}$$

式中

$$a_0 = \sqrt{\frac{E}{\rho}} \tag{4-211}$$

为弹性纵波沿杆的纵向传播速度。

1. 磁致伸缩微型杆的固有频率和模态函数

考虑向同性材料等直杆，在研究杆的固有频率和模态函数时，不必考虑外载。在这情况下，磁致伸缩弹性杆的自由振动方程如式（4-211）所示。采用分离变量法求解该偏微分方程。假设磁致伸缩弹性杆的各点做同步运动，设位移函数 $u(x,t)$ 为

$$u(x,t) = \phi(x)q(t) \tag{4-212}$$

式中，$\phi(x)$ 表示距原点 x 处截面的纵向振动振幅；$q(t)$ 表示运动规律的时间函数，代入式（4-211）得到

$$\frac{\ddot{q}(t)}{q(t)} = a_0^2\frac{\phi''(x)}{\phi(x)} = -\lambda \tag{4-213}$$

式中，λ 是一个常数，令其等于 ω^2（即 $\lambda = \omega^2$），则式（4-213）变化为

$$\ddot{q}(t) + \omega^2 q(t) = 0$$

$$\phi''(x) + \left(\frac{\omega}{a_0}\right)^2\phi(x) = 0 \tag{4-214}$$

很容易解出通解：

$$q(t)=a\sin(\omega t+\theta) \tag{4-215}$$

$$\phi(x)=c_1\sin\frac{\omega x}{a_0}+c_2\cos\frac{\omega x}{a_0} \tag{4-216}$$

$$\begin{aligned}u(x,t)&=\phi(x)q(t)\\&=a\left(c_1\sin\frac{\omega x}{a_0}+c_2\cos\frac{\omega x}{a_0}\right)\sin(\omega t+\theta)\\&=\left(C_1\sin\frac{\omega x}{a_0}+C_2\cos\frac{\omega x}{a_0}\right)\sin(\omega t+\theta)\end{aligned} \tag{4-217}$$

式中，$C_1=ac_1$，$C_2=ac_2$，待定常数 ω，θ，C_1，C_2 由边界条件和初始条件确定，$\phi(x)$ 确定了磁致伸缩弹性杆的纵向振动形态，称为模态，与有限自由度系统不同，连续系统的模态为坐标的连续函数，表示各点振幅的相对比值。

一般来讲，将给定的边界条件和初始条件代入式（4-217）后，会得到一个关于 ω 的方程，ω 的解会有无穷多个，记为 $\omega=(\omega_1,\omega_2,\omega_3,\cdots,\omega_n)$，对于每一个 ω_i 代入式（4-216）都会得到相应的模态函数 $\phi_i(x)$：

$$\phi_i(x)=(c_1)_i\sin\frac{\omega_i x}{a_0}+(c_2)_i\cos\frac{\omega_i x}{a_0} \tag{4-218}$$

称 ω_i 为第 i 阶固有频率，$\phi_i(x)$ 称第 i 阶模态函数，或者称为第 i 阶主阵型。那么，第 i 阶主振动为

$$\begin{aligned}u_i(x,t)&=\phi_i(x)q_i(t)=a_i\phi_i(x)\sin(\omega_i t+\theta_i)\\&=\left[(C_1)_i\sin\frac{\omega_i x}{a_0}+(C_2)_i\cos\frac{\omega_i x}{a_0}\right]\sin(\omega_i t+\theta_i)\end{aligned} \tag{4-219}$$

式中

$$(C_1)_i=a_i(c_1),(C_2)_i=a_i(c_2)_i$$

根据振动理论，系统的振动可以表示成无穷多个不同阶的主振动的叠加：

$$\begin{aligned}u(x,t)&=\sum_{i=1}^{\infty}\phi_i(x)q_i(t)\\&=\sum_{i=1}^{\infty}\left[(C_1)_i\sin\frac{\omega_i x}{a_0}+(C_2)_i\cos\frac{\omega_i x}{a_0}\right]\sin(\omega_i t+\theta_i)\end{aligned} \tag{4-220}$$

2. 一端固定、一端自由磁致伸缩弹性杆的固有频率和模态函数

如图 4-20 所示，一端固定、一端自由弹性杆纵向振动的特点是固定端位移为零，自由端轴向力为零。

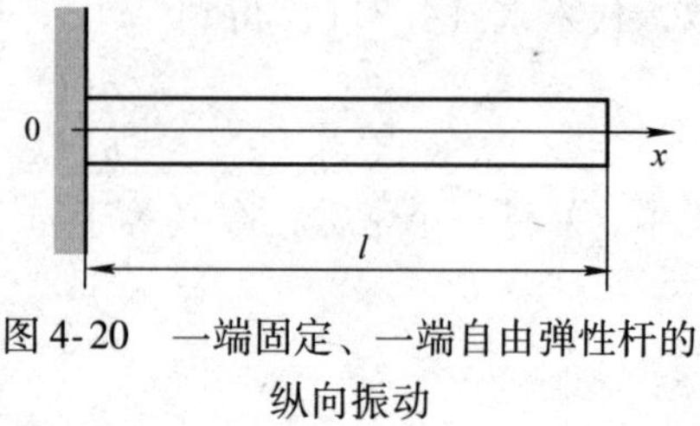

图 4-20　一端固定、一端自由弹性杆的纵向振动

边界条件为

$$u(0,t)=0, EA\frac{\partial u(l,t)}{\partial x}=0 \tag{4-221}$$

将式（4-217）代入边界条件式（4-221），得到：

$$c_2=0,\ c_1\frac{\omega}{a_0}\cos\frac{\omega l}{a_0}=0$$

由于 $c_2=0$，c_1不总为零，从而推出频率方程为

$$\cos\frac{\omega l}{a_0}=0 \tag{4-222}$$

解出第 i 阶固有频率为

$$\omega_i=\frac{i\pi a_0}{2l}=\frac{i\pi}{2l}\sqrt{\frac{E}{\rho}},\ i=1,\ 3,\ 5,\ \cdots \tag{4-223}$$

将式（4-223）代入式（4-218）得到第 i 阶模态函数为

$$\phi_i(x)=(c_1)_i\sin\frac{\omega_i x}{a_0}=(c_1)_i\sin\frac{i\pi x}{2l}, i=1,3,5,\cdots \tag{4-224}$$

最终，由式（4-220）得到系统的振动位移为

$$\begin{aligned}u(x,t) &= \sum_{i=1}^{\infty}\phi_i(x)q_i(t)\\ &= \sum_{i=1}^{\infty}a_i\phi_i(x)\sin(\omega_i t+\theta_i)\\ &= \sum_{i=1}^{\infty}a_i(c_1)_i\sin\frac{i\pi x}{2l}\sin(\omega_i t+\theta_i)\\ &= \sum_{i=1}^{\infty}(C_1)_i\sin\frac{i\pi x}{2l}\sin(\omega_i t+\theta_i), i=1,3,5,\cdots\end{aligned} \tag{4-225}$$

3. 二端自由磁致伸缩弹性杆的固有频率和模态函数

如图 4-21 所示，二端自由磁致伸缩弹性杆纵向振动的特点是两个自由端轴向力为零。边界条件为

$$EA\frac{\partial u(0,t)}{\partial x}=0, EA\frac{\partial u(l,t)}{\partial x}=0 \tag{4-226}$$

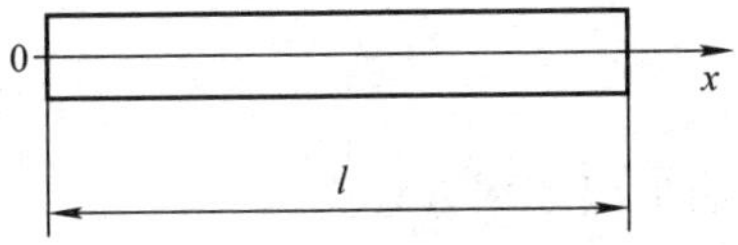

图 4-21　二端自由磁致伸缩弹性杆的纵向振动

将式（4-217）代入边界条件式（4-226）得到：

$$\phi'(0)=0, \phi'(l)=0$$

$c_1=0, c_2$ 不总等于零

$$c_2\frac{\omega}{a_0}\sin\frac{\omega l}{a_0}=0 \tag{4-227}$$

从而推出频率方程为

$$\sin\frac{\omega l}{a_0}=0 \tag{4-228}$$

解出固有频率为

$$\omega_i=\frac{i\pi a_0}{l}=\frac{i\pi}{l}\sqrt{\frac{E}{\rho}},\ i=0,\ 1,\ 2,\ 3,\ \cdots \tag{4-229}$$

将式（4-229）代入式（4-218）得到第 i 阶模态函数为

$$\phi_i(x)=(c_2)_i\cos\frac{\omega_i x}{a_0}=(c_2)_i\cos\frac{i\pi x}{l},i=0,1,2,3,\cdots \tag{4-230}$$

最终，由（4-230）得到系统的振动位移为

$$\begin{aligned}u(x,t)&=\sum_{i=1}^{\infty}\phi_i(x)q_i(t)=\sum_{i=1}^{\infty}a_i\phi_i(x)\sin(\omega_i t+\theta_i)\\&=\sum_{i=1}^{\infty}a_i(c_2)_i\cos\frac{i\pi x}{l}\sin(\omega_i t+\theta_i)\\&=\sum_{i=1}^{\infty}(C_2)_i\cos\frac{i\pi x}{l}\sin(\omega_i t+\theta_i),i=0,1,2,3,\cdots\end{aligned} \tag{4-231}$$

4. 二端固定磁致伸缩弹性杆的固有频率和模态函数

如图 4-22 所示，二端固定磁致伸缩弹性杆纵向振动的特点是二个端点纵向位移为零。

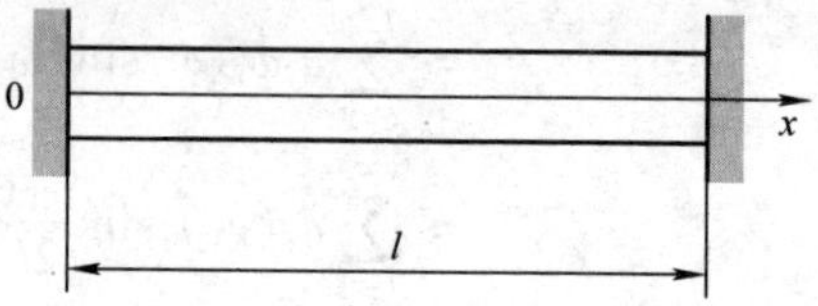

图 4-22　二端固定磁致伸缩弹性杆的纵向振动

边界条件为

$$u(0,t)=0,u(l,t)=0$$

将式（4-217）代入边界条件得到：

$c_2=0$，c_1 不总为零

$$c_1\sin\frac{\omega l}{a_0}=0$$

从而推出频率方程为

$$\sin\frac{\omega l}{a_0}=0$$

解出固有频率为

$$\omega_i=\frac{i\pi a_0}{l}=\frac{i\pi}{l}\sqrt{\frac{E}{\rho}},\ i=1,\ 2,\ 3,\ \cdots$$

将式（4-233）代入式（4-218）得到第 i 阶模态函数为

$$\phi_i(x)=(c_1)_i\sin\frac{\omega_i x}{a_0}=(c_1)_i\sin\frac{i\pi x}{l},i=1,2,3,\cdots$$

最终，由式（4-220）得到系统的振动位移为

$$
\begin{aligned}
u(x,t) &= \sum_{i=1}^{\infty}\phi_i(x)q_i(t) \\
&= \sum_{i=1}^{\infty}a_i\phi_i(x)\sin(\omega_i t+\theta_i) \\
&= \sum_{i=1}^{\infty}a_i(c_1)_i\sin\frac{i\pi x}{l}\sin(\omega_i t+\theta_i) \\
&= \sum_{i=1}^{\infty}(C_1)_i\sin\frac{i\pi x}{l}\sin(\omega_i t+\theta_i),i=1,2,3,\cdots
\end{aligned}
$$

5. 固有振型的正交性

无限自由度系统的振动位移可以表示成无穷多个不同阶的主振动（即固有振动）的叠加，不同阶的固有振动像多自由度系统的固有振动那样彼此也不交换能量，即其固有振型具有正交性。下面先讨论向同性材料等截面直杆的固有振型函数的正交性。设杆的第 n 阶固有频率 ω_n 和第 n 阶固有振型函数 $\phi_n(x)$ 满足式（4-214），即

$$\phi''_n(x)+\left(\frac{\omega}{a_0}\right)^2\phi_n(x)=0$$

将其乘以 $\phi_m(x)$，并沿杆长对 x 积分得

$$\left(\frac{\omega_n}{a_0}\right)^2\int_0^l\phi_m(x)\phi_n(x)\mathrm{d}x=-\int_0^l\phi_m(x)\phi''_n(x)\mathrm{d}x=$$

$$-\int_0^l\phi_m(x)\mathrm{d}\phi'_n(x)=-\phi_m(x)\phi'_n(x)\Big|_0^l+\int_0^l\phi'_n(x)\phi'_m(x)\mathrm{d}x \tag{4-232}$$

对于具有固定或自由边界的杆，则有

$$-\phi_m(x)\phi'_n(x)\Big|_0^l=0$$

$$\left(\frac{\omega_n}{a_0}\right)^2\int_0^l\phi_n(x)\phi_m(x)\mathrm{d}x=\int_0^l\phi'_n(x)\phi'_m(x)\mathrm{d}x \tag{4-233}$$

同理，将式（4-214）乘以 $\phi_n(x)$，并沿杆长对 x 积分得

$$\left(\frac{\omega_m}{a_0}\right)^2\int_0^l\phi_m(x)\phi_n(x)\mathrm{d}x=\int_0^l\phi'_m(x)\phi'_n(x)\mathrm{d}x \tag{4-234}$$

上述两式相减得：

$$\frac{\omega_n^2-\omega_m^2}{a_0^2}\int_0^l\phi_n(x)\phi_m(x)\mathrm{d}x=0,n\neq m \tag{4-235}$$

当 $n\neq m$ 时，杆的固有频率互异，从而有正交关系：

$$\int_0^l\phi_n(x)\phi_m(x)\mathrm{d}x=0,\quad n\neq m \tag{4-236}$$

代回式（4-234）得

$$\int_0^l \phi'_n(x)\phi'_m(x)\mathrm{d}x = 0,\quad n \neq m \tag{4-237}$$

式（4-236）和式（4-237）证明了磁弹杆的固有振型函数之间具有正交关系。该正交性阐述了系统各阶固有振型之间的能量不能互相传递，也就是说，对应于第 n 阶固有振型 $\phi_n(x)$ 的振动惯性力不会激起第 m 阶固有振型 $\phi_m(x)$ 的振动。同样，不同阶固有振型的弹性变形之间也不会引起耦合。

6. 杆的模态质量和模态刚度

取 $n=m$，则杆的第 n 阶模态质量和模态刚度定义如下：

$$M_n = \int_0^l \rho A \phi_n^2 \mathrm{d}x$$

$$K_n = \int_0^l EA[\phi'_n(x)]^2 \mathrm{d}x \tag{4-238}$$

它们的大小取决于对固有振型函数的归一化方式，但其比值（即第 n 阶固有频率的二次方）总满足：

$$\omega_n^2 = \frac{K_n}{M_n},\quad n=1,2,3,\cdots \tag{4-239}$$

对于具有固定或自由边界、变密度、变截面直杆，其固有振型函数的加权正交关系式变为

$$\int_0^l \rho(x)A(x)\phi_n(x)\phi_m(x)\mathrm{d}x = M_n\delta_{nm}$$

$$\int_0^l E(x)A(x)\phi'_n(x)\phi'_m(x)\mathrm{d}x = K_n\delta_{nm} \tag{4-240}$$

当磁致伸缩生物传感器检测细菌时，细菌质量会加载到杆上，若细菌加载到杆的两端（即 $x=0$ 端和 $x=1$ 端）时，按能量互不交换原则可写出固有振型函数的正交关系，并求出第 n 阶模态质量、模态刚度和带细菌杆的固有频率：

$$\int_0^l \rho(x)A(x)\phi_n(x)\phi_m(x)\mathrm{d}x + m_0\phi_n(0)\phi_m(0) + m_l\phi_n(l)\phi_m(l) = M_n\delta_{nm}$$

$$\int_0^l E(x)A(x)\phi'_n(x)\phi'_m(x)\mathrm{d}x = K_n\delta_{nm}$$

$$\omega_n^2 = \frac{K_n}{M_n} \tag{4-241}$$

对于更复杂的病菌加载，带菌杆的第 n 阶模态质量、模态刚度和固有频率的理论计算，则在本书第 5 章详细介绍。

4.7.2 磁致伸缩弹性杆的纵向受迫振动

磁致伸缩弹性杆的力学模型如图 4-23 所示。

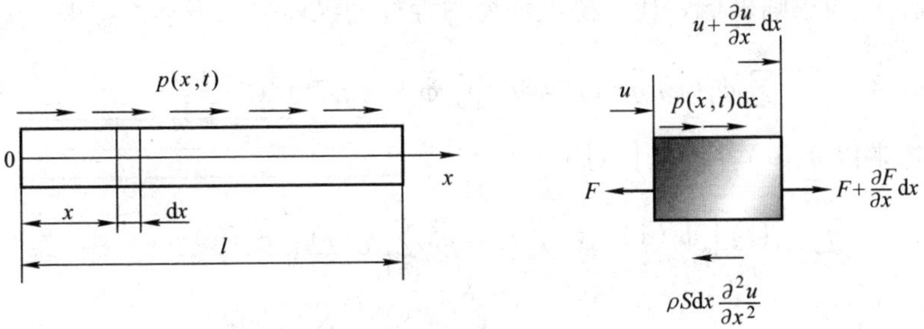

图 4-23　磁致伸缩弹性杆的纵向受迫振动

设 $u(x)$ 为杆上距原点 x 处截面在时刻 t 的纵向位移，微单元 $\mathrm{d}x$ 的正应变为

$$\varepsilon=\frac{\left(u+\frac{\partial u}{\partial x}\mathrm{d}x\right)-u}{\mathrm{d}x}=\frac{\partial u}{\partial x}\tag{4-242}$$

横截面上的内力为

$$F=EA\varepsilon=EA\frac{\partial u}{\partial x}\tag{4-243}$$

式中，E 为杆的弹性模量；A 为杆横截面积。由达朗贝尔原理得

$$\rho A\mathrm{d}x\frac{\partial^2 u}{\partial t^2}=\left(F+\frac{\partial F}{\partial x}\mathrm{d}x\right)-F+p(x,t)\mathrm{d}x\tag{4-244}$$

式中，$p(x,t)$ 为沿杆纵向分布的外载，注意是单位长度上分布的外载，将式(4-243)代入式（4-245）得到磁致伸缩弹性杆的纵向受迫振动方程为

$$\rho A\frac{\partial^2 u}{\partial t^2}=\frac{\partial}{\partial x}\left(EA\frac{\partial u}{\partial x}\right)+p(x,t)\tag{4-245}$$

对于向同性材料等直杆，EA 是常数，所以磁致伸缩弹性杆的纵向受迫振动方程简化为

$$\frac{\partial^2 u}{\partial t^2}=a_0^2\frac{\partial^2 u}{\partial x^2}+\frac{p(x,t)}{\rho A}\tag{4-246}$$

式中，$a_0=\sqrt{\frac{E}{\rho}}$为弹性纵波沿杆的纵向传播速度，其初始条件假设为

$$u(x,0)=f_1(x)$$
$$\left.\frac{\partial u}{\partial t}\right|_{t=0}=f_2(x)\tag{4-247}$$

采用振型叠加法对磁致伸缩弹性杆的纵向受迫振动方程进行求解。假设已求出磁致伸缩弹性杆的固有模态函数 ϕ_i 和固有频率 ω_i，则令：

$$u(x,t)=\sum_{i=1}^{\infty}\phi_i(x)q_i(t)\tag{4-248}$$

式中，$q_i(t)$为正则坐标。代入磁致伸缩弹性杆的纵向受迫振动方程得

$$\sum_{i=1}^{\infty}\phi_i(x)\ddot{q}_i(t)=a_0^2\sum_{i=1}^{\infty}\ddot{\phi}_i(x)q_i(t)+\frac{p(x,t)}{\rho A} \tag{4-249}$$

上式两边乘以$\phi_j(x)$并沿杆长对x积分有

$$\sum_{i=1}^{\infty}\ddot{q}_i(t)\int_0^l\phi_i(x)\phi_j(x)\mathrm{d}x=a_0^2\sum_{i=1}^{\infty}q_i(t)\int_0^l\ddot{\phi}_i(x)\phi_j(x)\mathrm{d}x+\int_0^l\frac{p(x,t)}{\rho A}\phi_j(x)\mathrm{d}x \tag{4-250}$$

根据固有模态函数的正交性，上式简化为

$$\ddot{q}_j(t)+\omega_j^2=Q_j(t) \tag{4-251}$$

式中

$$Q_j(t)=\int_0^l\frac{p(x,t)}{\rho A}\phi_j(x)\mathrm{d}x \tag{4-252}$$

称为第j个正则坐标的广义力。而初始条件也需要转换成正则坐标的表达形式：

$$u(x,0)=f_1(x)=\sum_{i=1}^{\infty}\phi_i(x)q_i(0)$$

$$\left.\frac{\partial u}{\partial t}\right|_{t=0}=f_2(x)=\sum_{i=1}^{\infty}\phi_i(x)\dot{q}_i(0) \tag{4-253}$$

上式两边乘以$\rho A\phi_j(x)$并沿杆长对x积分，由正交性条件解出：

$$q_j(0)=\int_0^l\rho Af_1(x)\phi_j(x)\mathrm{d}x$$

$$\dot{q}_j(0)=\int_0^l\rho Af_2(x)\phi_j(x)\mathrm{d}x \tag{4-254}$$

具有初始条件式（4-248）的式（4-245）微分方程求解前面已经介绍，很容易解出正则坐标$q_j(t)$为

$$q_j(t)=q_j(0)\cos(\omega_jt)+\frac{\dot{q}_j(0)}{\omega_j}\sin(\omega_jt)+\frac{1}{\omega_j}\int_0^{ts}Q_j(t)\sin[\omega_j(t-\tau)]\mathrm{d}\tau \tag{4-255}$$

最后，上式代入式（4-248）即可求出磁致伸缩弹性杆的纵向强迫振动响应：

$$u(x,t)=\sum_{i=1}^{\infty}\phi_i(x)q_i(t)=\sum_{i=1}^{\infty}\phi_i(x)\begin{pmatrix}q_j(0)\cos(\omega_jt)+\dfrac{\dot{q}_j(0)}{\omega_j}\sin(\omega_jt)\\+\dfrac{1}{\omega_j}\displaystyle\int_0^{ts}Q_j(t)\sin[\omega_j(t-\tau)]\mathrm{d}\tau\end{pmatrix},t\geqslant t_s \tag{4-256}$$

4.7.3 磁致伸缩弹性梁的自由弯曲振动

大多数磁致伸缩生物传感器设计成悬臂梁的结构，本节讨论磁致伸缩弹性梁的弯曲振动问题。通常，梁的力学模型可分为 Bernoulli – Euler 梁和 Timoshenko 梁。Bernoulli – Euler 梁是指忽略梁的剪切变形和截面绕中性轴转动惯量的影响的细长梁；而 Timoshenko 梁则要考虑这两个影响因素。我们先研究 Bernoulli – Euler 梁的弯曲振动问题。

如图 4-24 所示，直梁的长度为 l，取其轴线作为 x 轴，x 轴原点取在梁的左端点。设梁在坐标为 x 处的密度为 $\rho(x)$，横截面积为 $A(x)$，材料弹性模量为 $E(x)$，截面关于中性轴的惯性矩为 $I(x)$，而 $f(x, t)$ 和 $m(x, t)$ 分别代表单位长度梁上分布的横向外力和外力矩，并用 $w(x,t)$ 表示坐标为 x 的截面形心在时刻 t 的挠度。

取长为 dx 的微段作为分离体，其受力分析如图 4-25 所示。其中 Q 和 M 分别是截面上的剪力和弯矩，则梁微段在 w 坐标轴方向的惯性力为 $\rho(x)A(x)\mathrm{d}x\,\dfrac{\partial^2 w(x,t)}{\partial t^2}$。

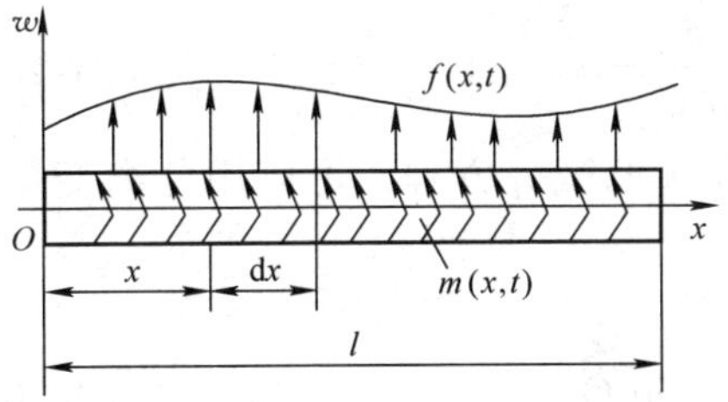

图 4-24　Bernoulli – Euler 梁

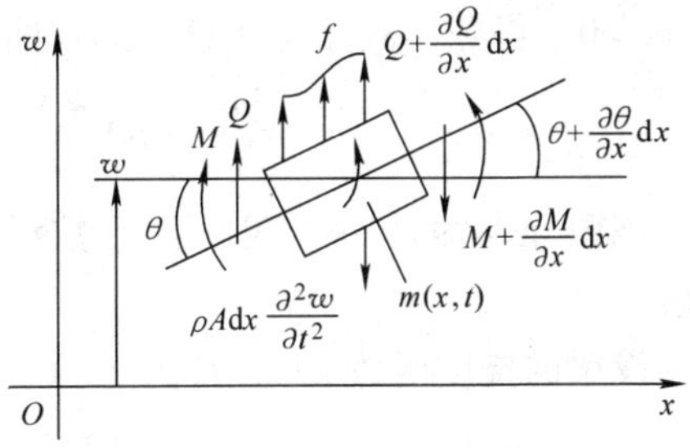

图 4-25　梁的微单元受力分析

Bernoulli – Euler 梁做横向微小运动时，可以忽略截面转角对剪力在 w 坐标轴方向投影的影响，根据牛顿第二定律，梁在 w 坐标轴方向的运动满足以下方程：

$$\rho A\mathrm{d}x\,\frac{\partial^2 w}{\partial t^2} = Q - \left(Q + \frac{\partial Q}{\partial x}\mathrm{d}x\right) + f\mathrm{d}x = \left(f - \frac{\partial Q}{\partial x}\right)\mathrm{d}x \tag{4-257}$$

忽略截面绕中性轴的转动惯量，对单元的右端面中性轴取矩并略去高阶无穷小量得

$$M + Q\mathrm{d}x = M + \frac{\partial M}{\partial x}\mathrm{d}x + m\mathrm{d}x \tag{4-258}$$

上式简化为

$$Q = \frac{\partial M}{\partial x} + m \tag{4-259}$$

将上式代入式（4-257）得

$$\rho A \frac{\partial^2 \omega}{\partial t^2} = f - \left(\frac{\partial^2 M}{\partial x^2} + \frac{\partial m}{\partial x} \right) \tag{4-260}$$

由材料力学知，弯矩与挠曲线曲率的关系为

$$M = EI \frac{\partial^2 w}{\partial x^2}$$

代入式（4-260），推导出 Bernoulli – Euler 梁的弯曲振动微分方程为

$$\rho A \frac{\partial^2 w}{\partial t^2} + \frac{\partial^2}{\partial x^2}\left(EI \frac{\partial^2 w}{\partial x^2} \right) = f - \frac{\partial m}{\partial x} \tag{4-261}$$

对于等截面均质直梁，ρA 和 EI 为常数，则 Bernoulli – Euler 梁的弯曲振动微分方程简化为

$$\rho A \frac{\partial^2 \omega}{\partial t^2} + EI \frac{\partial^4 \omega}{\partial x^4} = f - \frac{\partial m}{\partial x} \tag{4-262}$$

对于悬臂梁式磁致伸缩生物传感器固有频率的计算，可以从求解梁的弯曲自由振动微分方程开始。下面研究梁的自由振动问题，令式（4-262）中外载 $f=0$，$m=0$，得到等截面均质直梁的弯曲自由振动微分方程为

$$\rho A \frac{\partial^2 w}{\partial t^2} + EI \frac{\partial^4 w}{\partial x^4} = 0 \tag{4-263}$$

该微分方程是一个四阶常系数线性齐次偏微分方程，可以用分离变量法求解。

设梁的挠度函数 $w(x, t)$ 为

$$w(x,t) = \phi(x) q(t) \tag{4-264}$$

将上式代入式（4-263）得

$$\rho A \phi(x) \frac{\mathrm{d}^2 q(t)}{\mathrm{d}t} + EI \frac{\mathrm{d}^4 \phi(x)}{\mathrm{d}x^4} q(t) = 0 \tag{4-265}$$

对上式分离变量有

$$\frac{EI}{\rho A \phi(x)} \frac{\mathrm{d}^4 \phi(x)}{\mathrm{d}x^4} = -\frac{1}{q(t)} \frac{\mathrm{d}^2 q}{\mathrm{d}t^2} \tag{4-266}$$

由于该方程右端为 t 的函数，左端为 x 的函数，而 x 与 t 彼此独立，所以方程两端必同时等于常数。从数学物理方程理论可以证明该常数为非负数，且为 ω^2。因此，式（4-266）变换为两个独立的常微分方程：

$$\frac{\mathrm{d}^4 \phi(x)}{\mathrm{d}x^4} - \frac{\rho A}{EI}\omega^2 \phi(x) = \frac{\mathrm{d}^4 \phi(x)}{\mathrm{d}x^4} - \beta^4 \phi(x) = 0$$

$$\ddot{q}(t) + \omega^2 q(t) = 0 \tag{4-267}$$

$$\beta^4=\frac{\rho A}{EI}\omega^2=\frac{\omega^2}{a_0^2},\ a_0^2=\frac{EI}{\rho A}。$$

上述微分方程很容易求解：

$$\phi(x)=a_1\cos\beta x+a_2\sin\beta x+a_3\cosh\beta x+a_4\sinh\beta x$$
$$q(t)=b_1\cos\omega t+b_2\sin\omega t \tag{4-268}$$

将上式代入（4-266）得到等截面均质直梁的弯曲自由振动挠度函数：

$$\begin{aligned}w(x,t)&=\phi(x)q(t)\\&=(a_1\cos\beta x+a_2\sin\beta x+a_3\cosh\beta x+a_4\sinh\beta x)\\&\quad\times(b_1\cos\omega t+b_2\sin\omega t)\end{aligned} \tag{4-269}$$

式中，待定常数 b_1 和 b_2 由系统的初始条件来确定；a_1，a_2，a_3，a_4 之间的比值，以及梁横向振动时的固有频率 ω，由梁的边界条件确定。

1. 悬臂梁的固有频率和模态函数

边界条件：固定端的挠度和截面转角等于零，自由端的弯矩和剪力等于零。

$$\phi(0)=0,\phi'(0)=0,\phi''(l)=0,\phi'''(l)=0 \tag{4-270}$$

将式（4-269）带入式（4-270）得到

$$a_1=-a_3,\ a_2=-a_4 \tag{4-271}$$

以及

$$\begin{aligned}a_1(\cos\beta l+\cosh\beta l)+a_2(\sin\beta l+\sinh\beta l)=0\\-a_1(\sin\beta l-\sinh\beta l)+a_2(\cos\beta l+\cosh\beta l)=0\end{aligned} \tag{4-272}$$

将式（4-272）简化后，得到频率方程：

$$\begin{vmatrix}\cos\beta l+\cosh\beta l & \sin\beta l+\sinh\beta l\\-\sin\beta l+\sinh\beta l & \cos\beta l+\cosh\beta l\end{vmatrix}=0 \tag{4-273}$$

即

$$\cos\beta l\cosh\beta l+1=0 \tag{4-274}$$

求解式（4-274）可得到无穷多个 βl 的值，从而解出无穷多个固有频率 ω_i 的值。

$$i=1,2,3\ 时,\ \beta_1 l=1.875,\beta_2 l=4.694,\beta_3 l=7.855$$
$$当\ i\geqslant 3\ 时,\ \beta_i l\approx\frac{2i-1}{2}\pi,(i=3,4,5,\cdots) \tag{4-275}$$

由式（4-267）得到各阶固有频率为

$$\beta^4=\frac{\rho A}{EI}\omega^2$$

$$\omega_i=(\beta_i l)^2\sqrt{\frac{EI}{\rho A l^4}},(i=1,2,3,\cdots) \tag{4-276}$$

对应的各阶模态函数由式（4-272）解出

$$\phi_i(x)=(\sin\beta_i x-\sinh\beta_i x)-\gamma_i(\cos\beta_i x-\cosh\beta_i x)$$

$$\gamma_i=\frac{\sin\beta_i x+\sinh\beta_i x}{\cos\beta_i x+\cosh\beta_i x} \tag{4-277}$$

2. 模态函数的正交性

研究具有简单边界条件的等截面均质直梁的固有振型，设其第 n 阶固有频率 ω_n 和第 n 阶固有振型函数 $\phi_n(x)$ 满足式（4-267），于是有

$$\frac{\mathrm{d}^4\phi_n(x)}{\mathrm{d}x^4}-\beta^4\phi_n(x)=0 \tag{4-278}$$

将上式两边同乘以 $\phi_m(x)$ 并沿梁长对 x 积分，利用分部积分得：

$$\beta_n^4\int_0^l\phi_m(x)\phi_n(x)\mathrm{d}x=\int_0^l\phi_m(x)\frac{\mathrm{d}\phi_n^4(x)}{\mathrm{d}x^4}\mathrm{d}x=$$

$$\phi_m(x)\frac{\mathrm{d}\phi_n^4(x)}{\mathrm{d}x^4}\bigg|_0^l-\frac{\mathrm{d}\phi_m(x)}{\mathrm{d}x}\frac{\mathrm{d}\phi_n(x)}{\mathrm{d}x}\bigg|_0^l+\int_0^l\frac{\mathrm{d}\phi_m^2(x)}{\mathrm{d}x^2}\frac{\mathrm{d}\phi_n^2(x)}{\mathrm{d}x^2}\mathrm{d}x \tag{4-279}$$

对于简单边界（固定端、铰支端、自由端）条件，等式最右端前两项总是为零，由此得到

$$\int_0^l\frac{\mathrm{d}\phi_n^2(x)}{\mathrm{d}x^2}\frac{\mathrm{d}\phi_m^2(x)}{\mathrm{d}x^2}\mathrm{d}x=\beta_n^4\int_0^l\phi_n(x)\phi_m(x)\mathrm{d}x \tag{4-280}$$

因为 n 和 m 是任取的，交换次序有

$$\int_0^l\frac{\mathrm{d}\phi_n^2(x)}{\mathrm{d}x^2}\frac{\mathrm{d}\phi_m^2(x)}{\mathrm{d}x^2}\mathrm{d}x=\beta_m^4\int_0^l\phi_n(x)\phi_m(x)\mathrm{d}x \tag{4-281}$$

将上述两式相减得

$$(\beta_n^4-\beta_m^4)\int_0^l\phi_n(x)\phi_m(x)\mathrm{d}x=0 \tag{4-282}$$

当 $m\neq n$ 时，除去零频率，总有 $\beta_n^4-\beta_m^4\neq0$，所以由上式得

$$\int_0^l\phi_n(x)\phi_m(x)\mathrm{d}x=0 \tag{4-283}$$

根据或将上式代回式（4-280），并注意式（4-279），得到

$$\int_0^l\frac{\mathrm{d}\phi_n^2(x)}{\mathrm{d}x^2}\frac{\mathrm{d}\phi_m^2(x)}{\mathrm{d}x^2}\mathrm{d}x=\int_0^l\phi_m(x)\frac{\mathrm{d}\phi_n^4(x)}{\mathrm{d}x^4}\mathrm{d}x=0 \tag{4-284}$$

式（4-283）和式（4-284）为等截面均质直梁固有振型函数的正交性条件。而对于不等截面非均质直梁，固有振型函数的正交性条件为

$$\int_0^l\rho(x)A(x)\phi_n(x)\phi_m(x)\mathrm{d}x=M_n\delta_{nm} \tag{4-285}$$

$$\int_0^l E(x)I(x)\frac{\mathrm{d}^2\phi_n(x)}{\mathrm{d}x^2}\frac{\mathrm{d}^2\phi_m(x)}{\mathrm{d}x^2}\mathrm{d}x=K_n\delta_{nm} \tag{4-286}$$

式中，M_n 和 K_n 分别为第 n 阶模态质量和模态刚度，其大小取决于固有振型函数归一化后系数的大小，但与固有频率之间的关系总满足

$$\omega_n = \sqrt{\frac{K_n}{M_n}}, \qquad (n=1,\ 2,\ 3,\ \cdots) \tag{4-287}$$

4.7.4　磁致伸缩弹性梁的横向受迫振动

梁的横向强迫振动方程为

$$\rho A \frac{\partial^2 w}{\partial t^2} + \frac{\partial^2}{\partial x^2}\left(EI\frac{\partial^2 w}{\partial x^2}\right) = f - \frac{\partial m}{\partial x} \tag{4-288}$$

为了求解该微分方程，采用模态叠加法求解，设挠度为固有模态的叠加为

$$w(x,t) = \sum_{i=1}^{\infty} \phi_i(x) q_i(t) \tag{4-289}$$

式中，$\phi_i(x)$ 为第 i 阶固有模态函数；$q_i(t)$ 为 i 阶正则坐标。代入式（4-288）中可得

$$\sum_{i=1}^{\infty} (EI\phi''_i)'' q_i + \rho A \sum_{i=1}^{\infty} \phi_i \ddot{q}_i = f(x,t) - \frac{\partial m(x,t)}{\partial x} \tag{4-290}$$

上式两边乘以 $\phi_j(x)$，并沿梁长对 x 积分，有

$$\sum_{i=1}^{\infty} q_i \int_0^l \phi_j (EI\phi''_i)'' \mathrm{d}x + \sum_{i=1}^{\infty} \ddot{q}_i \int_0^l \rho A \phi_j \phi_i \mathrm{d}x = \int_0^l \phi_j \left[f(x,t) - \frac{\partial m(x,t)}{\partial x}\right] \mathrm{d}x \tag{4-291}$$

由正交性条件，得到第 j 个正则坐标方程为

$$\ddot{q}_j + \omega_j^2 q_j = Q_j(t) \tag{4-292}$$

式中，$Q_j(t)$ 为第 j 个正则坐标的广义力，即

$$\begin{aligned} Q_j(t) &= \int_0^l \phi_j \left[f(x,t) - \frac{\partial m(x,t)}{\partial x}\right] \mathrm{d}x \\ &= \int_0^l [f(x,t)\phi_j - m(x,t)\phi'_j] \mathrm{d}x \end{aligned} \tag{4-293}$$

这样就把偏微分方程的求解问题解耦成了 n 个正则坐标方程的求解问题。

4.7.5　悬臂梁无阻尼强迫振动的稳态响应

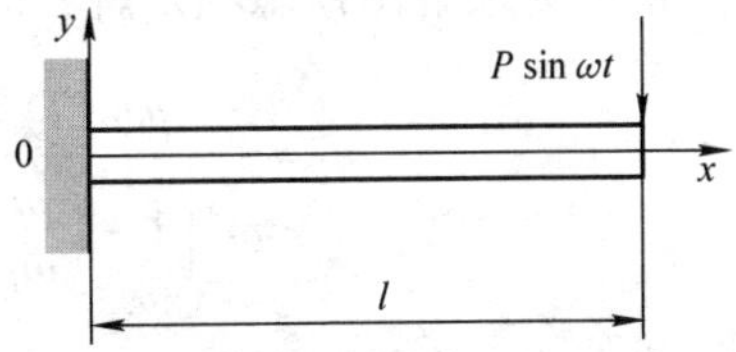

图 4-26　悬臂梁的横向强迫振动

如图 4-26 所示，悬臂梁结构是最简单的微结构，将待测物与微悬臂梁通过某种方式固定在一起，会引起微悬臂梁弯曲或谐振频率的变化。利用它可以探测到极小的位移或

质量的变化，这使得微悬臂梁成为高精度高灵敏传感器的理想选择。

悬臂梁自由端作用有正弦力 $p\sin(\omega t)$，梁的横向强迫振动方程为

$$\rho A\frac{\partial^2 w}{\partial t^2}+\frac{\partial^2}{\partial x^2}\left(EI\frac{\partial^2 w}{\partial x^2}\right)=p\delta(x-1)\sin(\omega t) \tag{4-294}$$

为了求解悬臂梁强迫振动的稳态响应，采用模态叠加法，设

$$w(x,t)=\sum_{i=1}^{\infty}\phi_i(x)q_i(t) \tag{4-295}$$

其中模态函数为

$$\phi_i(x)=(\sin\beta_i x-\sinh\beta_i x)-\gamma_i(\cos\beta_i x-\cosh\beta_i x)$$

$$\gamma_i=\frac{\sin\beta_i x+\sinh\beta_i x}{\cos\beta_i x+\cosh\beta_i x},(i=1,2,3\cdots)$$

$$\beta^4=\frac{\rho A}{EI}\omega^2 \tag{4-296}$$

$$\omega_i=(\beta_i l)^2\sqrt{\frac{EI}{\rho Al^4}},(i=1,2,3,\cdots)$$

将式（4-295），式（4-296）代入梁的横向强迫振动方程得

$$\sum_{i=1}^{\infty}EIq_i\phi_i''''+\sum_{i=1}^{\infty}\rho A\ddot{q}_i\phi_i=p\delta(x-l)\sin(\omega t)$$

$$\sum_{i=1}^{\infty}(EIq_i\phi_i''''+\rho A\ddot{q}_i\phi_i)=p\delta(x-l)\sin(\omega t) \tag{4-297}$$

将上式两边乘以 $\phi_j(x)$ 并沿梁长对 x 积分得

$$\sum_{i=1}^{\infty}\left(q_i\int_0^l EI\phi_j\phi_i''''\mathrm{d}x+\ddot{q}_i\int_0^l\rho A\phi_j(x)\phi_i\mathrm{d}x\right)=p\sin(\omega t)\int_0^l\phi_j(x)\delta(x-l)\mathrm{d}x \tag{4-298}$$

利用正则模态的正交条件可将上式解耦为

$$\ddot{q}_i+\omega_i^2q_i=p\phi_i(l)\sin(\omega t) \tag{4-299}$$

从而很容易求解出模态稳定解，即

$$q_i=\frac{p\phi_i(l)}{\omega_i^2\left[1-\left(\frac{\omega}{\omega_i}\right)^2\right]}\sin(\omega t),\qquad i=1,2,3,\cdots \tag{4-300}$$

将上式求出的正则坐标 q_i 和正则模态函数代入式（4-295），可得到悬臂梁强迫振动的稳态响应为

$$
\begin{aligned}
w(x,t) &= \sum_{i=1}^{\infty}\phi_i(x)q_i(t) \\
&= p\sin(\omega t)\sum_{i=1}^{\infty}\frac{\phi_i(l)\phi_i(x)}{\omega_i^2\left[1-\left(\frac{\omega}{\omega_i}\right)^2\right]} \\
&= p\sin(\omega t)\sum_{i=1}^{\infty}\frac{\phi_i(l)\left[\cos\beta_i x-\cosh\beta_i x+\gamma_i(\sin\beta_i x-\sinh\beta_i x)\right]}{\omega_i^2\left[1-\left(\frac{\omega}{\omega_i}\right)^2\right]}
\end{aligned}
\tag{4-301}
$$

式中

$$
\gamma_i=\frac{\sin\beta_i x+\sinh\beta_i x}{\cos\beta_i x+\cosh\beta_i x},(i=1,2,3\cdots)
$$

$$
\beta^4=\frac{\rho A}{EI}\omega^2
$$

$$
\omega_i=(\beta_i l)^2\sqrt{\frac{EI}{\rho A l^4}},(i=1,2,3,\cdots) \tag{4-302}
$$

4.7.6 微悬臂梁传感器的应用

在磁致伸缩生物传感器中，微悬臂梁结构从原子力显微镜探针到生物化学传感领域，皆以其体积小、成本低、灵敏度高等优点获得了越来越多的研究与应用，具有诱人的应用前景和很大的市场潜力。

当前，MEMS 微悬臂梁被广泛应用于探测各种有害气体、可燃性气体、温室效应气体和污染环境气体，还可以用来检测汽车尾气、工业废气以及食品的气味。例如，采用悬臂梁阵列，8 个悬臂梁中 4 个作为参考悬臂梁，另外 4 个则作为探测氢气、乙醇、天然香辛料和水的电子鼻，通过使用人工神经网络算法来分析悬臂梁阵列的多路响应，除了可准确识别多种被分析化学物，还可以计算出它们的浓度，以及具备辨别气味等功能。

微悬臂梁经过生物化学功能层表面修饰后，可以快速检测传感器功能层所能感知的病菌、病毒、蛋白质、核酸、化学分子等。例如对金属离子 Ca^{2+}，Co^{2+}，Cu^{2+}，Pb^{2+} 等的检测，对大肠杆菌、沙门氏菌、炭疽杆菌、金黄色葡萄球菌、猪瘟病毒检测等。

微悬臂梁传感器的一个重要发展方向是将其与分析化学、计算机、电子学、材料科学与生物学、医学等学科交叉融合，实现了生物化学分析检测的智能化，从而扩展到生物化学的快速检测、信息传感、智能生产、科研和现代生活的各个领域。

第5章　磁致伸缩生物传感器系统设计和检测技术

近年来，由于便携、快速、无线、原位检测等优势，磁致伸缩生物传感器逐渐引起了研究者的广泛关注。磁致伸缩生物传感器的研究主要始于美国的奥本大学和宾夕法尼亚州立大学。随后，国内的湖南大学、上海微系统与信息技术研究所、太原理工大学、常州大学、太原科技大学等科研院所也进行了相关的研究。目前，磁致伸缩生物传感器已成功在20min内检测出水中浓度为100cfu/mL的沙门氏菌、大肠杆菌、李斯特菌、金黄色葡萄球菌、炭疽杆菌等，以及成功检测出了鸡蛋壳、菠菜叶及西红柿表面沙门氏菌，基本实现了对病菌的实时、原位检测。

5.1　磁致伸缩生物传感器系统的功能模块

磁致伸缩生物传感器系统主要由三部分组成：生物探针、磁致伸缩换能器和信号激励检测系统，如图5-1所示。

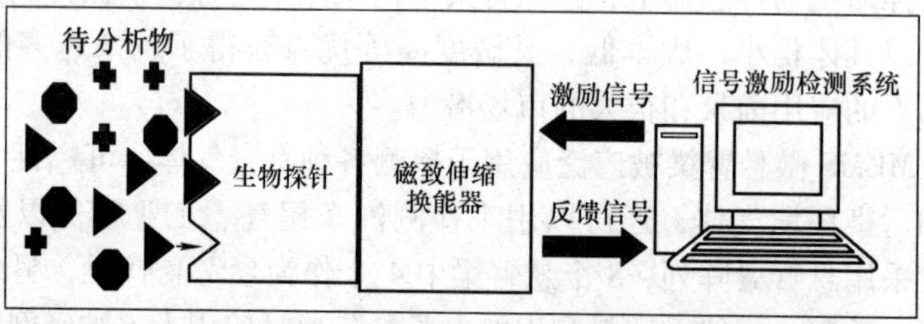

图5-1　磁致伸缩生物传感器系统功能模块示意图

5.1.1　磁致伸缩生物传感器系统的组成

1. 生物探针

对目标病菌具有专一性，用于识别目标病菌并与其发生特异性结合或反应，如生物抗体、噬菌体等，通常均匀固定在磁致伸缩换能器表面。

2. 磁致伸缩换能器

通常为一长方形状的磁致伸缩薄膜或磁致伸缩/非磁致伸缩材料双层复合薄膜。由于具有磁致伸缩效应，磁致伸缩换能器在交变磁场中会发生受迫振动。从其振动模式考虑，磁致伸缩换能器可分为两类：

1）如图 5-2 所示，基于自由振动模式的磁致伸缩颗粒（Magnetostrictive Particle，MSP）。

2）如图 5-3 所示，基于弯曲振动模式的磁致伸缩微悬臂梁（Magnetostrictive micro-cantilever，MSMC）。

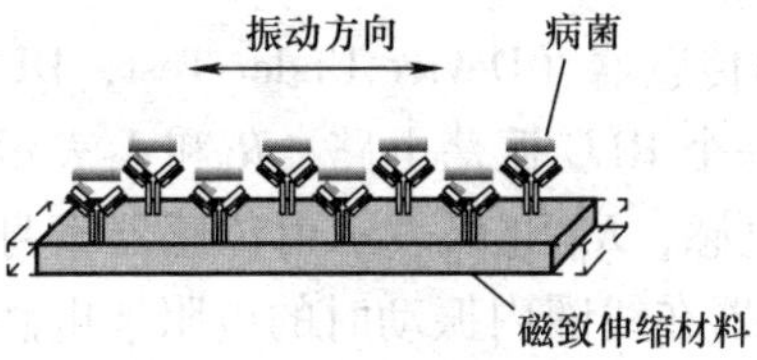

图 5-2　磁致伸缩颗粒（MSP）结构示意图

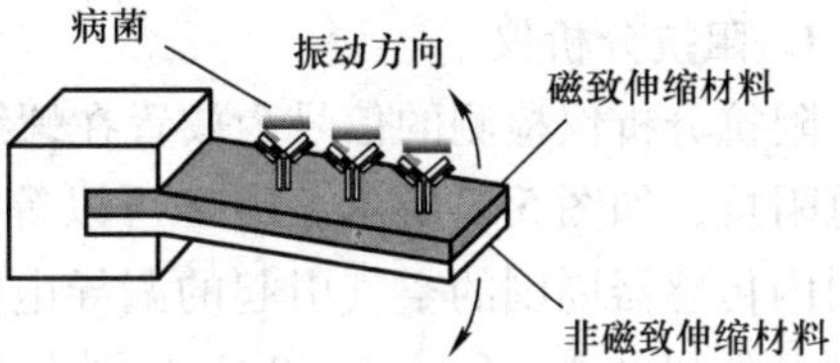

图 5-3　磁致伸缩微悬臂梁（MSMC）结构示意图

这里，把表面固定有生物探针的磁致伸缩换能器称为磁致伸缩生物传感器。

3. 信号激励检测系统

该功能模块一方面提供交变激励磁场，使磁致伸缩生物传感器做受迫振动；另一方面，实时检测磁致伸缩生物传感器的振动频率。当交变磁场频率与磁致伸缩生物传感器固有频率相同时会发生谐振，其固有（谐振）频率则作为该传感器的检测信号。通常，激励磁场和传感器受迫振动信号通过通电线圈完成。常用的线圈有两种结构形式：螺线管结构和平面结构，如图 5-4 所示。螺线管结构线圈一般缠绕在玻璃管表面，适合检测液体中的病菌，而平面结构线圈则适用于检测食品表面的病菌。通常，线圈外还需放置一永磁体提供偏置恒磁场，其大小可以通过调整测试腔和磁铁之间的距离来调节，进而优化传感器的谐振信号强度。另外，也可通过对线圈两端施加偏置电压实现偏置恒磁场。

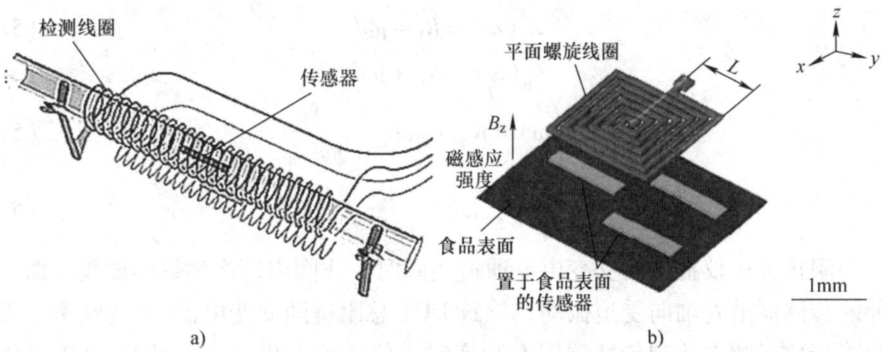

图 5-4　螺线管结构线圈和平面结构线圈

由于磁致伸缩生物传感器信号的激发和接收均通过电磁场进行，所以传感器与检测设备之间不需要任何物理连接，可以真正实现无线、原位检测，这也是磁致伸缩生物传感器较其他生物传感器的一大优势。

5.1.2 磁致伸缩生物传感器信号激励检测设备及其原理

1. 阻抗分析仪

阻抗分析仪检测的信号为放置在螺线管内传感器（Device Under Test，DUT）的总阻抗，如图 5-5 所示。DUT 可以等效为一个 RLC 振荡电路，R_l和 L_l表示由线圈内传感器周围的空气引起的漏导电阻和电感，R_p和 L_p表示由传感器本身引起的电阻和电感，R_m，L_m和 C_m分别表示传感器在线圈内振动时的电阻、电感和电容。

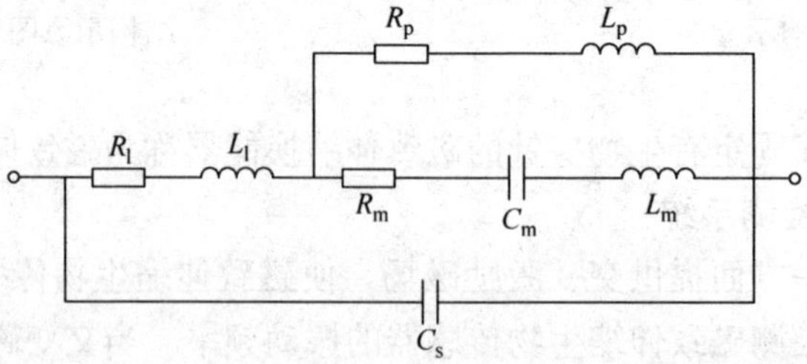

图 5-5　DUT 等效电路模型

等效电路总的阻抗为

$$Z(\omega)=\frac{1}{\dfrac{1}{\left[Z_l(\omega)+\dfrac{1}{1/Z_p(\omega)+1/Z_m(\omega)}\right]}+\dfrac{1}{Z_s(\omega)}} \tag{5-1}$$

式中，ω 为角频率；

$$Z_l(\omega)=R_l+\mathrm{j}\omega L_l \tag{5-2}$$

$$Z_p(\omega)=R_p+\mathrm{j}\omega L_p \tag{5-3}$$

$$Z_m(\omega)=R_m+\mathrm{j}\omega L_m+\frac{1}{\mathrm{j}\omega C_m} \tag{5-4}$$

$$Z_s(\omega)=\frac{1}{\mathrm{j}\omega C_s} \tag{5-5}$$

当阻抗分析仪提供的交变电流通过线圈时，线圈内部产生纵向磁场并激励磁致伸缩传感器沿着轴向受迫振动，导致 DUT 总阻抗随交变电流/磁场频率而发生变化。当磁场频率达到传感器固有频率时，传感器发生谐振，此时 DUT 总阻抗发生突变，从其阻抗突变位置可确定传感器的固有频率。

2. 矢量网络分析仪 + S 参数适配器

如图 5-6 所示，该设备由矢量网络分析仪和 S 参数适配器组成，其中 S 参数适配器有两个端口，其中一个端口与线圈连接。

信号参数用带有两个下标的字母 S 表示。第一个下标表示测量端口，第二个下标表示入射信号端口。例如，S_{11} 表示在端口 1 的反射功率与入射功率之比，即

$$S_{11}=\frac{\text{反射功率}}{\text{入射功率}} \tag{5-6}$$

S_{11} 的幅值和相角可通过下式得出

$$\log \text{幅值}=20\lg\sqrt{\text{实部}^2+\text{虚部}^2} \tag{5-7}$$

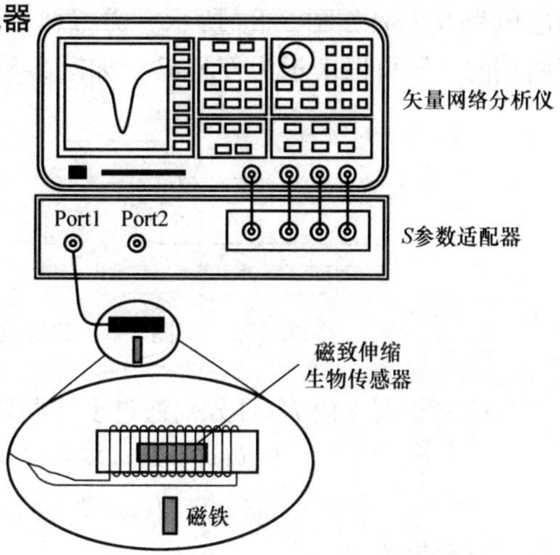

图 5-6　矢量网络分析仪和 S 参数适配器

$$\text{相角}=\arctan\frac{\text{虚部}}{\text{实部}} \tag{5-8}$$

该设备的激励原理与阻抗分析仪类似。当传感器发生谐振时，激励磁场能转化为传感器机械能的转换率达到最大值。此时，反射功率达到最小值，即 S_{11} 的幅值达到最小值，从而可确定传感器的谐振频率。图 5-7 所示为通过矢量网络分析仪获得的磁致伸缩传感器谐振信号。

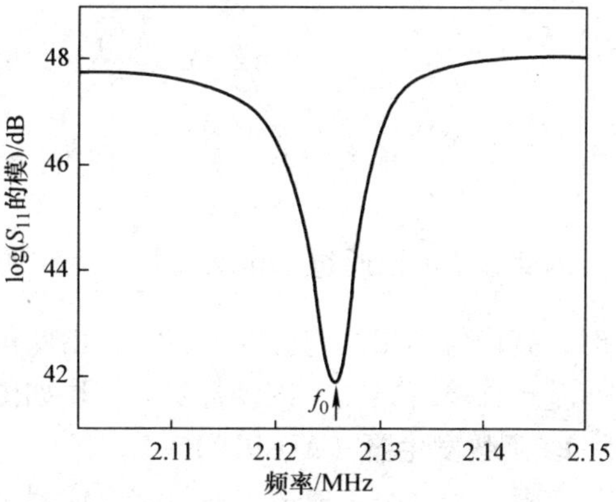

图 5-7　尺寸为 1mm × 0.2mm × 30μm 磁致伸缩传感器谐振信号图

上述两种设备均为商业产品，功能较多且精度高、信号强，但是成本高且比较笨重，无法随身携带满足实地检测的需求。因此，编者课题组开发了基于频域技术和时域检测技术的两种便携式磁致伸缩传感器谐振信号检测设备。

5.2　频域技术检测

假设放置在一个线圈内的传感器的阻抗为 $Z(\omega)$，当电流通过时，线圈两端

的电压为 $U_1(\omega)$ 如图 5-8a 所示。类似地，当电流通过一个已知电阻 $Z_r(\omega)$ 时，其两端的电压可以表示为 $U_2(\omega)$，如图 5-8b 所示。

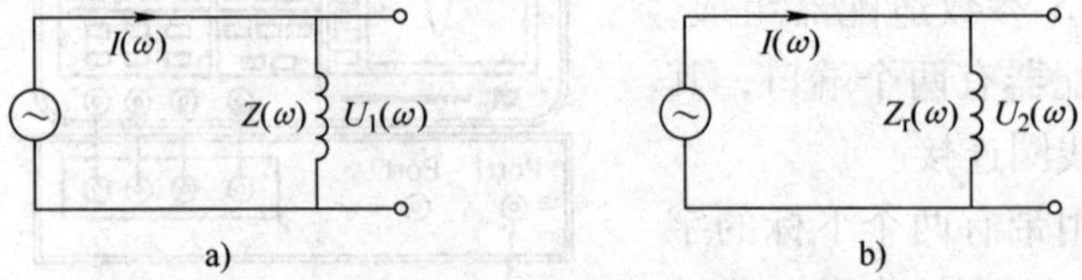

图 5-8　频域技术电路

当两路相同电流 $I(\omega)$ 分别通过上述两路时，输出电压为

$$U_1(\omega) = I(\omega)Z(\omega) = |U_1|e^{j(\varphi_1+\omega t)} \tag{5-9}$$

$$U_2(\omega) = I(\omega)Z_r(\omega) = |U_2|e^{j(\varphi_2+\omega t)} \tag{5-10}$$

假设电流强度为

$$I(\omega) = I_0 e^{j\omega t} \tag{5-11}$$

式中，ω 为角频率；I_0 为幅值；ϕ_1 为 $U_1(\omega)$ 和 $I(\omega)$ 之间的相位差；ϕ_2 为 $U_2(\omega)$ 和 $I(\omega)$ 之间的相位差。结合式（5-9）和式（5-10），阻抗 $Z(\omega)$ 可以表示为

$$\begin{aligned} Z(\omega) &= Z_r(\omega)\frac{U_1(\omega)}{U_2(\omega)} = Z_r(\omega)\frac{|U_1|e^{j(\omega t+\phi_1)}}{|U_2|e^{j(\omega t+\phi_2)}} \\ &= Z_r(\omega)\left|\frac{U_1}{U_2}\right|e^{j(\phi_1-\phi_2)} \end{aligned} \tag{5-12}$$

式中，$\left|\dfrac{U_1(\omega)}{U_2(\omega)}\right|$ 称为增益；$\phi_2-\phi_1$ 称为相位差。

因此，Z 可以通过测量增益 $\left|\dfrac{U_2}{U_1}\right|$ 和相位差 $\phi_2-\phi_1$ 来确定。当传感器发生谐振时，其增益和相位差会发生突变，由此可以确定谐振频率。

基于该检测原理，该设备功能模块如图 5-9 所示。

1. 函数发生器（AD9959）

该器件为一个 4 通道高速数字合成器芯片，可以独立为每个通道提供相位和幅值相同的电流信号。所有的通道公用一个系统时钟，因此信号是同步发出。检测时，AD9959 生成两个同步相同的正弦电流信号：一个信号通过参考电路；另一个信号通过 DUT 电路（传感器 + 线圈）。

2. 相位和增益检测器（AD8302）

用于检测参考电路和 DUT 电路之间的相位差和增益。

3. 模拟 - 数字转换器（USB - 6009）

用于控制 AD9959 输出正弦电流信号，同时获取相位差和增益信号电压，可以通过 USB 接口与笔记本电脑对接。

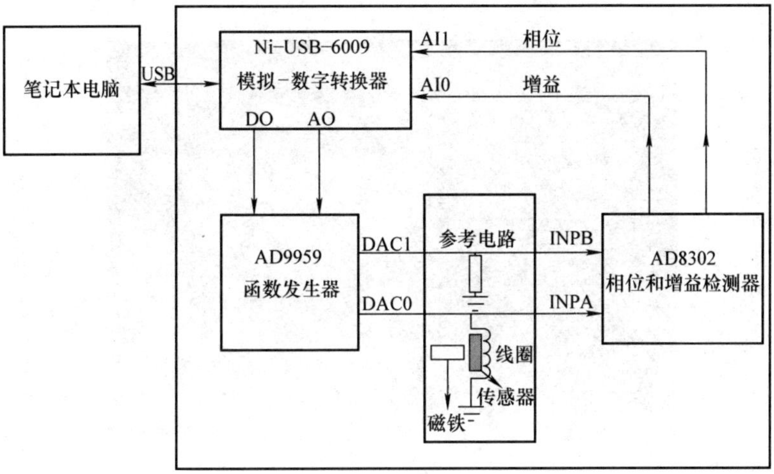

图 5-9　基于频域技术的检测设备功能模块示意图

4. 笔记本电脑

用于运行用户操作界面，如图 5-10 所示。该操作界面可以控制 AD9959，同时可以设置起止频率、频率间隔、记录谐振频率（极值点频率）等。

图 5-11 所示为 1.0mm×0.3mm×30μm 的 MSP 在空气和水中的相位和增益信号图，这里参考电阻值为 3200Ω。从图中可以看出，传感器在水中的信号强度明显变弱，同时谐振峰的峰宽也变得更宽。这种情况下，已经无法精确获取传感器特征频率，需要进一步增强信号强度。

5. 信号增强

如式（5-12）所示，相位信号反应的是传感器与参考电阻的相位差。因此，可通过对 DUT 添加某些部件（如电容）改变其相位差值，则相位信号强度有可能得到增强。下面讨论电容和 DUT 并联时对相位差信号的影响。

图 5-12 所示为不同值电容对传感器的谐振相位信号的影响。从图中可以看出，当没有并联电容时，传感器谐振相位峰值高度约 5°，注意这里指的是相位振幅，不是相位值。当 $C_x<3.3$nF 时，传感器谐振信号强度（峰值高度）基本没有变化。当 C_x 继续增大时，相位峰值随着 C_x 的增大，开始增大。当 C_x 为 13.3～20.0nF 时，传感器的相位振幅信号强度达到最大（约 20°）为初始值的 4 倍。继续增大 C_x 的值，相位峰值随着 C_x 的增大开始减小。同时，也可看出，峰值频率随 C_x 增大而降低。但是，当 C_x 大于 13.3nF 时，峰值频率又开始增大，随着 C_x 增大到 20.0nF 时，峰值频率又开始随着 C_x 的增大而减小。

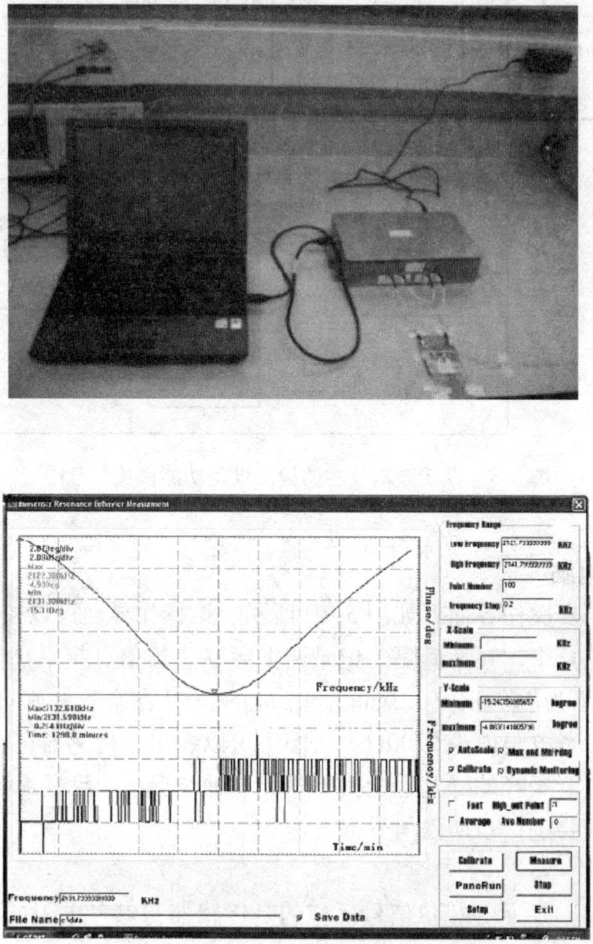

图 5-10　基于频域技术信号检测系统实物图和用户操作界面

图 5-13 所示为实验和仿真对于不同并联电容所得到的相位峰值高度的结果。从图中可以看出，它们具有相同的变化规律。结论是，传感器的谐振信号强度可以通过与 DUT 并联某一特定电容值而得到增强，并且有最优化的电容值。其中所用的仿真参数为：$C_s = 1.0 \times 10^{-11}$ F；$C_m = 1.0 \times 10^{-9}$ F；$C_l = 1.0 \times 10^{-9}$ F；$R_l = 2.0\Omega$；$R_m = 0.2\Omega$；$R_p = 0.3\Omega$；$L_l = 1.0 \times 10^{-6}$H；$L_m = 4.9 \times 10^{-6}$H；$L_p = 1.0 \times 10^{-7}$H；$C_x = 1.0 \times 10^{-11}$F ~ 1.0×10^{-5}F。

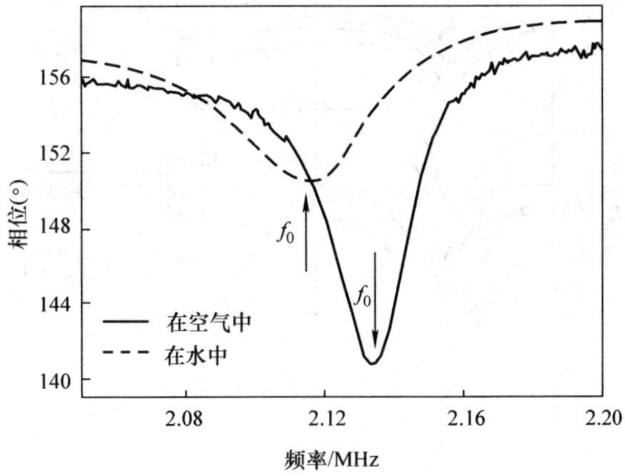

a)

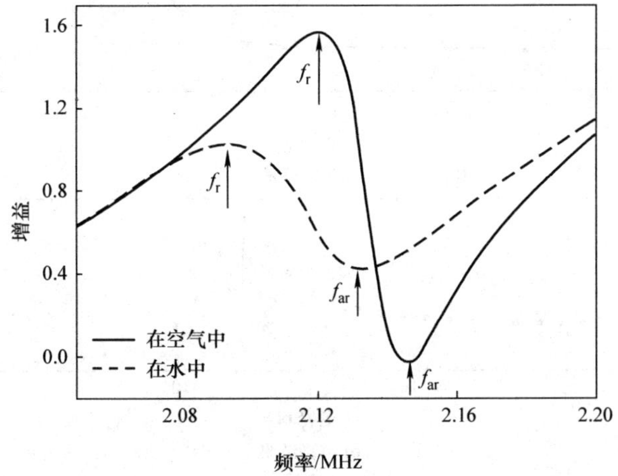

b)

图 5-11　相位随频率变化图和传感器增益随频率变化图

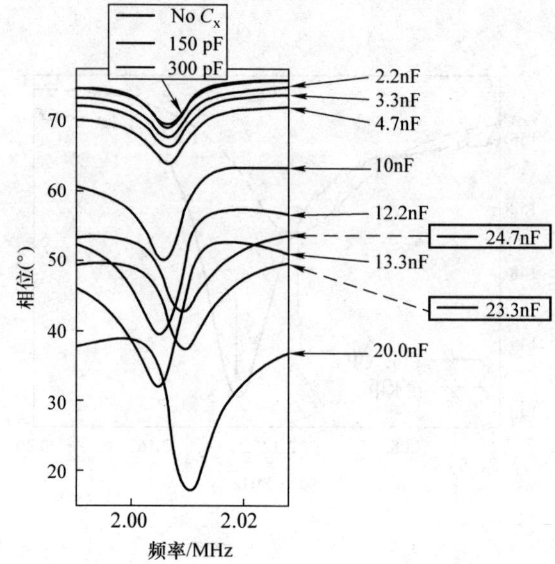

图 5-12 磁致伸缩传感器谐振信号随并联电容变化图

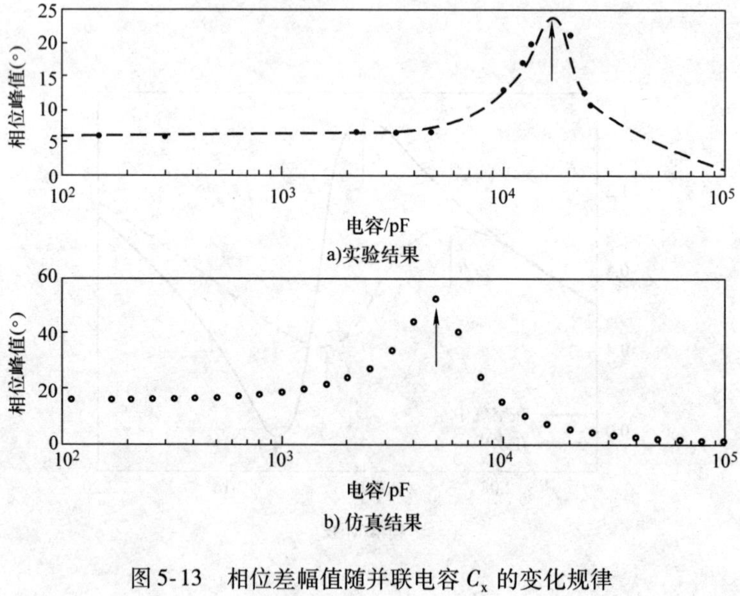

图 5-13 相位差幅值随并联电容 C_x 的变化规律

5.3 时域技术检测

上述几种方法均为扫频法，即交变磁场从某一起始频率 f_1 扫到另一终止频率

f_2（传感器固有频率f_0应在起止频率之间，即$f_1 < f_0 < f_2$）。而下述方法则是通过对线圈提供一个脉冲电流，激励磁致伸缩传感器瞬间谐振，通过傅里叶变换得到传感器的谐振频谱并确定其谐振频率，具体原理如下：

众所周知，一个方波信号的时域表达式为

$$x(t)=AG_{\mathrm{T}}(t)=\begin{cases}A,0\leqslant t\leqslant T\\0,其他\end{cases} \tag{5-13}$$

通过傅里叶逆变换，可以得到方波信号的频域表达式，即

$$X(f)=AT\sin(\pi fT)\mathrm{e}^{-i\pi fT} \tag{5-14}$$

式中

$$V_{\mathrm{DC}}=AT,V_{\mathrm{AC}}(f)=AT\mathrm{sinc}(\pi fT)\mathrm{e}^{-i\pi fT} \tag{5-15}$$

图 5-14 所示为一方波的频谱示意图该频谱由无数个频率组成，其中包含了传感器的固有频率。

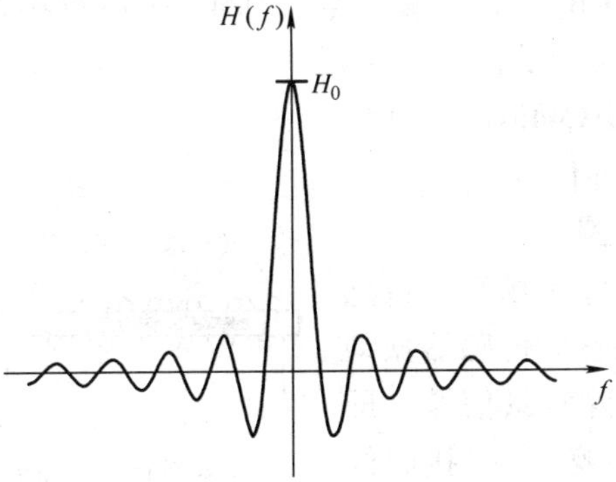

图 5-14　方波脉冲信号的频谱示意图

当磁致伸缩传感器被通过线圈的方波激励后，其谐振时域信号可以通过快速傅里叶变换获取频域信号，如图 5-15 所示。

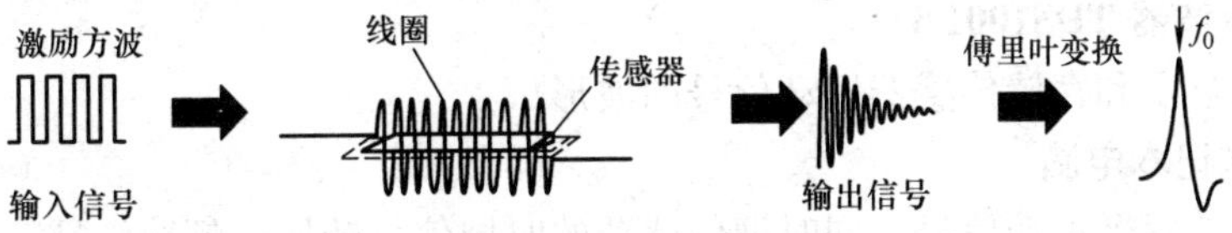

图 5-15　谐振时域信号的快速傅里叶变换

基于该检测技术，其功能模块如图 5-16 所示。该设备包含了 4 大功能模块：ATmega32 微控制器、示波器、MIC4451 放大器及 LM7171 信号放大器，各功能分别如下：

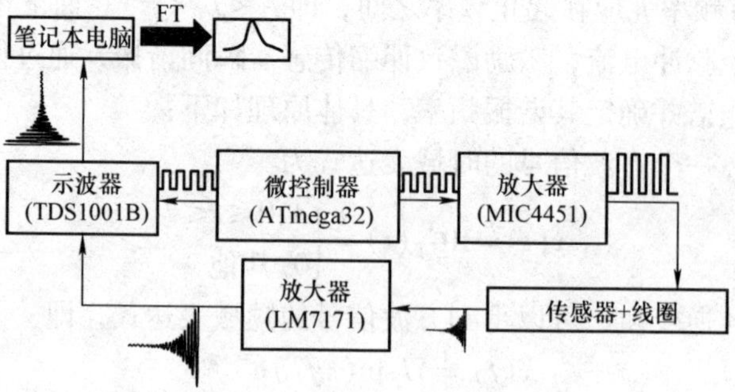

图 5-16 时域检测技术电路模块图

1. 微控制器 ATmega32

用于产生方波脉冲信号，可通过计算编程。提供 4.5 ~ 5.5V 操作电压，最大速度为 16MHz，32KB 系统自编闪存，1024B 带电可擦可编程只读存储器和 2KB 内部静态随机存取存储器。

2. 信号放大器 MIC4451

用于放大激励脉冲信号。

3. 激励和接收线圈

激励线圈内的感应磁场激励传感器振动，而接收线圈感应传感器振动信号。通常，为了去除背景信号（即激励脉冲信号和其他噪声），接收线圈为一对匝数相同反方向缠绕的线圈，如图 5-17 所示。检测时，传感器可以放置在任意一个线圈内。

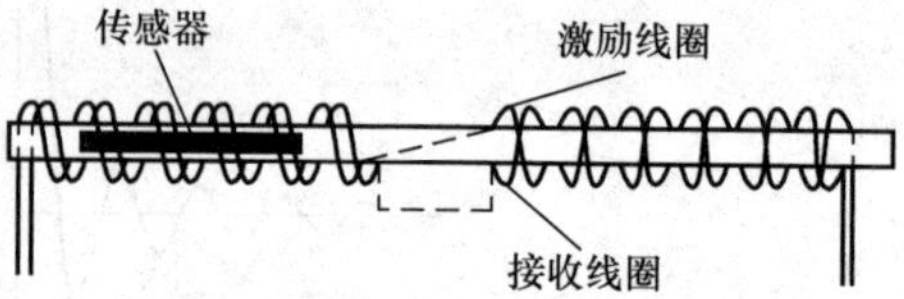

图 5-17 激励和接收线圈示意图

4. 信号放大器 LM7171

用于增大传感器的响应信号。

5. 示波器 TDS1001B

用于显示和存储传感器振动信号的波形。

6. 笔记本电脑

接收传感器振动信号，同时把传感器的时域信号转换成频域信号。记录传感器响应信号数据。图 5-18 所示为基于时域技术信号检测系统的实物图及用户操作界面。

ATmega32 同时产生两路脉冲电流信号：一路通过生物传感与线圈；另一路输入示波器。当脉冲电流通过线圈时，产生交变磁场激励传感器发生谐振，其谐振信号输入示波器并显示，同时示波器把传感器随时间的谐振信号输入到笔记本电脑，通过傅里叶变换得到传感器的谐振频谱并确定其谐振频率。图 5-19 所示

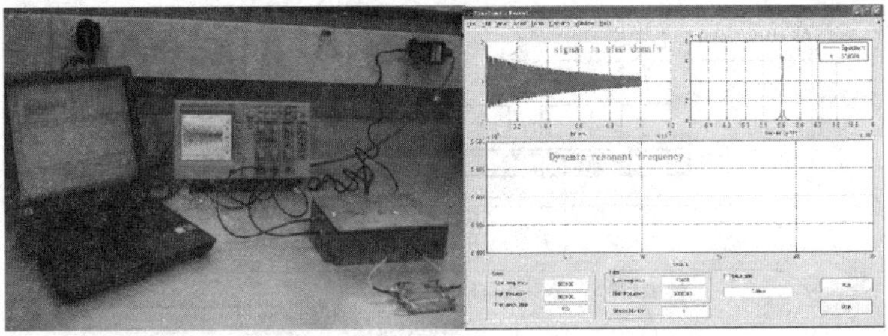

图 5-18　基于时域技术信号检测系统实物图（左）及用户操作界面（右）

为基于时域技术检测得到的尺寸为 6.0mm × 1.0mm × 30μm 的 MSP 传感器在水中和空气中的谐振信号。由图中可知，该检测技术同样可以满足检测磁致伸缩传感器谐振信号要求。

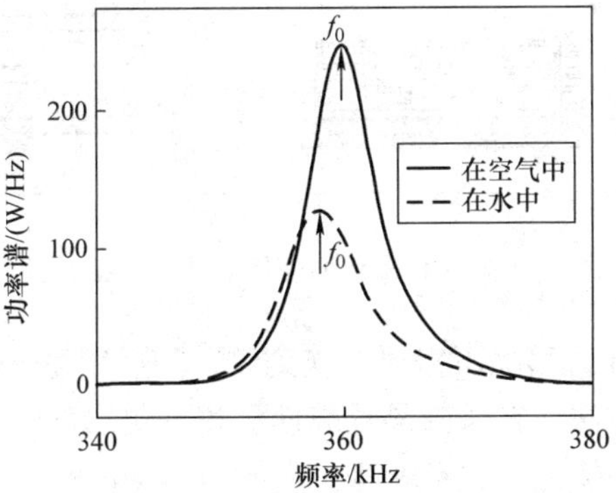

图 5-19　基于时域检测技术获得的传感器谐振信号

5.4　磁致伸缩生物传感器的制备

5.4.1　磁致伸缩换能器的制备

磁致伸缩换能器的制备流程（见图 5-20）如下：

1）采用磁控溅射法，在纯硅晶片表面先后沉积一层厚度为 30 ~ 40nm 铬和金层。

2）采用旋涂法将光刻胶涂覆于金表面，光刻胶的厚度至少为拟制备磁致伸缩换能器的两倍。

3）使用特定尺寸的面罩盖住光刻胶，随后曝光于紫外线中；

4）将去离子水和 az - 400K 显影剂以 2∶1 体积比混合成溶液，将硅晶片放入

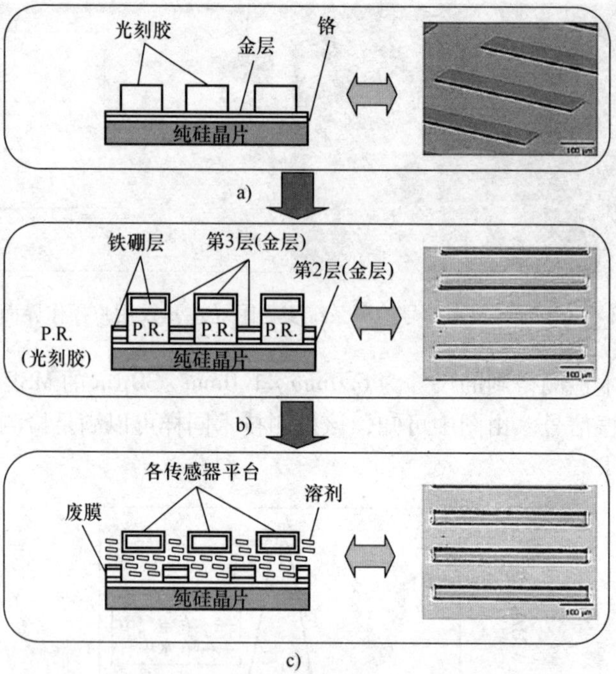

图 5-20　Fe－B 磁致伸缩换能器制备工艺流程

该溶液中漂洗 1～3min，移除不需要的光刻胶，随后用氮气干燥。

5）采用磁控溅射法，在该硅晶片表面沉积一层厚度约 50nm 的金。

6）更换磁致伸缩换能器材料所需的靶材（如 Fe 和 B），在特定的功率下同时将合金原子沉积至该硅晶片表面，形成磁致伸缩薄膜。

7）重复步骤（5），在磁致伸缩薄膜另一面沉积一层厚度约 50nm 的金。

8）将该硅晶片放入丙酮中漂洗直至光刻胶完全溶解，得到所需尺寸和形状的磁致伸缩换能器。

5.4.2　生物探针的固定

1. 物理吸附法

以固定生物抗体为例，具体操作流程如下：

1）用含有 3mM 乙二胺四乙酸（EDTA）磷酸盐缓冲盐水（PBS）把生物抗体稀释成 0.01M，pH 值为 8.0 的溶液。

2）将所制备的磁致伸缩换能器放入抗体溶液中旋转混合 30～60min，使生物抗体通过物理吸附固定在传感器表面。

3）取出换能器，在去离子水中漂洗多次，便可用于测试病菌。

物理吸附法操作简单，是最常用的一种方法。不足之处是，生物抗体与磁致伸缩换能器表面结合力不牢固且随机取向，这将影响传感器性能的稳定性。

2. 共价固定法

以固定生物抗体为例，如图 5-21 所示，具体操作流程如下：

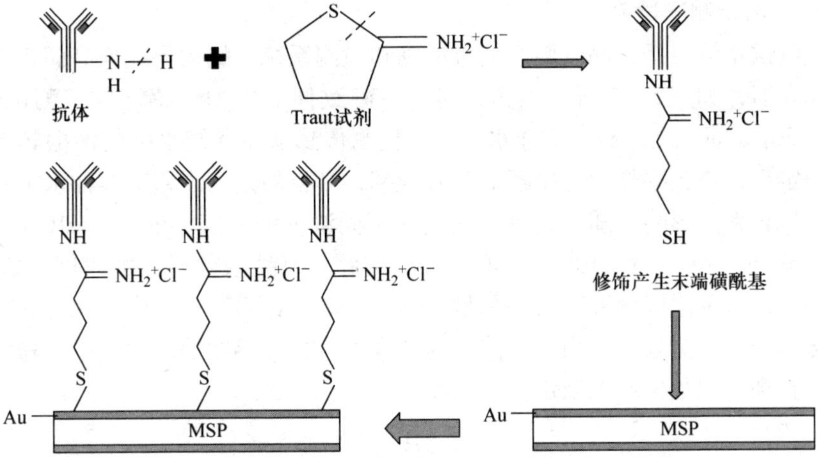

图 5-21　通过共价键在磁致伸缩换能器表面固定生物抗体

1）用含有 3mM 乙二胺四乙酸（Elhylene Diamine Tetraacetic Acid，EDTA）磷酸盐缓冲盐水（Phosphate Buffered Saline，PBS）把抗体稀释成 0.01M，pH 值为 8.0 溶液。

2）把 20 倍摩尔的 2 - 亚氨基四氢噻吩（2 - iminothiolane）溶解在超纯水中，并放入第一步制备的抗体溶液中，在室温下放置 1h。

3）未与抗体结合的 2 - 亚氨基四氢噻吩和与抗体结合的 2 - 亚氨基四氢噻吩通过离心机分离，之后将抗溶液浓缩至 50μg/mL。

4）为了确定抗体修饰的结果，一般把埃尔曼试剂（5，5 - 二硫基 - 双（2 - 硝基苯甲酸））加入抗体溶液中，使其变色。然后，通过紫外 - 可见分光光度计确定引入的巯基的含量。

5）将磁致伸缩换能器放入 2 - 亚氨基四氢噻吩修饰的抗体溶液中 2h。

6）将磁致伸缩换能器取出，在去离子水中漂洗 3 次之后便可用于测试病菌。

由于修饰后的生物抗体与磁致伸缩换能器表面的金镀层通过共价键结合且取向固定，因此，所制备的生物传感器性能比较稳定，但是制备过程比较复杂。

5.4.3　病菌检测实验装置

1. 待测样品的制备

以检测水中病菌为例，具体准备流程如下：

首先，制备出 5×10^8cfu/mL 的初始种群的病菌悬浮液。然后，将悬浮液用无菌蒸馏水以 10 稀释因子从 5×10^8cfu/mL 逐步稀释到浓度 5×10^1cfu/mL 到菌悬液。通常情况下，病菌溶液需在一天内使用。

2. 病菌检测测试系统

该测试系统包括：测试腔、信号激励和检测系统、蠕动泵、样品储存容器及废液储存器，如图 5-22 所示。测试时，将磁致伸缩生物传感器放入测试腔内，先以约 30μL/min 流速通入蒸馏水，动态检测传感器在蒸馏水中的谐振频率。待信号稳定后，该频率作为传感器的基底频率，其目的是为了移除蒸馏水本身对传感器谐振频率的影响。随后，再依次通入不同浓度的病菌溶液（5×10^1cfu/mL，5×10^2cfu/mL，…，5×10^8cfu/mL）至测试腔。每种浓度通入的时间为 20min。也就是说，每种浓度溶液通入的总量仅为 0.6mL。在实验过程中，每隔 30s 记录一次传感器的谐振频率。当病菌浓度逐渐增大时，传感器的谐振频率也随之发生降低，直到达到某一动态稳定值。

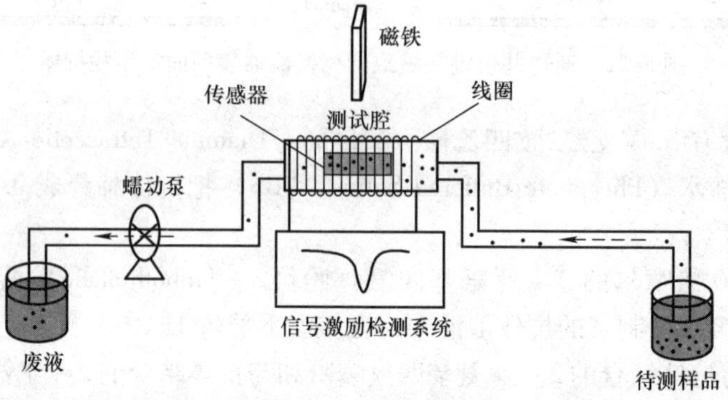

图 5-22　病菌检测测试系统

5.5　MSP 生物传感器对病菌的检测

5.5.1　沙门氏菌的检测

图 5-23 所示为 MSP 生物传感器谐振频率随沙门氏菌浓度变化的响应曲线。首先，传感器在纯净水中稳定 20min，其谐振频率作为起始参考频率，之后依次通入不同浓度的沙门氏菌液体，每个浓度液体通过传感器的时间为 20min。从图中可以看出，当浓度为 50cfu/mL 的沙门氏菌液体通过传感器仅几分钟后，传感器谐振频率就开始降低。随着更高浓度的沙门氏菌液体通过传感器，传感器谐振频率持续降低，说明 MSP 生物传感器有能力进行实时检测。

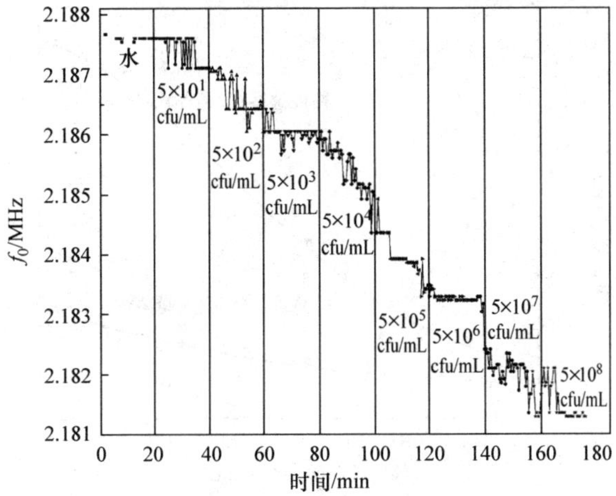

图 5-23　沙门氏菌液体浓度 - 谐振频率响应曲线

从图 5-23 中可以看出，生物传感器与参考传感器（即没有加载生物探针的传感器）随沙门氏菌浓度的变化有明显不同。在同一浓度下，生物传感器的谐振频率变化远大于参考传感器，这说明沙门氏菌与没有加载生物探针的传感器之间的非特异性结合能力低。

沙门氏菌浓度在 5×10^3cfu/mL 到 5×10^7 cfu/mL 范围时，生物传感器谐振频率为线性响应。同时，可以发现生物传感器的检测下限低于 100cfu/mL，远低于大部分文献中报道的其他类型传感器的检测下限（约 10^3 cfu/mL）。而理论研究表明，磁致伸缩生物传感器灵敏度与其纵向尺寸成反比，也就是说可以通过减小传感器纵向尺寸，从而可以检测到更低浓度的病菌。另外，我们发现传感器谐振频率变化趋势可以通过形函数拟合，即

$$Y = A_2 + \frac{A_1 + A_2}{1 + (X/X_0)^P} \tag{5-16}$$

式中，A_1，A_2，X_0，P 是拟合常数；X 和 Y（即图 5-24 中的 x 轴和 y 轴坐标）为沙门氏菌浓度及传感器在对应病菌浓度下的谐振频率变化。图 5-24 中纵坐标为 MSP 生物传感器在纯净水中与在不同浓度沙门氏菌液体中谐振频率，横坐标表示所对应的沙门氏菌浓度。黑色方块表示表面固定有噬菌体的生物传感器检测结果，黑色三角表示参考传感器（表面没有任何生物探针的传感器）的检测结果。图 5-25 表示 MSP 生物传感器谐振频率变化响应曲线希尔标绘图。从中可以看出，希尔系数（即图中直线的斜率）为 0.2578，表明一个沙门氏菌大约需要噬菌体的四个结合点固定。

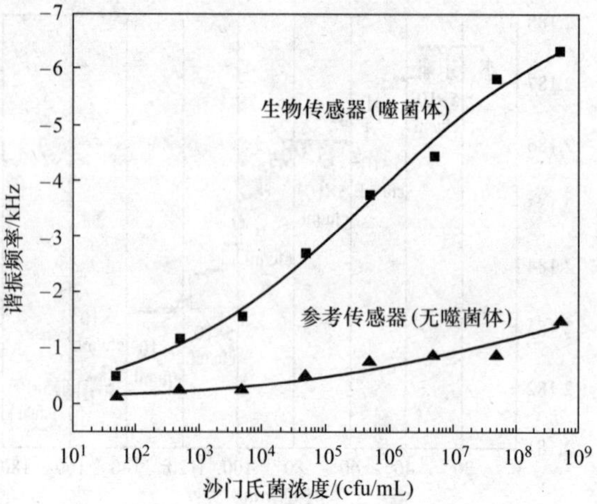

图 5-24 MSP 生物传感器的沙门氏菌浓度 - 谐振频率变化响应曲线

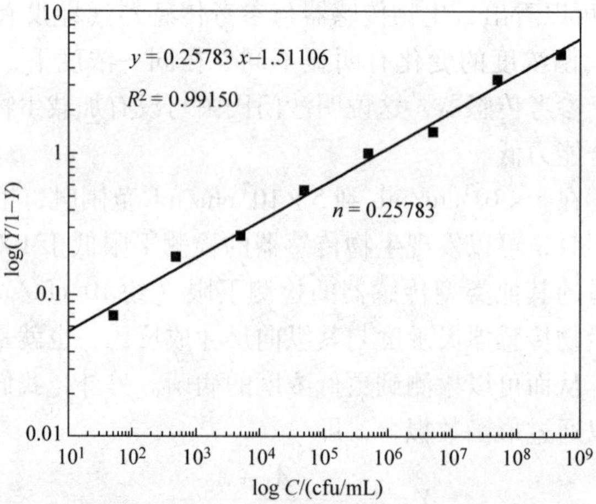

图 5-25 传感器谐振频率变化响应曲线希尔标绘图

为了确定传感器谐振频率的变化是否由沙门氏菌与噬菌体特异性结合而导致，在完成病菌检测之后，通过电子显微镜观察传感器表面情况，如图 5-26 所

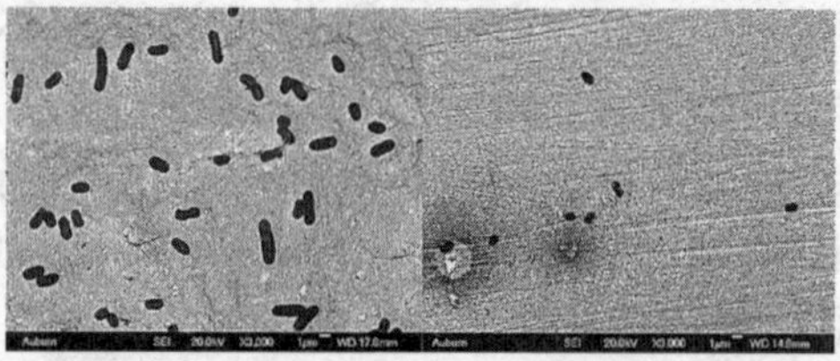

a) 固定有噬菌体的传感器表面　b) 参考传感器表面

图 5-26 检测病菌之后磁致伸缩传感器表面沙门氏菌分布情况

示。从图中可以看出，磁致伸缩生物传感器表面分布的沙门氏菌数量明显多于参考传感器，与上述检测结果相符。

5.5.2　大肠杆菌的检测

该实验以生物抗体作为生物探针用于检测水中大肠杆菌，检测结果如图 5-27 所示。从图中可以看出，其检测结果与沙门氏菌结果相似。纵坐标表示 MSP 生物传感器在纯净水中与在不同浓度大肠杆菌液体中谐振频率之差，横坐标表示所对应的大肠杆菌浓度。黑色方块表示表面固定有噬菌体的生物传感器检测结果，黑色三角表示参考传感器（表面没有固定抗体的 MSP 传感器）的检测结果。

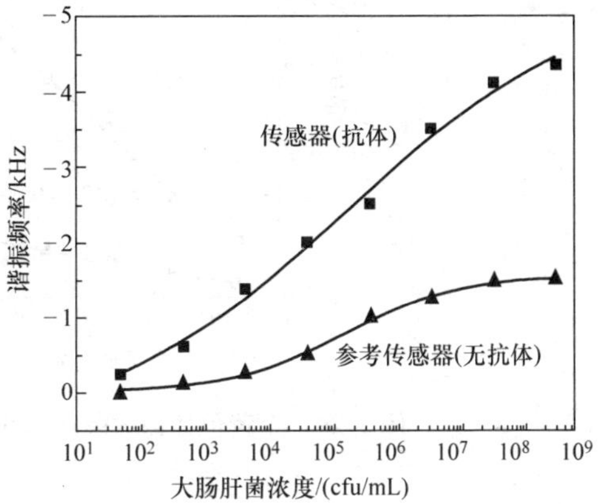

图 5-27　传感器的大肠杆菌浓度 - 谐振频率变化响应曲线

图 5-28 为 MSP 传感器的大肠杆菌浓度 - 谐振频率变化响应的希尔标绘图。从图中可以看出，希尔系数（即图中直线的斜率）为 0.2578，表明一个大肠杆菌大约需要抗体的四个结合点固定。

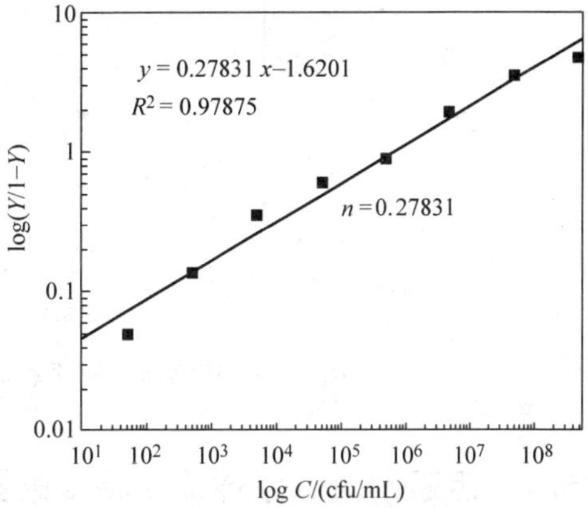

图 5-28　传感器谐振频率变化响应曲线希尔标绘图

5.5.3　金黄色葡萄球菌的检测

在该实验中，生物探针为多克隆抗体（Polyclonal antibodies，Pbs）。检测结果如图 5-29 所示。同样，可以看到传感器响应速度很快，检测下限低于 10^2 cfu/mL，总的谐振频率变化为 4630Hz。

同理，如图 5-30 所示，可以计算出该生物传感器检测曲线的希尔系数 $n=0.27136$，这意味着一个金黄色葡萄球菌需要抗体的 4 个结合点。从图中可以看到，即使表面固定有抗体的生物传感器谐振频率变化量高于参考传感器，但是参考传感器的谐振频率变化量也比较大，说明金黄色葡萄球菌非特异性结合情况比

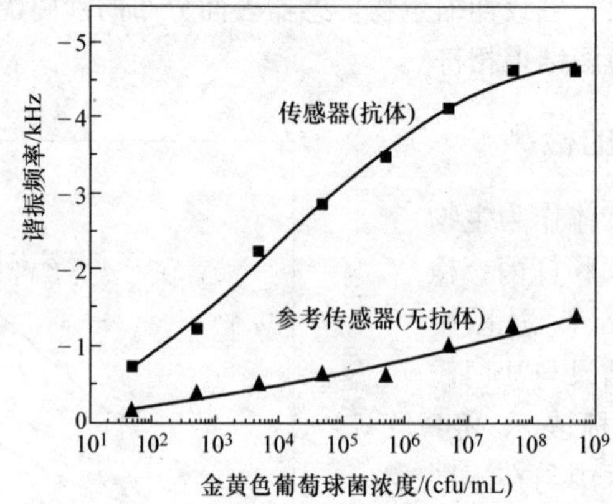

图 5-29 金黄色葡萄球菌液体浓度－谐振频率响应曲线

较严重。

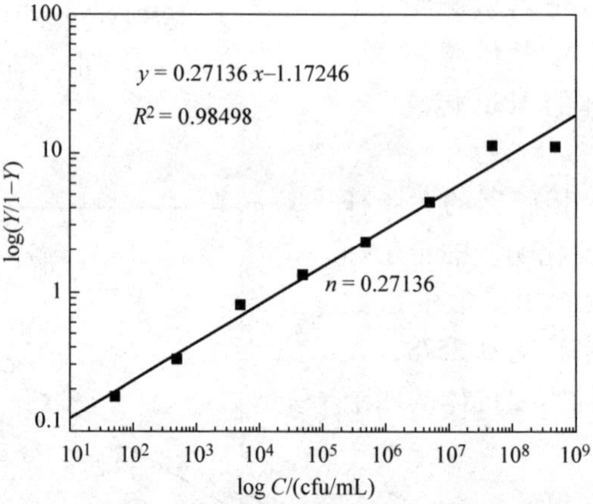

图 5-30 传感器谐振频率变化响应曲线希尔标绘图

5.5.4 阻断剂对磁致伸缩生物传感器性能的影响

病菌与生物传感器的非特异性结合是影响传感器性能的一个非常重要的不利因素。对于非特异性结合能力强的病菌，往往需要引入阻断剂来防止病菌与传感器表面之间的非特异性结合，以提高传感器的专一性及可靠性，如图 5-31 所示。

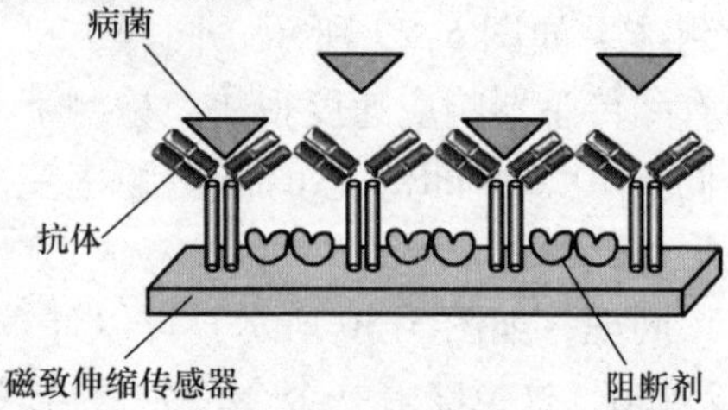

图 5-31 阻断剂在磁致伸缩传感器表面分布及阻止病菌非特异性结合示意图

研究表明，酪蛋白（Casein）和牛血清白蛋白（Bovine Serum Albumin，BSA）具有良好的稳定性，同时不与大多数生物发生化学反应，作为阻断剂被广泛地应用于 ELISA 和其他生物实验中。另外，酪蛋白和牛血清白蛋白分子量较小，理论上有更大的概率占据生物抗体之间的空位。因此，也可以作为磁致伸缩生物传感器的阻断剂。因此，针对检测非特异性结合能力强的病菌，在准备磁致伸缩生物传感器时，抗体加载之后，还需加载阻断剂，具体步骤如下：

（1）将酪蛋白和牛血清白蛋白粉末分别在磷酸盐缓冲盐水中稀释并配成 5% wt 和 3% wt 的溶液。

（2）将磁致伸缩生物传感器放入 5% wt 的酪蛋白或者 3% wt 牛血清白蛋白的溶液中，旋转 1h，使阻断剂酪蛋白或者牛血清白蛋白颗粒附着在传感器表面。

（3）取出传感器，在去离子水中漂洗 3 ~ 5 次。

为了分析阻断剂对传感器性能的影响，使用了四种不同的处理方式，见表 5-1。

表 5-1　磁致伸缩传感器生物加载情况

生物加载方式		传感器样品编号			
		#1	#2	#3	#4
生物加载	抗体	√			
	无		√		
	阻断剂（酪蛋白）			√	
	阻断剂（牛血清白蛋白）				√

图 5-32 为不同生物加载条件的磁致伸缩生物传感器对李斯特菌检测结果。从图中可以看出，在相同的李斯特菌浓度中，谐振频率漂移量从大到小所对应的传感器分别是#1、#2、#3 和#4。由此可以推断，#1 传感器表面病菌质量载荷最大，即传感器表面李斯特菌的数量最多，其原因是传感器表面既有李斯特菌与抗体的特异性结合又有李斯特菌与传感器表面的非特异性结合。而#2 传感器表面只有李斯特菌的非特异性结合，而非特异性结合只是一种随机的物理吸附，

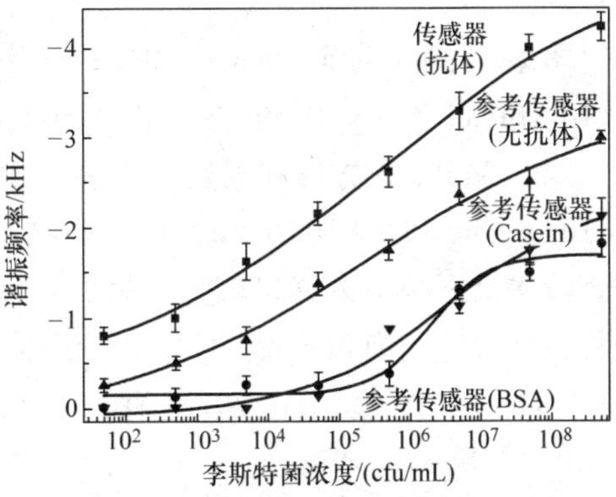

图 5-32　磁致伸缩生物传感器谐振频率漂移量与李斯特菌浓度的曲线关系

所以#2 传感器表面李斯特菌的数量要小于#1传感器。#3 和#4 传感器频率漂移量最小而且比较相近，其原因是由于#3 和#4 传感器表面分别被酪蛋白和牛血清蛋白颗粒覆盖，导致李斯特菌难以与传感器表面发生非特异性结合。

图 5-33 为实验后不同生物加载条件下的磁致伸缩生物传感器表面的 SEM 图。从图中可以看出，传感器表面李斯特菌（黑色条状物）数量由多到少的顺序分别是#1、#2、#3 和#4 传感器，与上述检测结果相符。

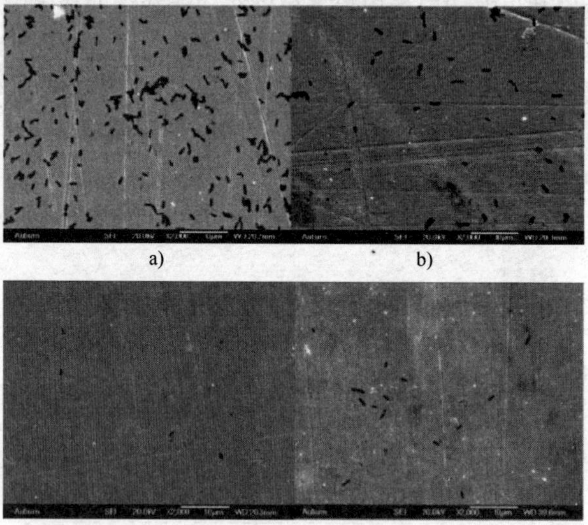

a) b) c) d)

图 5-33　实验后#1 ~ #4 传感器表面的 SEM 图

5.6　MSMC 生物传感器对病菌的检测

图 5-34 所示为 3.0mm × 1.0mm × 35μm 的 MSMC 生物传感器在浓度分别为 5×10^{7} cfu/mL和 5×10^{9} cfu /mL 的大肠杆菌悬液中放置 2h 后的频率偏移。

图 5-34a 中正方形和圆点分别表示 MSMC 生物传感器在悬浮液浓度分别为 5×10^{7} cfu/mL和 5×10^{9} cfu/mL 的实验结果。显然，传感器在较高浓度的大肠杆菌悬液中谐振频率偏移量较大。另外，可以看出 MSMC 生物传感器谐振频率的偏移最终会达到饱和。MSMC 生物传感器在悬液的浓度分别为 5×10^{7} cfu/mL 和 5×10^{9} cfu/mL中的总谐振频率偏移量大约分别为 17Hz 和 41Hz。已知声波器件的频率误差为

$$\frac{\delta f}{f_0}=\frac{\pi}{360Q} \tag{5-17}$$

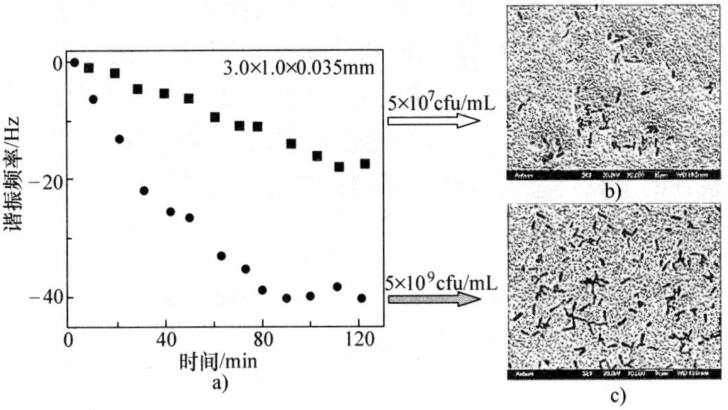

图 5-34　a）不同大肠杆菌悬液浓度中生物传感器随时间而变化的谐振频率；b）和 c）2h 之后生物传感器表面不同部位的扫描电镜图

式中，Q 为品质因数；δf 和 f_0 分别是频率误差和未加载大肠杆菌时的谐振频率。实验表明 MSMC 生物传感器在水中的谐振频率和 Q 值分别为 1100Hz 和 16。由式（5-17）可以得出，MSMC 生物传感器的频率误差为 0.6Hz。实验结果表明这些生物传感器的频率稳定度大约为 1Hz，其谐振频率偏移远小于 17Hz，因此，MSMC 生物传感器的谐振频率偏移很容易确定。换言之，MSMC 生物传感器可用于检测低浓度的大肠杆菌。事实上，正如之前所讨论的，这些生物传感器的检测极限约为 10^6cfu/mL。

为了证实 MSMC 生物传感器谐振频率偏移是由于大肠杆菌的加载所致，图 5-35a 所示为 3.0mm × 1.0mm × 35μm 生物传感器被放置在大肠杆菌悬液浓度为 5×10^7cfu/mL（方块）和 5×10^9cfu/mL（圆点）其谐振频率偏移随时间的变化趋势，扫描电镜所观察到的结果与图 5-35a 中实验所得的谐振频率偏移结果一致，证实了谐振频率的改变是由于大肠杆菌与生物传感器表面的结合所致。图 5-34b 所示为扫描电镜所观察到的低浓度大肠杆菌悬液中 MSMC 生物传感器表面大肠杆菌加载情况，图 5-34c 则给出了扫描电镜所观察到的高浓度大肠杆菌悬液中 MSMC 生物传感器表面大肠杆菌加载情况。显然，在浓度越高的大肠杆菌悬浮液中，传感器表面的加载大肠杆菌数量就越多。值得注意的是，该图表明所捕获的大肠杆菌在生物传感器整个表面上不均匀分布。例如，传感器自由端表面加载的大肠杆菌密度明显高于固定端表面。从传感器的角度来看，这种分布是合理的。因为相同数量所捕获的大肠杆菌，在自由端结合意味着较大的谐振频率偏移，可能是由于自由端的振动振幅较大，接触病菌的概率较大造成的。

如图 5-35 所示，为了进一步证实在生物传感器观察到的频率偏移是由于抗体捕获大肠杆菌细胞而加载到传感器表面上，该实验还使用了传感器表面没有固定抗体的参考传感器，将大小尺寸相同的生物传感器和参考传感器放入浓度为 5×10^8 cfu/mL的大肠杆菌悬浮液中 2h 之后进行 SEM 图对比，相比于图 5-26 中参考传感器，图 5-35b 所示为生物传感器表面 SEM 图，图 5-36c 所示为参考传感器表面 SEM 图。显然，MSMC 生物传感器表面存在更多的大肠杆菌。再次证实，实验观察到的生物传感器谐振频率偏移是由于附着在传感器表面的大肠杆菌导致的。

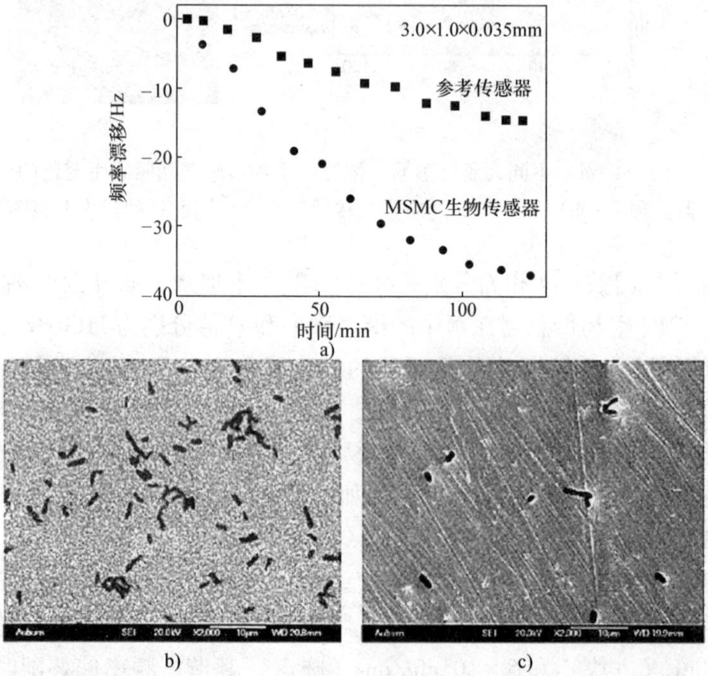

图 5-35　a）MSMC 参考传感器（方块）和生物传感器（圆点）在相同浓度大肠杆菌液体中谐振频率偏移随时间的变化趋势；b）表面 SEM 图；c）参考传感器表面 SEM 图

我们还研究了不同尺寸 MSMC 生物传感器（3.0mm × 1.0mm × 35μm 和 1.5mm × 0.8mm × 35μm）对传感器性能的影响。图 5-36a 所示为两种尺寸不同的 MSMC 生物传感器放置到不同浓度的大肠杆菌悬浮液中，2h 之后所记录的频率变化随浓度而变化的规律曲线（把表示该规律的曲线称为剂量反应曲线）。图 5-36a 中结果表明尺寸小的生物传感器（1.5mm × 0.8mm × 35μm）比尺寸大的传感器（3.0 × 1.0mm × 35μm）表现出了更显著的频率变化，也就是说尺寸小的生物传感器比尺寸大的传感器探测病菌的灵敏度更高些，这也与理论分析一致。图 5-36b 所示为两个不同尺寸 MSMC 生物传感器的希尔标绘图

图 5-36a 中的剂量反应曲线采用 Sigmoid 函数拟合而成。从图中可以看出，

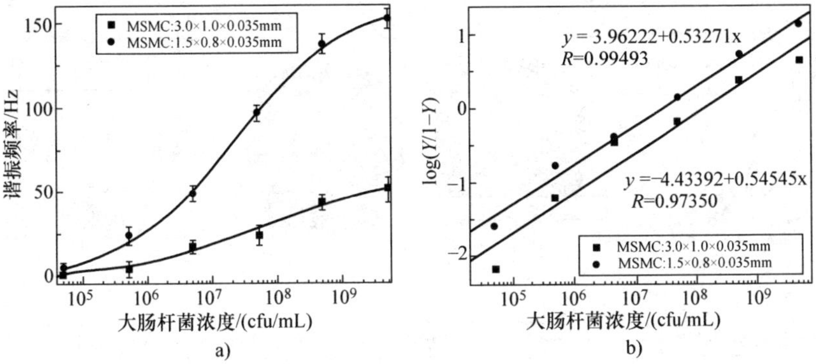

图 5-36　a）两种尺寸不同的 MSMC 生物传感器的剂量反应曲线；
b）两种尺寸不同的 MSMC 生物传感器的希尔标绘图

在大肠杆菌浓度约为 5×10^9 cfu/mL 时，谐振频率变化达到饱和值。拟合函数结果可以得出尺寸为 3.0mm × 1.0mm × 35μm 和 1.0mm × 0.8mm × 35μm 传感器的检测下限分别为大肠杆菌浓度约为 5×10^6 cfu/mL 和 5×10^5 cfu/mL。从图中可以看出，较小的 MSMC 生物传感器可以获得更低的检测下限。

5.7 MSP 生物传感器对食品表面病菌原位检测

当前的病菌检测方法一般需要采集样品，然后在实验室中提纯、培养和分析检测，检测过程耗时长，而且需要专业器材和专业人员的操作。更重要的是，这些方法一般只能抽取有限数量的样品进行分析，不能完全真实地反映食品的污染情况。美国奥本大学 Bryan A Chin 教授课题组最近研究开发了一种基于噬菌体生物探针的 MSP 生物传感器，可实现直接在新鲜番茄表面进行沙门氏菌的检测。

MSP 生物传感器由固定有 E2 噬菌体的谐振器组成。该噬菌体是通过基因工程开发的新型鼠伤寒沙门氏菌检测生物探针，可在干燥环境中具有活性，进行生物检测。由于磁致伸缩生物传感器通过磁场进行激励和检测，因此可直接置于番茄表面，通过检测装置而获得无线检测信号。本书中使用的传感器的尺寸为 1.0mm × 0.2mm × 28μm。在实验中，番茄表面滴上浓度范围为 $5\times10\sim5\times10^8$ cfu/mL 的鼠伤寒沙门氏菌悬浮液，然后在空气中干燥，以此模拟被污染的食品表面。图 5-37 所示为检测原理和过程。

为了补偿环境和非特异性吸附的影响，在检测中使用生物检测传感器和参考传感器同时进行检测。参考传感器为与检测传感器完全相同的谐振器，但表面没有噬菌体生物探针，而是固定阻断剂（BSA），从而防止非特异性吸附。检测时，

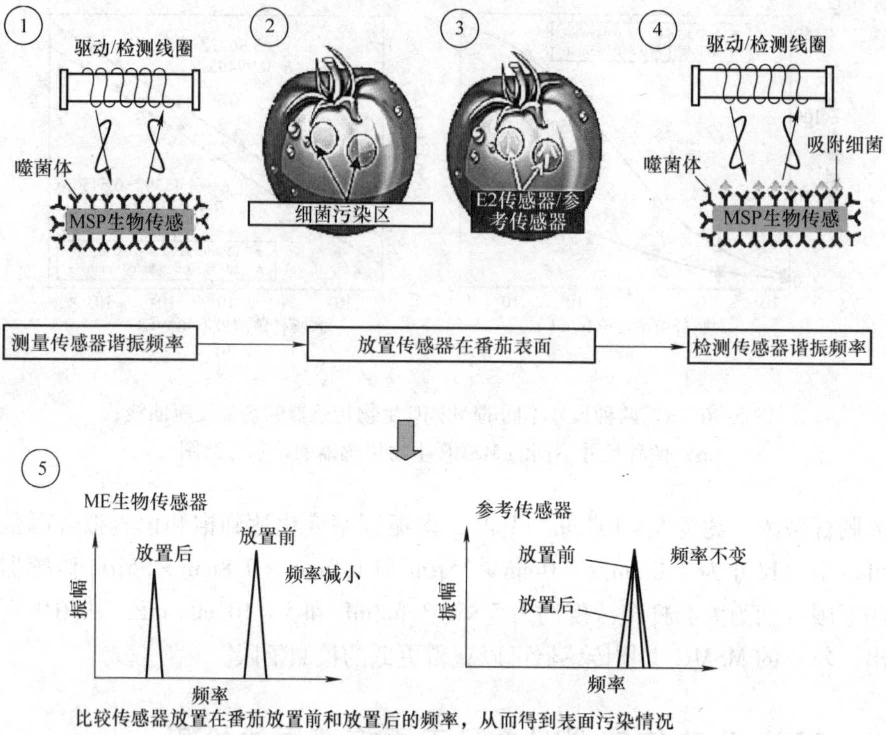

图 5-37　直接在食品表面检测病菌原理和过程

首先测量传感器的谐振频率，然后同时将检测传感器和参考传感器放置在污染表面，30min 后测量传感器谐振频率变化，噬菌体与病菌发生特异性吸附反应，从而使检测传感器谐振频率减小，而参考传感器的谐振频率不变，因此，通过比较检测传感器和参考传感器的谐振频率变化，可以精确地测量番茄表面的病菌污染浓度。研究发现，通常病菌在食品表面的分布是非常不均匀的，为了精确全面地检测食品表面的病菌，该研究小组开发了基于统计分析的检测方法，用于被不同浓度病菌污染的番茄表面检测。实验结果表明，对于 5×10^{2} cfu/mL 和更高的浓度，MSP 生物传感器和参考传感器的谐振频率变化有明显统计学差异（$>80\%$ 置信度），用该统计分析的检测方法可以鉴定出番茄的污染。

总之，利用磁致伸缩传感器的无线无源特性，并结合新型噬菌体生物探针，可以实现在番茄表面的原位检测，并可利用传感器阵列和统计分析方法，解决食品表面病菌分布不均匀对检测的影响。这种直接在食品表面检测的技术可以极大地缩短检测时间和成本，确保及时、有效的检测。

5.8　磁致伸缩生物传感器灵敏度优化

由本书第 1 章介绍的磁致伸缩生物传感器工作原理可知，磁致伸缩生物传感器是一种质量传感器，其灵敏度 S_m 的定义为单位病菌载荷质量引起传感器固有频率的变化量，即

$$S_m = \frac{\Delta f}{\Delta m} \tag{5-18}$$

式中，Δm 为载荷质量；Δf 为固有频率的变化量。

显然，相同质量载荷引起传感器的谐振频率变化量越大，灵敏度就越高。研究表明，质量载荷加载的位置或分布不同，传感器的灵敏度也随之变化。尤其是质量加载在传感器节点（传感器振动中振幅为零的点）位置，其灵敏度为零，会造成假阳性结果。因此，如果想在加载相同质量下得到最大的灵敏度，首先需要了解灵敏度随载荷位置的变化规律，这就涉及求解在不同载荷分布情况下磁致伸缩传感器固有频率、振型、节点及灵敏度等内容。下面重点介绍集中载荷和均布载荷对磁致伸缩传感器的振动模态和灵敏度的影响规律。

5.8.1　集中病菌载荷对 MSP 传感器的影响

如图 5-38 所示，MSP 传感器为一长方形弹性板，并处于平面应力状态，l，w，h_s 为传感器的长，宽和厚；x，y，和 z 轴分别沿着传感器长度、厚度及宽度方向；x_c 为集中载荷 x 轴坐标。坐标原点设立在传感器左端的中心，x 轴沿着传感器的长度方向。

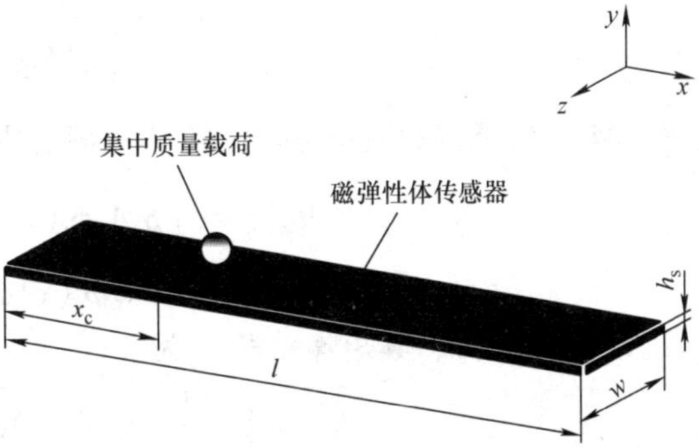

图 5-38　表面加载集中载荷的 MSP 磁致伸缩传感器

下面采用第 4 章介绍的拉格朗日方程来求解该问题。当 MSP 传感器沿着 x 轴方向振动时，可将其模拟成广义连续弹性杆的振动问题，其动能（T）和势能（V）可表示为

$$T = \frac{1}{2}\int_0^l \rho_s A_s \left(\frac{\partial u(x,t)}{\partial t}\right)^2 \mathrm{d}x + \frac{1}{2}m_c\left(\frac{\partial u(x,t)}{\partial t}\right)^2_{x=x_c} \tag{5-19}$$

$$V = \frac{1}{2}\int_0^l \frac{E}{1-v}A_s\left(\frac{\partial u(x,t)}{\partial x}\right)^2 \mathrm{d}x + m_c gh \tag{5-20}$$

式（5-19）中，等号右边的第一项和第二项分别表示弹性杆自身和病菌质

量载荷的动能；式（5-20）中，等号右边的第一项和第二项分别表示弹性杆自身和病菌质量载荷的势能；ρ_s、E、v 和 A_s 表示弹性杆的密度、杨氏模量、泊松比和横截面积；m_c 表示病菌集中载荷质量。

根据第 4 章中介绍的知识，采用假设模态法求解，设弹性杆轴线各点的轴向位移矢量为 $u(x,t)$，则假设

$$\boldsymbol{u}(x,t)=\boldsymbol{\phi}(x)\boldsymbol{q}(t) \tag{5-21}$$

式中

$$\boldsymbol{u}(x,t)=[u_1(x,t),u_2(x,t),\cdots,u_n(x,t)],n=1,2,\cdots \tag{5-22}$$

$$\phi(x)=[\phi_1(x),\phi_2(x),\cdots,\phi_n(x)] \tag{5-23}$$

$$\boldsymbol{q}(x,t)=[q_{1m}(t),q_{2m}(t),\cdots,q_{nm}(t)]^{\mathrm{T}},m=1,2,\cdots,n \tag{5-24}$$

式中，$u_n(t)$表示弹性杆的第 n 阶固有模态的位移；$\phi_n(x)$表示弹性杆的第 n 阶固有模态函数；$q_{nm}(t)$表示在病菌载荷作用下带菌弹性杆的第 n 阶固有模态对应的广义坐标，其实就是第 n 阶固有模态函数的线性组合系数，参阅下式就比较清楚了：

$$u_n(x,t)=\phi_1(x)q_{1m}(t)+\phi_2(x)q_{2m}(t)+\cdots+\phi_n(x)q_{nm}(t) \tag{5-25}$$

将式（5-21）代入式（5-19）和式（5-20）得

$$T=\frac{1}{2}\dot{q}^{\mathrm{T}}(\boldsymbol{M}_0+\boldsymbol{M}_1)\dot{\boldsymbol{q}}=\frac{1}{2}\dot{\boldsymbol{q}}^{\mathrm{T}}\boldsymbol{M}\dot{\boldsymbol{q}} \tag{5-26}$$

$$V=\frac{1}{2}\boldsymbol{q}^{\mathrm{T}}\boldsymbol{K}\boldsymbol{q} \tag{5-27}$$

式中，$\boldsymbol{M}_0$为传感器的质量矩阵；$\boldsymbol{M}_1$为病菌的质量矩阵，它们的矩阵元素分别为

$$(M_0)_{ij}=\int_0^l\rho_s A_s\boldsymbol{\phi}_i(x)\boldsymbol{\phi}_j(x)\mathrm{d}x \tag{5-28}$$

$$(M_1)_{ij}=m_c\boldsymbol{\phi}_i(x)\boldsymbol{\phi}_j(x) \tag{5-29}$$

$\boldsymbol{K}$ 表示总刚度矩阵，其矩阵元素 K_{ij}为

$$K_{ij}=\int_0^l\frac{E}{1-v}A_s\phi'_i(x)\phi'_j(x)\mathrm{d}x \tag{5-30}$$

$\boldsymbol{M}$ 表示总质量矩阵，其矩阵元素 M_{ij}为

$$M_{ij}=(M_0)_{ij}+(M_1)_{ij}=\int_0^l\rho_s A_s\phi_i(x)\phi_j(x)\mathrm{d}x(M_1)_{ij}+m_c\phi_i(x)\phi_j(x) \tag{5-31}$$

拉格朗日函数为

$$L=T-V=\frac{1}{2}\dot{\boldsymbol{q}}^{\mathrm{T}}\boldsymbol{M}\dot{\boldsymbol{q}}-\frac{1}{2}\boldsymbol{q}^{\mathrm{T}}\boldsymbol{K}\boldsymbol{q} \tag{5-32}$$

上式略去了病菌自身的动能，这是因为病菌的质量与弹性杆的质量相比为无穷小，故病菌的动能与弹性杆的动能相比亦为无穷小，因此，式（5-19）中的

第二项可以被忽略。同时，式（5-32）中还忽略了病菌质量的势能，即式(5-20)中的第二项，这是由于病菌的质量与弹性杆的质量相比为无穷小，而且病菌的弹性模量以及病菌的横截面积与弹性杆的弹性模量和横截面积相比也是无穷小，病菌的重力势能和弹性势能与弹性杆的势能相比亦为无穷小。

将拉格朗日函数代入拉格朗日方程有

$$\frac{\mathrm{d}}{\mathrm{d}t}\left(\frac{\partial L}{\partial \dot{\boldsymbol{q}}}\right)-\left(\frac{\partial L}{\partial \boldsymbol{q}}\right)=0 \tag{5-33}$$

得到弹性杆的振动微分方程为

$$M\ddot{q}+K\dot{q}=0 \tag{5-34}$$

求解得到

$$(\boldsymbol{K}-\omega_n^2\boldsymbol{M})\boldsymbol{q}=\boldsymbol{0} \tag{5-35}$$

式中，$\boldsymbol{K}$ 和 $\boldsymbol{M}$ 为式（5-34）解耦后的对角矩阵，弹性杆的固有频率为

$$\omega_n=\sqrt{\frac{K_{nn}}{M_{nn}}} \tag{5-36}$$

式中，K_{nn}和 M_{nn}分别为 $\boldsymbol{K}$ 和 $\boldsymbol{M}$ 的对主角线上的元素。需要注意的是，式(5-34)在下述假设模态函数条件下，就是一个解耦的微分方程，$\boldsymbol{K}$ 和 $\boldsymbol{M}$ 就是对角矩阵，这是因为下面所假设的模态函数关于质量矩阵和刚度矩阵正交，弹性杆的满足边界条件（两端自由）的假设模态函数为

$$\phi_n=\cos\left(\frac{n\pi x}{l}\right),\qquad (n=1,\ 2,\ 3,\ \cdots) \tag{5-37}$$

至此，只要把假设的模态函数代入式（5-30）和式（5-31），并利用式（5-36）即可求出弹性杆的固有角频率 ω_n，再利用式（5-35）即可求出广义坐标 $\boldsymbol{q}$。

第 n 阶固有频率通过$f_n=\dfrac{\omega_n}{2\pi}$求出，第 n 阶谐振模态下传感器的灵敏度$(S_\mathrm{m})_n$可按定义并求出，即

$$(S_\mathrm{m})_n=\frac{(f_n)_0-(f_n)_m}{m_\mathrm{c}} \tag{5-38}$$

式中，$(f_n)_0$和$(f_n)_m$ 分别代表传感器加载病菌质量之前和之后的第 n 阶固有频率，而第 n 阶谐振下弹性杆的纵向位移则可由式（5-25）求出：

$$u_n(x,t)=\phi_1(x)q_{1m}(t)+\phi_2(x)q_{2m}(t)+\cdots+\phi_n(x)q_{nm}(t) \tag{5-39}$$

可以看出，固有频率f_n和灵敏度 S_m 取决于刚度矩阵 $\boldsymbol{K}$ 和质量矩阵 $\boldsymbol{M}$，而 $\boldsymbol{M}$ 是病菌载荷位置 x_c 和病菌集中质量 m_c 的函数。因此，不同的病菌集中质量和位置坐标都会导致不同的灵敏度。

模拟中，MSP 传感器尺寸为 1mm × 0.2mm × 15μm，材料为软磁非晶合金 Metglas2826，密度为 $7.9\times10^3\mathrm{kg/cm^3}$，杨氏模量为 105GPa，泊松比为 0.3，病

菌质量为传感器质量的千分之一（即 $m_c = m_s/1000$）。通过上述公式，可得出传感器在不同谐振模态下灵敏度 S_m 随载荷位置 x_c 变化的规律，如图 5-39 所示。

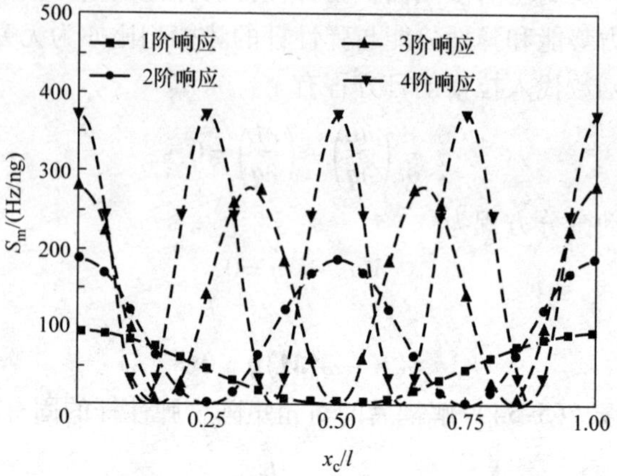

图 5-39　不同谐振模态下灵敏度 S_m 随病菌载荷位置 x_c 变化的规律

从图可以看出，在同一阶谐振模态下，传感器灵敏度随载荷位置皆为周期性变化，并可通过公式 $S_m = A\cos^2(x_c/l)$（A 为常数）拟合。对于第 n 阶谐振，有 $n+1$ 个载荷位置（$x/l = m/n$，$n=1$，2，3，$\cdots m=0$，1，2，…，n）可以得到最大灵敏度（$S_{m,max}$）；n 个载荷位置（$x/l=(2m-1)/2n$，$n=1,2,3,\cdots m=1,2,\cdots,n$）可以得到最小灵敏度（$S_m=0$）。另外，图 5-40 所示为归一化位移的平方随集中载荷位置变化规律。在同一阶谐振模态下，u^2 随载荷位置具有 $u^2=B\cos^2$

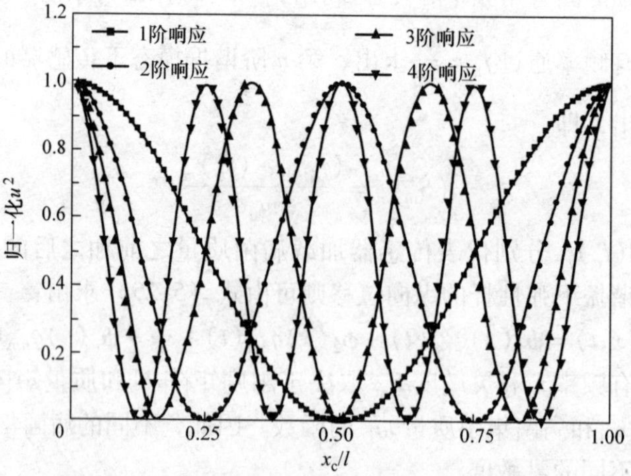

图 5-40　归一化位移的二次方随集中载荷位置变化规律

(x_c/l)变化规律。因此，S_m 正比于质量载荷位置 x_c 处传感器振幅（u）的平方（即 $S_m \propto u^2$）。这也是质量载荷加载到 MSP 生物传感器节点处（$u=0$）灵敏度为 0 的原因。

从图中可以看出，MSP 生物传感器谐振频率 f_n 和灵敏度取决于质量矩阵 $\boldsymbol{M}$。因为 $\boldsymbol{M}$ 是病菌载荷位置 x 和集中病菌载荷质量 m_c 的函数，不同的载荷位置和载荷质量会导致不同的灵敏度。图 5-41 所示为传感器在第一阶谐振模态下，传感器灵敏度（S_m）随载荷位置（x_c）变化规律。虚线表示相同质量的病菌均匀加载到 MSP 生物传感器整个表面时的灵敏度。

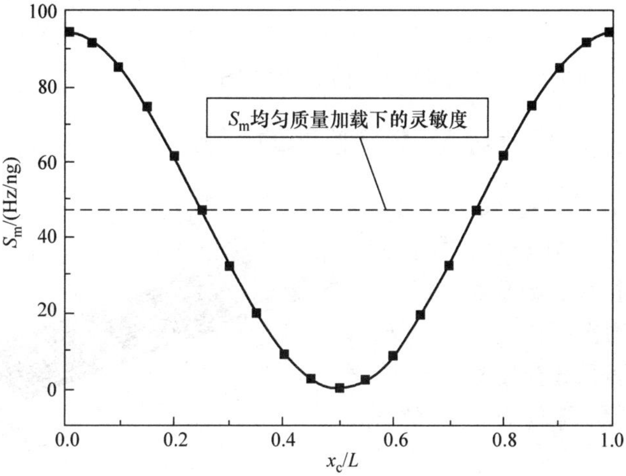

图 5-41　MSP 传感器灵敏度随病菌加载位置的变化规律

从图 5-41 中可以看出，在第一阶谐振模态下，当病菌加载到 MSP 传感器两端时，传感器灵敏度最大，该灵敏度为相同的病菌均匀加载到传感器整个表面时灵敏度的 2 倍。另外，发现灵敏度随病菌加载位置的变化规律服从下式函数关系：

$$S_m(x_c) = \frac{(S_m)_{\max}}{2}\left[1+\cos\left(2\pi\frac{x_c}{L}\right)\right] = (S_m)_{\max}\cos^2\left(\pi\frac{x_c}{L}\right) \tag{5-40}$$

第一阶谐振模态下，未加载病菌的 MSP 传感器的模态函数为

$$\boldsymbol{\phi}(x) = \cos\left(\pi\frac{x}{L}\right) \tag{5-41}$$

对比式（5-40）和式（5-41），可推演出 MSP 传感器灵敏度与加载病菌之后传感器的模态函数的关系可表示为

$$S_m(x_c) = C\boldsymbol{\phi}^2(x_c) \quad (\Delta m \ll M) \tag{5-42}$$

式中，C 为常数。

假设均匀病菌载荷由一层集中病菌载荷组成，那么病菌均匀分布条件下的传感器灵敏度可表示为

$$[S_m(x)]_{uni} = \frac{1}{L}\int_0^L S_m(x)\mathrm{d}x \tag{5-43}$$

结合式（5-42）和式（5-43），可以求出常数 C 的值为

$$C = 2[S_m(x)]_{uni} \tag{5-44}$$

因此，对于病菌加载到传感器某一位置 x_c 时，灵敏度可以表示为

$$S_m(x_c) = 2[S_m(x)]_{uni}\cos^2\left(\pi\frac{x_c}{L}\right) \tag{5-45}$$

由式（5-46）可以看出，病菌加载到 MSP 传感器端点时的灵敏度是同样质量病菌加载均匀加载到传感器表面时的 2 倍，参考图 5-41。

5.8.2 均布病菌载荷对 MSP 传感器的影响

图 5-42 所示为质量载荷均匀加载到 MSP 传感器部分表面。图中，l 为传感器的总长度；$a(0\leqslant a\leqslant l)$ 是病菌载荷质量的作用长度；h_s 和 h_m 磁致伸缩传感器和载荷质量的厚度。传感器与质量载荷具有相同的宽度 w。

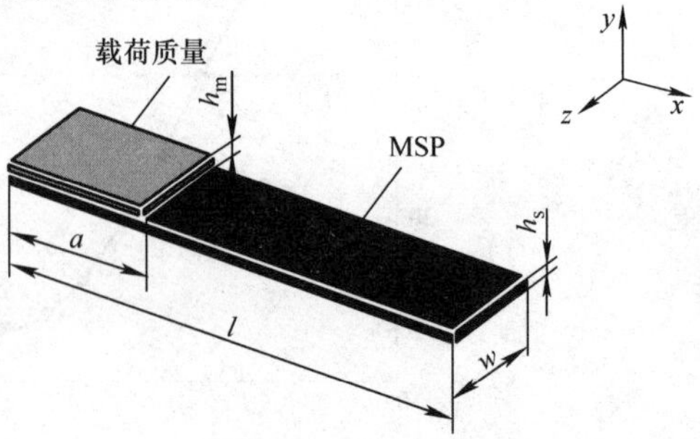

图 5-42　质量载荷均匀加载到 MSP 传感器部分表面示意图

当图 5-43 所示的传感器沿着纵向方向（即 x 轴方向振动）时，传感器的动能（T）和势能（V）分别表示为

$$T = \frac{1}{2}\int_0^l \rho_s A_s\left(\frac{\partial u(x,t)}{\partial t}\right)^2\mathrm{d}x + \frac{1}{2}\int_0^a \rho_m A_m\left(\frac{\partial u(x,t)}{\partial t}\right)^2\mathrm{d}x \tag{5-46}$$

$$V = \frac{1}{2}\int_0^l \frac{E_s}{1-v_s}A_s\left(\frac{\partial u(x,t)}{\partial x}\right)^2\mathrm{d}x + \int_0^a \frac{E_m}{1-v_m}A_m\left(\frac{\partial u(x,t)}{\partial x}\right)^2\mathrm{d}x \tag{5-47}$$

式（5-46）中，等号右边的第一项和第二项分别表示传感器自身质量和病菌质量载荷的动能；式（5-47）中，等号右边的第一项和第二项分别表示传感器自身质量和病菌质量的势能；ρ_s、E_s、v_s 和 A_s 分别表示传感器的密度，弹性模量、泊松比和横截面积（$w\times h_s$）；ρ_m、E_s、v_s 和 A_m 分别表示病菌质量载荷的密度、弹性模量、泊松比和横截面积（$w\times h_m$）。与集中加载情况类似，式（5-47）中的第二项以及质量载荷的重力势能均可忽略不计。

与集中质量载荷情况类似，可以得出该传感器动能和势能表达式为

$$T = \frac{1}{2}\dot{\boldsymbol{q}}^{\mathrm{T}}(\boldsymbol{M}_0 + \boldsymbol{M}_1)\dot{\boldsymbol{q}} = \frac{1}{2}\dot{\boldsymbol{q}}^{\mathrm{T}}\boldsymbol{M}\dot{\boldsymbol{q}} \tag{5-48}$$

$$V = \frac{1}{2}\boldsymbol{q}^{\mathrm{T}}\boldsymbol{K}\boldsymbol{q} \tag{5-49}$$

式中，刚度矩阵 $\boldsymbol{K}$ 中的元素 K_{ij}定义为

$$K_{ij} = \int_0^l \frac{E}{1-v} A_{\mathrm{s}} \boldsymbol{\phi}'_i(x) \boldsymbol{\phi}'_j(x)\,\mathrm{d}x \tag{5-50}$$

式中，传感器质量矩阵 $\boldsymbol{M}_0$ 中的元素 M_{0ij}定义为

$$M_{0ij} = \int_0^l \rho_{\mathrm{s}} A_{\mathrm{s}} \boldsymbol{\phi}_i(x) \boldsymbol{\phi}_j(x)\,\mathrm{d}x \tag{5-51}$$

类似的，载荷质量矩阵 $\boldsymbol{M}_1$ 中的元素 M_{1ij}定义为

$$M_{1ij} = \int_0^a \rho_{\mathrm{m}} A_{\mathrm{m}} \boldsymbol{\phi}_i(x) \boldsymbol{\phi}_j(x)\,\mathrm{d}x \tag{5-52}$$

最终，总的质量矩阵元素定义为

$$M_{ij} = M_{0ij} + M_{1ij} \tag{5-53}$$

该传感器的模态函数可以假设为

$$\boldsymbol{\phi} = \left(\cos\frac{n\pi x}{l}\right) \quad n = 1,\ 2,\ 3\cdots \tag{5-54}$$

由于拉格朗日函数 $L = T - V$，因此有

$$L = T - V = \frac{1}{2}\dot{\boldsymbol{q}}^{\mathrm{T}}\boldsymbol{M}\dot{\boldsymbol{q}} - \frac{1}{2}\boldsymbol{q}^{\mathrm{T}}\boldsymbol{K}\boldsymbol{q} \tag{5-55}$$

代入拉格朗日方程有

$$\frac{\mathrm{d}}{\mathrm{d}t}\left(\frac{\partial L}{\partial \dot{\boldsymbol{q}}}\right) - \left(\frac{\partial L}{\partial \boldsymbol{q}}\right) = 0 \tag{5-56}$$

加载病菌质量载荷磁致伸缩传感器的振动控制方程可表示为

$$M\ddot{q} + K\dot{q} = 0 \tag{5-57}$$

求解式（5-57），得到固有频率方程为

$$(\boldsymbol{K} - \omega_{\mathrm{n}}^2\boldsymbol{M})\boldsymbol{q} = \boldsymbol{0} \tag{5-58}$$

求解式（5-58），可得到传感器固有角频率 ω_{n}，从而得到固有频率为

$$f_{\mathrm{n}} = \omega_{\mathrm{n}}/2\pi \tag{5-59}$$

1. 均布病菌质量载荷对 MSP 传感器振型和节点的影响

从式（5-58）求解出与固有角频率 ω_{n}对应的特征矢量 q_{n}，代入式（5-21）中，可得该谐振模态下的位移 $u_{\mathrm{n}}(x,t)$，令 $u_{\mathrm{n}}(x,t)$等于零，得到该模态下的节点坐标方程为

$$u_{\mathrm{n}}(x,t) = \phi_{\mathrm{n}}(x)\boldsymbol{q}_{\mathrm{n}}(t) = 0 \tag{5-60}$$

设 x_{bm}表示加载有病菌质量载荷传感器的节点坐标；x_{bs}为无病菌质量载荷时传感器的节点坐标。那么，传感器节点坐标的漂移量 Δx 可以定义为

$$\Delta x = X_{\mathrm{bs}} - X_{\mathrm{bm}} \tag{5-61}$$

这里假设 MSP 传感器各参数与上述集中载荷情况一样，质量载荷条件为 $\rho_m A_m/\rho_s A_s = 1/1000$，$\frac{a}{l}=0.05$，0.1，0.15，0.2，…，1.0。

图 5-43 为不同质量载荷加载条件下 MSP 传感器的振型。通过对比可以看出，在没有病菌质量加载 $\frac{a}{l}=0$ 和传感器表面全部被病菌质量加载 $\frac{a}{l}=1$ 情况下，奇数阶振型均表现出中心对称规律，而偶数阶振型则表现出中心对称规律。从局部放大图可知，$\frac{a}{l}=0$ 和 $\frac{a}{l}=1$ 情况下，传感器的节点位置并没有发生变化。由表 5-2 可知，在 $\frac{a}{l}=0$ 和 $\frac{a}{l}=1$ 条件下 MSP 传感器前 4 阶谐振时节点的位置。而非对称质量载荷分布（即 $0<\frac{a}{l}<1$），则造成传感器振型失去对称性，这也是其节点漂移的一个原因。为了明显区分每一曲线，这里采用 $\rho_m A_m = \rho_s A_s$。

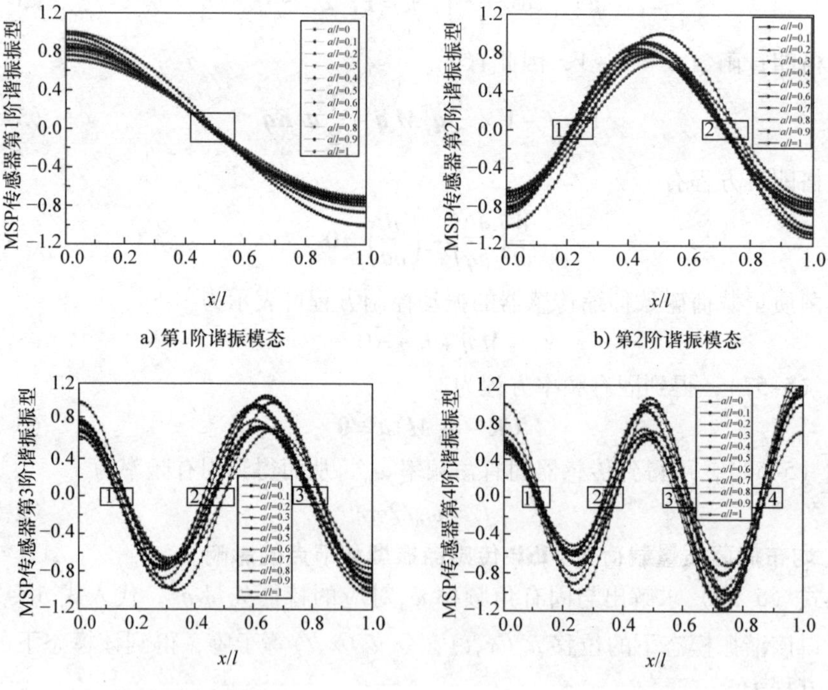

a) 第1阶谐振模态　　b) 第2阶谐振模态

c) 第3阶谐振模态　　d) 第4阶谐振模态

图 5-43　不同载荷分布条件下传感器的振型图

表 5-2　病菌质量加载 $a/l=0$ 和 $a/l=1$ 时传感器节点的位置

谐振阶数	节点位置（x）
1	$\frac{l}{2}$
2	$\frac{l}{4}$，$\frac{3}{4}l$
3	$\frac{1}{6}l$，$\frac{l}{2}$，$\frac{5}{6}l$
4	$\frac{1}{8}l$，$\frac{3}{8}l$，$\frac{5}{8}l$，$\frac{7}{8}l$

图 5-44 为 MSP 传感器在不同谐振模态情况下，其节点漂移量随$\frac{a}{l}$变化的规律。从图中可以看出，任何奇数 m 阶谐振模态（$m=2n-1$，$n=1$，2，3，…），总有 1 个节点，即第 n 个节点为对称中心，其他各节点关于该对称中心成镜面对称，即第 q 个节点与第（$2n-q$）个节点，$q=1$，2，3，…，$n-1$）构成镜面对称对。对于偶数 j 阶谐振模态（$j=2n$，$n=1$，2，3，…），则有 n 对镜面对称对

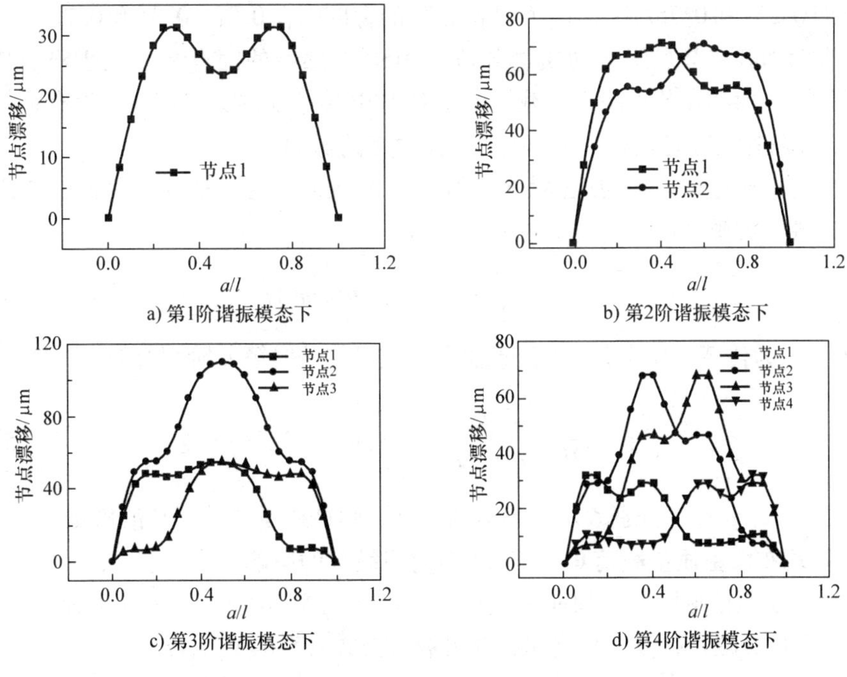

图 5-44　MSP 传感器节点漂移量随表面质量载荷分布 a/l 变化规律

节点，即第（$p+1$）个节点及第（$j-p$）个节点构成镜面对称对，$p=0$，1，2，…，$n-1$）。

2. 均布病菌质量载荷对固有频率的影响

图5-45所示为MSP传感器在不同谐振模态下，其固有频率随质量载荷分布变化的规律。从图中可以看出，固有频率变化量随着a/l非线性单调增大，并且每条曲线均出现“台阶”（如图中箭头位置所示），该台阶表示固有频率变化不敏感区，而且对于不同谐振阶数，“台阶”数量不同。同时，可以看出“台阶”的数量与谐振阶数及节点数量相同，“台面”宽度随着谐振阶数的增大而减小。另外，可以看出每一个节点处于“台面”的中间位置。例如，对于第2阶谐振，带病菌传感器的两个节点位置分别处于距传感器两端1/4长度处的临域内（即0.25l和0.75l），而两个“台面”的宽度则在0.2l～0.3l和0.7l～0.8l之间，表明加载在节点附近的质量载荷对MSP传感器的固有频率几乎没有影响。也就是说，加载在节点附近的载荷质量对MSP传感器的灵敏度几乎没有贡献。

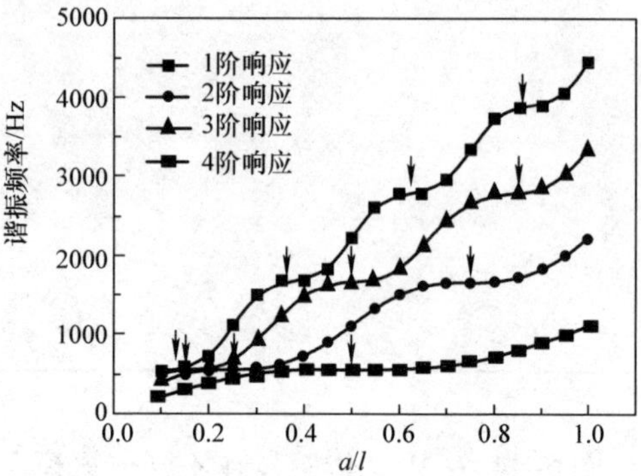

图5-45　MSP传感器固有频率漂移量随病菌载荷分布a/l变化规律

3. 均布病菌质量载荷$a/l=1$时对灵敏度的影响

此时，质量载荷均匀地覆盖在整个传感器表面。这也是目前大部分文献中假定的条件，灵敏度可以通过下述公式得出：

$$S_{\mathrm{m}} \approx \frac{f_{\mathrm{n}}}{2m_{\mathrm{s}}} \qquad (\Delta m \ll m_{\mathrm{s}}) \tag{5-62}$$

式中，m_s为传感器质量；f_n为传感器在无质量加载时第n阶固有频率，即

$$f_{\mathrm{n}} = \frac{n}{2l}\sqrt{\frac{E}{\rho(1-\nu)}} \qquad (n=1,2,3\cdots) \tag{5-63}$$

式中，l，E，ρ和ν分别表示传感器的长度、弹性模量、密度和泊松比。

4. 均布病菌质量载荷$0<a/l<1$时对灵敏度的影响

灵敏度随谐振阶数增加而非线性增加，如图5-46所示。另一方面，灵敏度随a/l服从衰减正弦波变化规律，并可通过公式（5-64）拟合。

$$S_{\mathrm{m}} = S_{\mathrm{m0}} + A\mathrm{e}^{-\frac{x}{B}}\sin\left(\pi\frac{x-C}{D}\right) \tag{5-64}$$

式中，S_{m0}，A，B，C 和 D 为常数；S_m 为灵敏度；x 表示 a/l。

从图 5-46a 中可以看出，$(S_m)_{min}$ 随谐振阶数呈线性变化规律，可通过线性拟合确定传感器在不同谐振模态下的最小灵敏度。图 5-47b 揭示了 $(S_m)_{min}$ 与所对应的 a/l 变化规律。从图中可知，MSP 传感器灵敏度极小值（波谷）的数量与所对应的谐振阶数和节点数量一样。对于不同的谐振模态，最小的灵敏度 $(S_m)_{min}$ 均出现在第一个波谷处，但是所对应的质量载荷条件 a/l 不同。还可以看出，$(S_m)_{min}$ 所对应的 a/l 的值随着谐振阶数的增大而减小，该曲线变化规律可通过下面拟合公式描述：

$$S_{m,min} = y_0 + Ae^{(-x/t)} \quad (5\text{-}65)$$

式中，y_0，A，t 是拟合常数；$x = a/l$。

结合式（5-64）和线性拟合公式（5-65），可以进一步确定不同谐振模态下 MSP 最小灵敏度所对应的载荷分布 a/l，其规律如图 5-47 所示。

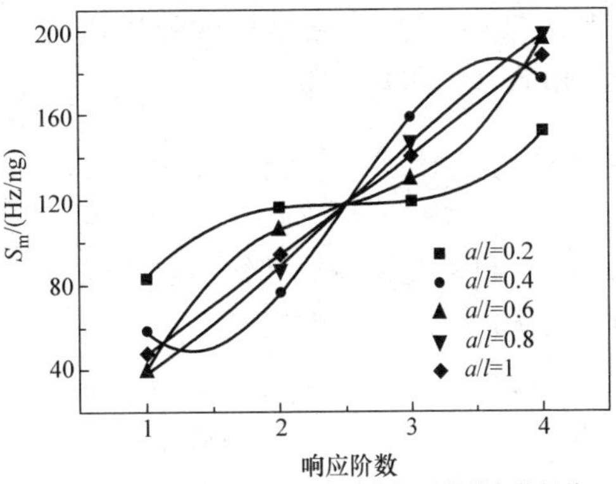

a)MSP传感器灵敏度随谐振阶数的变化规律

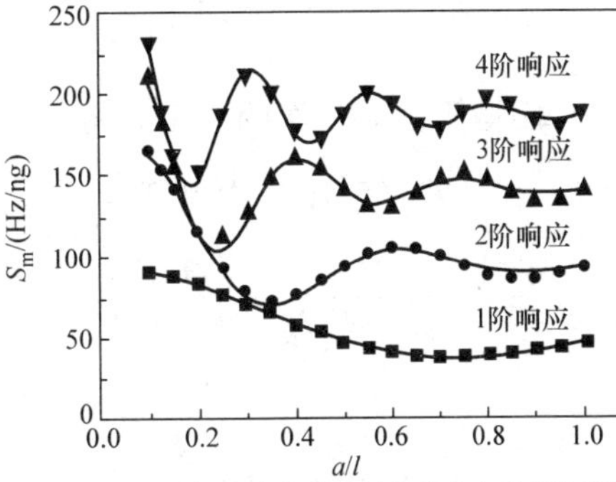

b)MSP传感器灵敏度随病菌质量载荷分布的变化规律

图 5-46　MSP 传感器灵敏度的变化规律

5.8.3　集中病菌载荷对磁致伸缩悬臂梁传感器的影响

如图 5-48 所示，磁致伸缩悬臂梁（MSMC）传感器由两层功能材料复合而成，表面作用有集中病菌质量载荷。l 和 w 分别是悬臂梁的长和宽，t_p 和 t_a 分别是被动层和主动层的厚度，X_c 是集中病菌载荷的 x 轴坐标，x 轴坐标建立在悬臂梁的中性层上，c 是 x 轴和界面之间的距离。

由静力平衡条件可知：

$$\sum F_x = 0 \quad (5\text{-}66)$$

$$\sum M_x = 0 \quad (5\text{-}67)$$

式中，F_x 是 x 轴方向的轴力，M_x 是对 x 轴的弯矩。从式（5-66）可知：

$$\int_{-(t_a-c)}^{c} E_a \frac{y}{R} w \mathrm{d}y + \int_{c}^{c+t_p} E_p \frac{y}{R} w \mathrm{d}y = 0 \quad (5\text{-}68)$$

式中，R 是悬臂梁中性层的曲率半径；E_a 和 E_p 是主动层和被动层的弹性模量。由式（5-68）可得

$$c=\frac{t_a E_a A_a - t_p E_p A_p}{2(E_a A_a + E_p A_p)} \tag{5-69}$$

式中，A_a 和 A_p 是主动层和被动层的截面积。从式（5-67）得到

$$\frac{1}{R}\left[E_a\int_{-(t_a-c)}^{c} y^2 w\mathrm{d}y + E_p\int_{c}^{c+t_p} y^2 w\mathrm{d}y\right] = M \tag{5-70}$$

式中，$\boldsymbol{M}$ 是任一横截面的弯矩。将式（5-69）代入式（5-70）中得到

$$\frac{1}{R}=\frac{M}{E_a I_{ax}+E_p I_{px}}=\frac{M}{E_0 I_0} \tag{5-71}$$

式中，$E_a I_{ax}$ 和 $E_p I_{px}$ 分别是主动层和被动层的抗弯刚度；$E_0 I_0$ 表示等效单层悬臂梁的抗弯刚度。加载集中病菌载荷后的等效单层悬臂梁的动能（T）

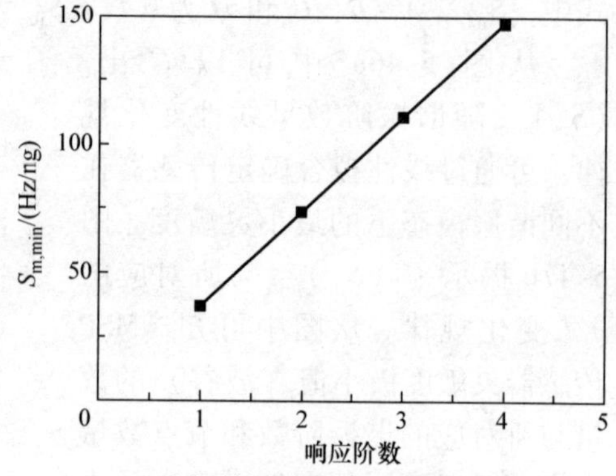

a) 最小灵敏度随谐振阶数的变化规律

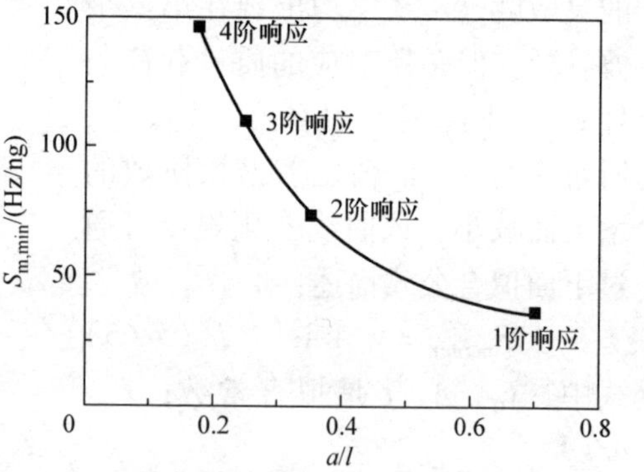

b) 最小灵敏度随载荷分布长度变化规律

图 5-47　最小灵敏度的变化规律

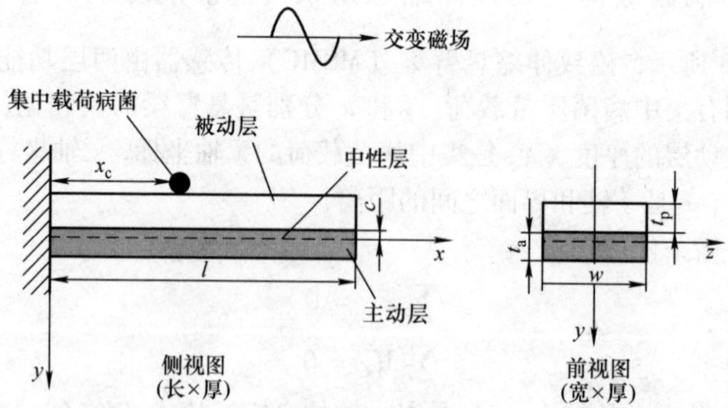

图 5-48　表面有集中质量载荷的 MSMC 传感器示意图

和势能（V）分别为

$$T = \frac{1}{2}\int_0^l \rho_0 A_0 \left(\frac{\partial u(x,t)}{\partial t}\right)^2 \mathrm{d}x + \frac{1}{2} m_c \left(\frac{\partial u(x,t)}{\partial t}\right)^2_{x=x_c} \tag{5-72}$$

$$V = \frac{1}{2}\int_0^l E_0 I_0 \left(\frac{\partial^2 u(x,t)}{\partial x^2}\right) \mathrm{d}x \tag{5-73}$$

式中，$A_0 = A_a + A_p$；A_a和A_p是主动层和被动层的横截面积；$\rho_0 = \frac{\rho_p A_p + \rho_a A_a}{A_p + A_a}$是等效成单层悬臂梁的等效密度；$\rho_a$和$\rho_p$分别是主动层和被动层的密度，$m_c$ 是集中病菌载荷质量。悬臂梁中性层的位移函数（挠度）$u(x,t)$为

$$u(x,t) = \sum_{i=1}^{n} \boldsymbol{\phi}_i(x) q_i(t) \tag{5-74}$$

式中，$\varphi_i(x)$ 为模态函数，$q_i(t)$ 为广义坐标。

式（5-72）和式（5-73）可以进一步被简化，带病菌悬臂梁的动能为

$$T = \frac{1}{2}\dot{q}^{\mathrm{T}}(M_0 + M_c)\dot{q} \tag{5-75}$$

带病菌悬臂梁的势能为

$$V = \frac{1}{2} q^{\mathrm{T}} K q \tag{5-76}$$

带病菌悬臂梁的拉氏函数为

$$L = T - V \tag{5-77}$$

式中

$$M_0 = \int_0^l \rho_0 A_0 \boldsymbol{\phi}_i(x) \boldsymbol{\phi}_j(x) \mathrm{d}x \tag{5-78}$$

$$M_c = m_m \phi_i(x) \phi_j(x) \tag{5-79}$$

$$M = M_0 + M_c \tag{5-80}$$

$$K = \int_0^l E_0 I_0 \left(\frac{\partial^2 \boldsymbol{\phi}_i}{\partial x^2}\right)\left(\frac{\partial^2 \boldsymbol{\phi}_j}{\partial x^2}\right) \mathrm{d}x \tag{5-81}$$

取满足 MSMC 传感器边界条件、无病菌悬臂梁的固有振型为假设模态，即

$$\phi_i(x) = \cos\beta_i x - \cosh\beta_i x + \gamma_i(\sin\beta_i x - \sinh\beta_i x) \tag{5-82}$$

式中

$$\gamma_i = \frac{\cos\beta_i x + \cosh\beta_i x}{\sin\beta_i x + \sinh\beta_i x} \tag{5-83}$$

前 4 阶模态下的 β 值分别为

$i=1，2，3$ 时，$\beta_1 l = 1.875$，$\beta_2 l = 4.694$，$\beta_3 l = 7.855$

$$当\ i \geqslant 3\ 时，\beta_i l \approx \frac{2i-1}{2}\pi，(i=3，4，5，\cdots) \tag{5-84}$$

将带病菌悬臂梁的拉氏函数代入拉格朗日方程，有

$$\frac{\mathrm{d}}{\mathrm{d}t}\frac{\partial L}{\partial \dot{q}_j}-\frac{\partial L}{\partial q_j}=0 \tag{5-85}$$

得到

$$(K-\omega^2 M)\Phi=0 \tag{5-86}$$

1. 病菌质量加载位置对MSMC传感器节点漂移量的影响

通过求解式（5-86），可以求出带病菌悬臂梁传感器在给定病菌载荷分布下各阶谐振频率 ω_n、振型函数 ϕ_n 和灵敏度。再利用式（5-84）可求出节点的坐标。图5-49所示为病菌质量加载位置对MSMC传感器节点漂移量的影响。从图中可以看出，第二阶和第三阶谐振模态下，当质量加载到MSMC传感器自由端时，除了第二个节点，其余的节点漂移量均最大。另外，对于 $n(n\geqslant2)$ 阶谐振模态，除了第一个节点之外，其余节点随质量加载位置变化曲线中均出现 $n-2$ 个极大值和 $n-1$ 个极小值。还可以发现，当质量加载到某些特定位置时，MSMC传感器节点不发生漂移，并且对于 $n(n\geqslant2)$ 阶谐振模态下，存在 n 个这样的加载位置。

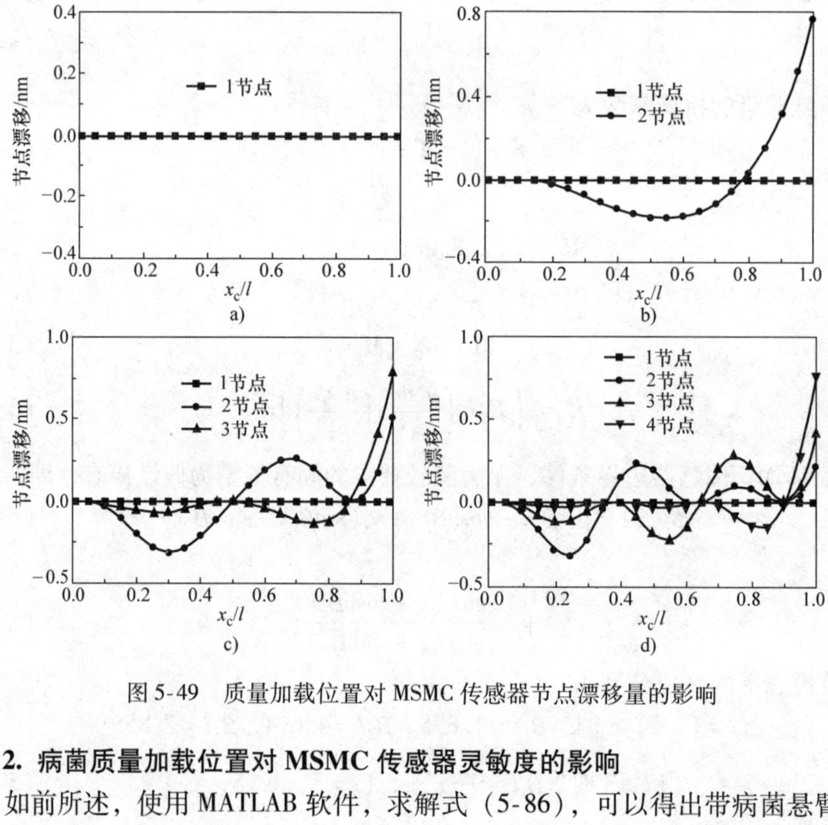

图5-49　质量加载位置对MSMC传感器节点漂移量的影响

2. 病菌质量加载位置对MSMC传感器灵敏度的影响

如前所述，使用MATLAB软件，求解式（5-86），可以得出带病菌悬臂梁传

感器在给定病菌载荷分布下各阶谐振频率、振型函数和灵敏度。如图 5-51 所示为一阶模态下（$i=1$），病菌质量集中加载位置对 MSMC 传感器灵敏度的影响规律图可以看出，当病菌集中加载到悬臂梁自由端时，灵敏度最大。此时，悬臂梁传感器最大灵敏度为 $S_m(l)$。

经过繁杂的推导，可以将集中加载病菌的磁致伸缩悬臂梁的灵敏度 $S_m(x_c)$ 近似地用均布加载的悬臂梁的灵敏度 S_m^{uni} 来表述：

$$S_m(x_c) \approx \frac{l\phi^2(x_c)}{\int_0^l \phi^2(x)\,dx} S_m^{uni} \tag{5-87}$$

式中

$$\phi_i(x) = (\sin\beta_i x - \sinh\beta_i x) - \gamma_i(\cos\beta_i x - \cosh\beta_i x) \tag{5-88}$$

$$\gamma_i = \frac{\sin\beta_i x + \sinh\beta_i x}{\cos\beta_i x + \cosh\beta_i x}, (i=1,2,3\cdots) \tag{5-89}$$

$$i=1，2，3 \text{ 时}，\beta_1 l = 1.875，\beta_2 l = 4.694，\beta_3 l = 7.855$$

$$\text{当 } i \geqslant 3 \text{ 时}，\beta_i l \approx \frac{2i-1}{2}\pi，(i=3，4，5，\cdots) \tag{5-90}$$

从而得到 $\dfrac{S_m(x_c)}{S_m^{uni}} \approx \dfrac{l\phi^2(x_c)}{\int_0^l \phi^2(x)\,dx} = 4.0$，这里 S_m^{uni} 为病菌质量均布加载到整个悬臂梁表面时的灵敏度。病菌质量加载位置对悬臂梁传感器灵敏度的影响规律如图 5-50 所示。

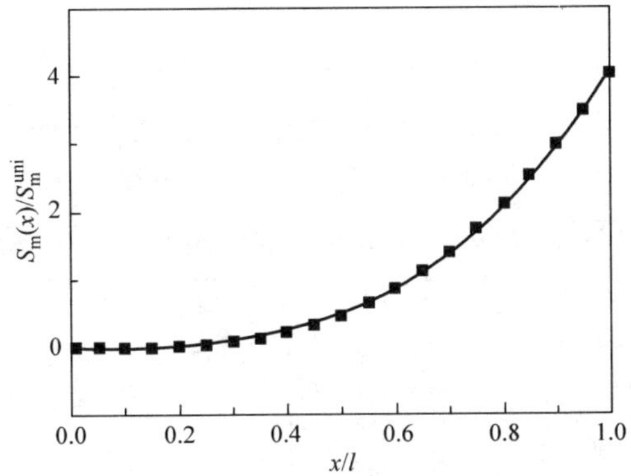

图 5-50　病菌质量加载位置对悬臂梁传感器灵敏度的影响规律

5.8.4　几何尺寸对磁致伸缩悬臂梁传感器灵敏度的影响

先回顾病菌质量载荷均匀加载在磁致伸缩弹性杆传感器（MSP）的灵敏计算

公式。由式（5-63）可知，一个表面没有病菌质量载荷的 MSP 的固有频率可以表示为

$$f_{\mathrm{n}}=\frac{n}{2l}\sqrt{\frac{E}{\rho(1-\nu)}}\qquad n=1,2,3,\cdots \tag{5-91}$$

式中，l，E，ρ 和 ν 分别表示传感器的长度、弹性模量、密度和泊松比。

当病菌质量载荷均匀加载在 MSP 传感器整个表面时，其固有频率可以表示为

$$f_{\mathrm{m}}=\frac{n}{2l}\sqrt{\frac{E}{\rho(1-\nu)\left(1+\dfrac{\Delta m}{M}\right)}}=f_{\mathrm{n}}\sqrt{\frac{M}{M+\Delta m}} \tag{5-92}$$

根据灵敏度的定义

$$S_{\mathrm{n}}=\frac{\Delta f}{\Delta m}=\frac{f_{\mathrm{n}}-f_{\mathrm{m}}}{\Delta m}=f_{\mathrm{n}}\frac{1-\sqrt{\dfrac{M}{M+\Delta m}}}{\Delta m}\approx f_{\mathrm{n}}\frac{\dfrac{\Delta m}{2M}}{\Delta m}=\frac{f_{\mathrm{n}}}{2M} \tag{5-93}$$

式中，$\Delta m \ll M$。将传感器的几何、物理参数带入式（5-95）可得到均布病菌质量加载情况下，MSP 传感器灵敏度为

$$\begin{aligned}S_{\mathrm{m}}&=\frac{f_{\mathrm{n}}}{2M}=\frac{1}{2M}\left(\frac{n}{2l}\sqrt{\frac{E}{\rho(1-\nu)}}\right)=\frac{1}{2}\left(\frac{n}{2l}\sqrt{\frac{E}{\rho(1-\nu)}}\right)\frac{1}{lwt\rho}\\&=\frac{1}{4}K\frac{n}{l^{2}wt\rho}\end{aligned} \tag{5-94}$$

式中

$$K=\sqrt{\frac{E}{\rho^{3}(1-\nu)}} \tag{5-95}$$

从式（5-96）中可以看出，在均布病菌质量加载情况下，MSP 传感器灵敏度与弹性模量、谐振阶数、泊松比成正相关，与材料密度、几何尺寸大小成负相关。

对于悬臂梁 MSMC 传感器，也具有类似的规律，即：悬臂梁传感器材料密度越小、弹性模量越大、泊松比越大、几何尺寸越小、谐振模态越高，其灵敏度越高，而且传感器长度对灵敏度的影响是高阶的负相关。

图 5-51 给出了传感器物理参数与灵敏度的关系。

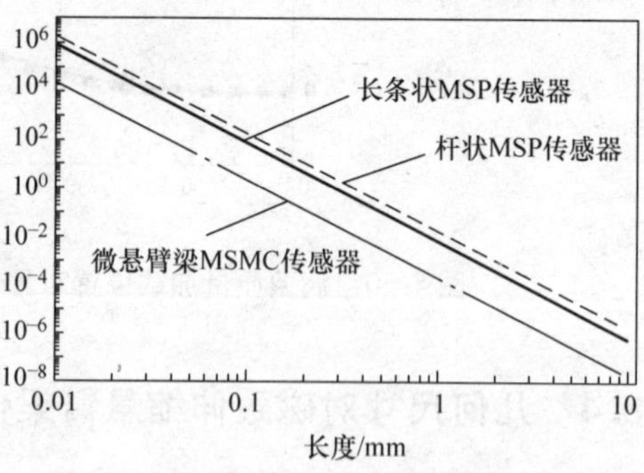

图 5-51　传感器几何参数对灵敏度的影响

以上结论有重要意义，可用来指导磁致伸缩生物传感器的结

构优化设计及研发生物传感器换能材料时所采取的优化路径。

5.9　进一步的研究

当前，磁致伸缩生物传感器在非牛顿液体环境中的几个关键科学和技术问题尚未得到解决，主要概括为以下 3 个方面：

1. 适用于非牛顿液体的磁致伸缩生物传感器谐振理论尚未成熟

磁致伸缩生物传感器比较成熟的谐振理论仅局限于空气和牛顿液体环境，而在实际应用中，大部分生物液体为非牛顿液体（如血液、牛奶、酱油等），由于该类液体中任意一点的剪应力与剪切应变率之间是非线性关系，使得液 - 固耦联动力学方程组的求解非常复杂，该问题属于粘性流体动力学中的纳维 - 斯托克斯方程组和连续弹性体振动方程的耦联求解问题，如果近似地采用当前空气或牛顿液体中的谐振理论来指导磁致伸缩生物传感器在非牛顿液体中的应用，必然会导致理论与实际检测结果的偏差，致使检测数据的可靠性及稳定性下降。

2. 非牛顿液体环境中磁致伸缩生物传感器灵敏度影响机理缺乏系统研究

灵敏度是衡量传感器的一个重要指标，而影响磁致伸缩生物传感器灵敏度的关键因素有传感器结构、谐振模态、传感器材料的机械电磁物理性能、液体粘度和密度、生物加载模式、激励磁场、温度等。然而，当前对磁致伸缩生物传感灵敏度影响的研究并未基于上述关键影响因素进行深入系统地研究，且仅局限于空气和牛顿液体环境。因此迫切需要深入对非牛顿液体中磁致伸缩生物传感器灵敏度的影响机理进行系统研究。

3. 适用于各类液体媒质中的便携式信号检测关键技术尚需开发

需要开发各类液体媒质中的谐振信号高速采集系统，谐振信号的离散数字化，建立谐振信号的分析数学模型，完成谐振信号的分解。需要研究各类液体媒质中的传感器谐振信号的有效时域段的分布以及有效信号段的频谱信息和能谱信息的结合对检测精度的影响，确定谐振信号的最佳时域信号段，从而实现检测系统的实时性和准确性；研究激励信号模式及强度对磁致伸缩换能器材料谐振模态的影响机理，可确定最优化的激励信号参数，解决与传感器振动模态和谐振信号最佳匹配技术问题。

进一步的理论研究和技术开发将促进生物传感技术与分析化学、电子学、计算机、生物学、材料科学以及医学等学科的交叉融合，通过智能芯片的研发，势必赋予磁致伸缩生物传感器更加广泛的应用前景和无限的生命力。

参考文献

[1] 向辉. 食源性致病微生物快速检测技术研究进展 [J]. 华南预防医学, 2015: 41 (6): 541-544.

[2] Huang D B, Koo H, Dupont H L. A review of an emerging enteric pathogen: enteroaggregative Escherichia coli [J]. Seminars in Pediatric Infectious Diseases, 2004, 15 (4): 266-271.

[3] Harris L G, Foster S J, Richards R G. An introduction to Staphylococcus aureus, and techniques for identifying and quantifying S. aureus adhesins in relation to adhesion to biomaterials: review [J]. European Cells & Materials, 2002 (4): 39-60.

[4] Schett G, Herak P, Graninger W, et al. Listeriaassociated arthritis in a patient undergoing etanercept therapy: case report and review of the literature [J]. Clin Microbiol, 2005, 43 (5): 2537-2541.

[5] Bhunia A K. Foodborne microbial pathogens: mechanisms and pathogenesis [M]. Berlin: Springer, 2007.

[6] Yong Kim, Thomas R Flynn, R Bruce Donoff, et al. The gene: The polymerase chain reaction and its clinical application [J]. Journal of Oral and Maxillofacial Surgery, 2002, 60 (7): 808-815.

[7] Ackermann H W. Bacteriophage observations and evolution [J]. Microbiol, 2003, 154 (4): 245-251.

[8] Cooper M A. Optical biosensors in drug discovery [J]. Nature Reviews Drug Discovery, 2002 (1): 515-528.

[9] Minunni M, Mascini M, Guilbault G G, et al. The Quartz Crystal Microbalance as Biosensor: A Status Report on Its Future [J]. Analytical Letters, 1995, 28 (5): 749-764.

[10] Kewei Zhang, L Zhang, L L Fu, et al. Magnetostrictive resonators as sensors and actuators [J]. Sensors and Actuators A, 2013 (200): 2-10.

[11] Qingyun Cai, Mahaveer K Jain, Craig A Grimes. A wireless, remote query ammonia sensor [J]. Sensors and Actuator B: Chemistry, 2001 (77): 614-619.

[12] Kewei Zhang, Yuesheng Chai, Zhongyang Cheng. Location Dependence of Mass Sensitivity for Acoustic Wave Devices [J]. Sensors, 2015 (15): 24585-24594.

[13] Kewei Zhang, Lin Zhang, Yuesheng Chai. Mass Load Distribution Dependence of Mass Sensitivity of Magnetoelastic Sensors under Different Resonance Modes [J]. Sensors, 2015 (15): 20267-20278.

[14] Kewei Zhang, Qianke Zhu, Zhe Chen. Effect of Distributed Mass on the Node, Frequency, and Sensitivity of Resonant-Mode Based Cantilevers [J]. Sensors, 2017, 17 (1621): 1-9.

[15] Kewei Zhang, Liling Fu, Lin Zhang, et al. Magnetostrictive particle based biosensors for in si-

tu and real – time detection of pathogens in water [J]. Biotechnology and Bioengineering, 2014, 111 (11): 2229 – 2238.

[16] Suiqiong Li, Yugui Li, Huiqin Chen, et al. Direct detection of Salmonella typhimurium on fresh produce using phage – based magnetoelastic biosensors [J]. Biosensors and Bioelectronics, 2010 (26): 1313 – 1319.

[17] Yating Chai, Suiqiong Li, Shin Horikawa, et al. Vitaly Vodyanoy, Bryan A. Chin, Rapid and Sensitive Detection of Salmonella Typhimurium on Eggshells by Using Wireless Biosensors [J]. Journal of food protection, 2012 (75): 631 – 636.

[18] Mi – Kyung Park, Suiqiong Li, Bryan A Chin. Detection of Salmonella typhimurium Grown Directly on Tomato Surface Using Phage – Based Magnetoelastic Biosensors [J]. Food Bioprocess Technology, 2013 (6): 682 – 689.

[19] 郭星，高爽，桑胜波，等. 基于磁致伸缩材料的猪瘟病毒无线免疫传感器 [J]. 分析试验室，2016，35 (5)：536 – 538.

[20] Xing Guo, Shengbo Sang, Aoqun Jian, et al. A bovine serum albumin – coated magnetoelastic biosensor for the wireless detection of heavy metal ions [J]. Sensors and Actuators B: Chemistry, 2017 (256): 318 – 324.

[21] Kefeng Zeng, Maggie Paulose, Keat G Ong, et al. Grimes, Frequency – domain characterization of magnetoelastic sensors: a microcontroller – based instrument for spectrum analysis using a threshold – crossing counting technique [J]. Sensors and Actuators A: Physics, 2005 (121): 66 – 71.

[22] 陈骈骃. 材料物理性能 [M]. 北京：机械工业出版社，2007.

[23] 严密，彭晓领. 磁学基础与磁性材料 [M]. 杭州：浙江大学出版社，2006.

[24] Lacheisserie E. Magnetostriction – Theory and Applications of Magnetoelasticity [M]. Boca Raton: CRC Press, 1993.

[25] Harada S. Thermal – Expansion Coefficient and Youngs Modulus of Hydrogenated Fcc Fe – Ni Invar – AlloysB [J]. Journal of the Physical Society of Japan, 1983 (52): 1306 – 1310.

[26] 王家礼，朱满座，路宏敏. 电磁场与电磁波 [M]. 西安：西安电子科技大学出版社，2013.

[27] 胡海岩. 机械振动基础 [M]. 北京：北京航空航天大学出版社，2005.

[28] Kewei Zhang, Lin Zhang, Liling Fu, et al. Magnetostrictive resonators as sensors and actuators [J]. Sensors and Actuators A: Physical, 2013, 200 (1): 2 – 10.

[29] Yating Chai, Shin Horikawa, Suiqiong Li, et al. A surface – scanning coil detector for real – time, in – situ detection of bacteria on fresh food surfaces [J]. Biosensors and Bioelectronics, 2013 (50): 311 – 317.

[30] Michael L Johnson, Jiehui Wan, Shichu Huang, et al. A wireless biosensor using microfabricated phage – interfaced magnetoelastic particles [J]. Sensors and Actuators, 2018 (144): 38 – 47.

[31] Suiqiong Li, Yugui Li, Huiqin Chen, et al. Direct detection of Salmonella typhimurium on

fresh produce using phage - based magnetoelastic biosensors [J]. Biosensors and Bioelectronics, 2010 (26): 1313 - 1319.

[32] Zhe Chen. Effect of Distributed Mass on the Node, Frequency, and Sensitivity of Resonant - Mode Based Cantilevers [J]. Sensors, 2017, 17 (1621): 1 - 9.